OPUSCULES SCIENTIFIQUES

CONCERNANT

LA CHIMIE

L'HISTOIRE NATURELLE,

L'INDUSTRIE ET L'ÉCONOMIE RURALE,

DE M. GUILLAUME DUBUC,

ANCIEN PHARMACIEN,

MEMBRE DE PLUSIEURS SOCIÉTÉS SAVANTES,

RECUEILLIS ET MIS EN ORDRE

PAR M. DUBUC FILS,

PHARMACIEN.

ROUEN.

IMPRIMÉ PAR D. BRIÈRE,

RUE SAINT-LO, N° 7.

1837.

OPUSCULES SCIENTIFIQUES

CONCERNANT

LA CHIMIE,

L'HISTOIRE NATURELLE,

L'INDUSTRIE ET L'ÉCONOMIE RURALE.

OPUSCULES SCIENTIFIQUES

CONCERNANT

LA CHIMIE

L'HISTOIRE NATURELLE,

L'INDUSTRIE ET L'ÉCONOMIE RURALE,

DE M. GUILLAUME DUBUC,

ANCIEN PHARMACIEN,

Membre de l'Académie Royale des Sciences, Belles-Lettres et Arts, de la Société centrale d'Agriculture du département de la Seine-Inférieure, du conseil d'Agriculture départemental, de la Société de Médecine, du Conseil central de Salubrité, du Jury de Médecine de Rouen; correspondant de l'Académie Royale de Médecine et de la Société de Pharmacie de Paris, de la Société d'Agriculture, Sciences et Arts du département de l'Eure, de la Société d'Agriculture et du Commerce de la ville de Caen, de la Société d'Agriculture de l'Aube, de l'Académie Ebroïcienne, etc., etc.,

RECUEILLIS ET MIS EN ORDRE

PAR M. DUBUC FILS,

PHARMACIEN, PRÉSIDENT DE LA SOCIÉTÉ DES PHARMACIENS, MEMBRE DU JURY DE MÉDECINE, DE LA SOCIÉTÉ D'AGRICULTURE DE ROUEN, ETC.

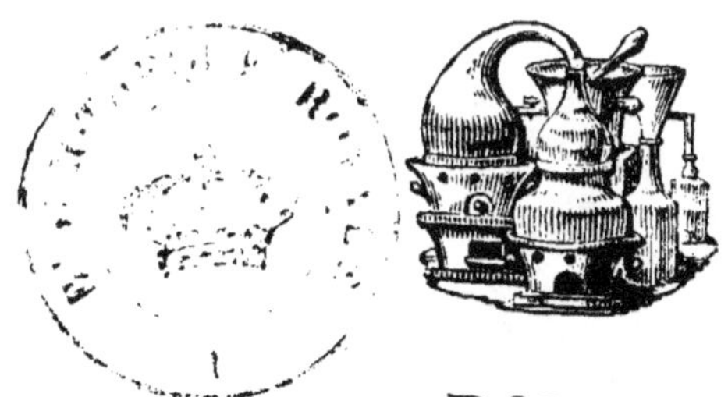

ROUEN.

IMPRIMÉ PAR D. BRIÈRE,

RUE SAINT-LO, N° 7.

1837.

Voulant honorer d'une manière particulière la mémoire de mon excellent et vénérable père, j'ai cru devoir faire réimprimer et réunir en un seul volume les principaux Mémoires qu'il a publiés et qui ont été insérés dans divers recueils scientifiques ; ils ont été choisis parmi un très-grand nombre qu'il a composés pendant sa longue et honorable carrière.

En offrant une partie de ses travaux scientifiques aux sociétés savantes dont il était membre, à ses proches, à ses amis et aux miens, j'ai voulu payer la dette de la reconnaissance que je lui dois.

Puisse cet hommage être agréable à ses mânes !

Rouen, le 1er décembre 1837.

DUBUC.

OBSÈQUES

DE

M. DUBUC PÈRE.

(Extrait du *Mémorial de Rouen* du 22 octobre 1837.)

Les obsèques de **M. Dubuc** père, dont nous avons annoncé la mort dans notre journal du 19 , ont été célébrées hier à dix heures du matin.

Un nombreux cortége, à la tête duquel se trouvaient le fils et le gendre du défunt, a accompagné à pied les dépouilles mortelles jusqu'au cimetière Saint-Gervais, où **M.** Dubuc père avait manifesté le désir d'être enterré.

Les quatre coins du poêle ont été portés par MM. **Gors ,** président de l'Académie ; **Saint-Léger ,** président du comité de salubrité publique ; **Dubreuil ,** membre de la société d'Agriculture ; et **Morin ,** pharmacien-chimiste.

Quatre discours ont été lus sur la tombe, par **M. Ballin ,** par **M.** de la Prévotière , par **M. Morin ,** au nom des pharmaciens de Rouen, par **M.** Dujardin fils , au nom de la société libre pour le progrès de l'industrie et du commerce, dont **M.** Dubuc père était membre honoraire.

Ensuite, **M. Dupray ,** l'un des beaux-frères de **M.** Dubuc fils , a fait en peu de mots, qu'il a prononcés d'une voix émue , l'éloge des vertus privées de l'homme de bien que la cité vient de perdre.

DISCOURS PRONONCÉ AU NOM DES MEMBRES DE L'ACADÉMIE
ROYALE DE ROUEN, EN L'ABSENCE DE MM. LES
SECRÉTAIRES, PAR A. G. BALLIN,
ARCHIVISTE.

Messieurs,

Trop souvent, hélas! la mort, l'implacable mort semble
prendre un plaisir cruel à frapper ces hommes honorables
dont la perte n'est pas seulement un deuil pour leur famille
et leurs amis, mais qu'accompagnent pour ainsi dire les regrets
de la cité tout entière à cette fatale demeure que rien ne
peut nous faire éviter.

Depuis quelque temps déjà nous voyions avec chagrin se
développer chez M. Dubuc les signes de la caducité, mais
nous étions loin de prévoir une fin aussi rapide, aussi subite
et d'autant plus pénible pour l'Académie royale de Rouen,
dont il était presque le doyen, que l'absence de plusieurs de
ses membres et notamment de ses deux secrétaires, l'aura
privé d'un interprète digne d'elle et de lui.

En effet, c'était à un savant seul qu'il appartenait de faire
l'éloge d'un homme qui dès sa plus tendre jeunesse dut
montrer tant d'ardeur pour la science, à une époque où les
moyens d'instruction étaient si rares.

S'il est vrai que des études mieux dirigées qu'autrefois
rendent aujourd'hui les jeunes gens plus aptes à remplir de
bonne heure les professions qui exigent des connaissances
théoriques et pratiques, croyez-vous, Messieurs, qu'on en
trouvât beaucoup à qui l'on osât confier dès 22 ans la direction du service pharmaceutique d'un grand hôpital? C'est
cependant à cet âge que, dans un concours public, ouvert le
14 mars 1785, le jeune Dubuc, l'emportant sur quatre autres
concurrents, fut nommé pharmacien en chef de l'Hôtel-
Dieu de Rouen, et que, le 29 avril suivant, il prêta serment

devant le parlement de Normandie, en qualité d'*apothicaire en chef*, *gagnant maîtrise*, comme on disait alors, ce qui lui conféra les titres de *maître en pharmacie*.

Depuis cette époque sa longue carrière de plus d'un demi-siècle fut consacrée tout entière à un seul but, celui d'être utile à ses concitoyens par des observations, des expériences et des publications presque continuelles.

Souvent la justice eut recours à ses lumières dans les questions de médecine légale, et l'administration sut également les apprécier.

Nommé membre du jury médical, dès sa formation, au commencement de 1803, il y siégea jusqu'en 1830. Il fut l'un des membres les plus zélés de la commission sanitaire et du conseil de salubrité, et ses fonctions de premier suppléant du juge-de-paix du premier arrondissement lui fournirent encore de fréquentes occasions de faire tourner à l'avantage de ses concitoyens ce caractère de conciliation et de bonhomie qui ne se démentait en aucune circonstance.

Mais rejetons un coup-d'œil en arrière. Après des temps orageux, nous avions vu renaître la tranquillité : l'Académie de Rouen, qui comptait à peine quatre ans d'existence depuis sa restauration, s'empressa d'ouvrir ses portes, en 1809, au chimiste habile que sa modestie avait empêché de solliciter plus tôt un honneur qu'il ambitionnait depuis long-temps. Son discours de réception contenait un aperçu de l'origine, des progrès et de l'état de la chimie ; il y faisait ressortir les services qu'elle avait déjà rendus aux autres sciences et aux arts, particulièrement à la pharmacie et à la teinture ; il y annonçait qu'entraîné par goût vers l'étude de la chimie, et livré par état à la pratique de ses opérations, il voulait essayer de défricher quelques portions de son vaste domaine, et certes jamais engagement ne fut mieux rempli. Les volumes de l'Académie pourront en faire foi, car il n'y en à pas un seul qui ne contienne quelques-uns de ses travaux et la mention ou l'extrait de plusieurs autres.

Ce n'est point ici le lieu de les citer, et une plume plus savante se chargera de les apprécier. Je me bornerai à vous rappeler succinctement, Messieurs, qu'à l'exemple de Dambourney, il s'occupa sans relâche des moyens de tirer le meilleur parti possible des productions indigènes. C'est ainsi qu'à l'époque mémorable du blocus continental, en 1809, alors que la pénurie du sucre des colonies se faisait sentir si vivement, il chercha les moyens d'y suppléer, en extrayant des pommes et des poires un sirop agréable, qui ne revenait qu'à 20 ou 40 cent. tout au plus le kilogramme.

En 1820, sur l'invitation du préfet, M. Malouet, il s'occupa des moyens de fabriquer du salpêtre avec des végétaux, sans aucune addition de matières animales. Je ne dois pas non plus passer sous silence un travail d'un grand intérêt, dans un pays où les teintureries sont aussi nombreuses, et qui avait pour but de dévoiler les fraudes que l'on fait subir à la garance, soit avec des matières terreuses, soit avec de l'écorce de pin.

En 1829, l'Institut lui décerna le prix Monthyon de 3,000 francs pour son mémoire sur les parements, dans lequel il fit connaître la propriété du chlorure de calcium d'entretenir, dans les mélanges farineux qui servent à encoller les fils destinés à la fabrication des toiles, cette humidité qui leur est nécessaire, et qu'on croit généralement ne pouvoir obtenir qu'en établissant des ateliers de tissage dans des lieux bas et par conséquent fort malsains pour les ouvriers obligés d'y faire un long séjour.

Plus tard, il fit sur la phytolaque des expériences tendant à en tirer des couleurs pour nos ateliers de teinture, et à la convertir en poudre fine propre à remplacer le tabac.

Cette année même, il a présenté à l'Académie deux

mémoires intéressants sur les inflammations spontanées de
diverses matières, et sur les moyens de dégraisser facilement
et à peu de frais les tissus dans l'apprêt desquels on fait
usage de corps gras.

Mais vous le savez, Messieurs, le zèle infatigable de notre
digne confrère n'était point entièrement absorbé par la
chimie : il contribua, en 1819, à la réorganisation de la
société d'Agriculture, dont il enrichit les cahiers de ses
nombreuses et utiles observations. L'analyse des terres arables,
la fabrication du cidre, les engrais et les stimulants fixèrent
son attention ; il fit connaître un des premiers l'action extraordinaire du chlorure de calcium sur la végétation, il publia
des notices sur les terrains les plus convenables à la culture
des betteraves ; il s'occupa d'une manière très-active du
puceron laniger, et indiqua même des moyens de le détruire
qui paraissent efficaces, mais dont l'emploi offre malheureusement de grandes difficultés.

La culture de la pomme de terre et ses divers usages ne
pouvaient manquer de devenir pour lui un objet d'études,
et, en 1832, la société d'Encouragement lui décerna une
médaille de bronze pour avoir satisfait en partie à la question
qu'elle avait proposée, de déterminer les moyens de reconnaître la falsification des farines par la fécule de pommes de
terre.

Enfin, comme pharmacien, il a publié nombre d'observations pratiques qui furent insérées dans l'ancien *Journal
de Pharmacie*, dans les *Annales de Chimie* et dans d'autres
recueils du même genre.

Mais, Messieurs, tout incomplète qu'elle est, je crains
que cette nomenclature ne vous paraisse déjà trop longue et
je dois m'arrêter.

Vous connaissiez trop bien **M. Dubuc** pour que je fasse
ici l'éloge de ses qualités comme homme privé : son affabi-

lité et son obligeance le faisaient aimer de tous ceux qui avaient des rapports avec lui, et on ne lui connait point d'ennemis. Aussi est-ce bien sincèrement que nous partageons tous la juste douleur de sa famille ; puisse-t-elle trouver quelques consolations dans ces témoignages d'estime dont nous entourons la tombe de l'homme de bien que nous avons perdu !

Adieu, vénérable confrère. S'il est vrai, comme l'a dit le grand poète de l'antique Italie, que la crainte de l'oubli soit un des tourments des ames, la tienne doit éprouver une bien douce jouissance par la certitude que ton souvenir vivra long-temps dans les cœurs de tes concitoyens.

DISCOURS PRONONCÉ PAR M. DE LA PREVOTIÈRE, AU NOM DE LA SOCIÉTÉ CENTRALE D'AGRICULTURE DU DÉPARTEMENT.

Messieurs,

Le nombreux cortége qui accompagne M. Dubuc à sa dernière demeure justifie nos affections et les titres qu'il laisse à nos regrets. Homme éminemment laborieux, il sut par ses connaissances variées acquérir cette belle réputation qui l'avait placé au premier rang des diverses sociétés savantes de notre ville.

Académicien et agronome, ses travaux, où respirait l'amour du bien public, ont jeté un grand jour sur beaucoup de questions d'économie rurale. Fondateur de la société centrale d'Agriculture, en 1819, il prit une part très-active à tous ses travaux, et chaque année voyait éclore une série d'observations sur presque toutes les parties de l'art agricole.

Sans nous appesantir sur chacune d'elles, nous indiquerons ses recherches sur l'analyse chimique des terres arables, l'amélioration des cidres, la destruction du puceron laniger, le chaulage des blés, l'extraction de la fécule de pommes de terre, et une notice sur les végétaux astringents que l'on pourrait substituer avec avantage à l'écorce de chêne pour le tannage. Homme de bien, avant tout, et animé du vif désir d'être utile à ses semblables, il a rempli noblement sa longue et honorable carrière. Sa perte sera sensible à tous, sa mémoire sera vénérée, et elle restera toujours gravée dans nos cœurs!

Homme de bien! repose en paix dans l'éternité!

—

DISCOURS PRONONCÉ PAR M. MORIN, PHARMACIEN, AU NOM DE LA SOCIÉTÉ DES PHARMACIENS.

Messieurs,

Quel motif nous réunit dans cette lugubre enceinte où tout respire la tristesse et le deuil! Hélas! s'il est pénible d'accompagner jusqu'à sa tombe l'homme qui termine une longue et honorable carrière, n'est-il pas plus douloureux de venir y déposer les restes inanimés d'un ami enlevé aux sciences qu'il cultivait avec fruit et qui faisaient le charme de sa vie!... Et nous, mes chers collègues, qui avons été à même d'apprécier la bonté de son cœur, quel changement cette séparation vient-elle apporter à la douce habitude que nous avions de le voir! quel vide dans nos réunions!

Infortuné collègue! que ne peux-tu apprécier le chagrin que ta perte nous fait éprouver! Mais du moins les larmes répandues sur ton tombeau par tes amis, mêlées à celles de ton fils, adouciront la douleur que nous cause ta mort. Adieu!

DISCOURS PRONONCÉ PAR M. DUJARDIN AÎNÉ, AU NOM DE LA SOCIÉTÉ LIBRE POUR CONCOURIR AUX PROGRÈS DU COMMERCE ET DE L'INDUSTRIE.

Messieurs ,

Depuis long-temps **M. Dubuc** ne faisait plus partie de la société libre du Commerce, comme membre actif, mais il avait conservé le titre bien mérité de membre honoraire; et quoique il eût droit au repos, après tant de travaux entrepris dans l'intérêt public , nous le trouvions toujours disposé à nous aider de ses lumières chaque fois que nous en réclamions le concours ; car l'âge n'avait point ralenti son activité et son désir d'être utile.

Il y a peu de jours encore que nous recevions de lui , avec prière de l'examiner , un mémoire qu'il se disposait à publier pour prévenir les accidents fréquents que causent au commerce les incendies spontanés... et aujourd'hui nous venons lui faire nos derniers adieux.... aujourd'hui la mort a ajouté son nom à la liste déjà si nombreuse des savants et des hommes utiles que notre ville a perdus cette année !...

Que la terre lui soit légère !... Puisse-t-il dans un monde meilleur trouver la récompense de tout le bien qu'il a fait dans celui-ci !

—

DISCOURS DE M. DUPRAY.

Messieurs,

Les organes des sociétés savantes viennent de rendre un juste tribut de regrets au savant qui n'est plus. C'est maintenant à l'amitié d'acquitter sa dette.

Tous ceux qui ont eu l'avantage d'être honorés de la bienveillante amitié de **M. Dubuc** , sentiront sans doute bien vivement la perte de cet homme vertueux ; mais c'est surtout à ceux qui, comme moi, ont eu le bonheur de l'approcher de près et d'être admis dans son intérieur , à vous dire combien il était bon , sensible, bienfaisant. C'était , dans toute l'acception du mot, un homme de bien !

Il fallait voir comment il partageait également son affection paternelle entre ses enfants qu'il chérissait ; comment il leur donnait, dans l'effusion de son excellent cœur , des marques de sa plus vive tendresse. Les pauvres eux-mêmes n'étaient pas oubliés , et vous savez, Messieurs , si sa belle et honorable carrière n'a pas été constamment remplie dans l'intérêt des sciences , des arts et du bien public ; aussi je puis le dire, avec la ferme conviction de trouver partout une approbation , que le jour de la mort de M. Dubuc père a été un jour de deuil pour la ville de Rouen : car il était estimé de tous, aimé de ses connaissances, chéri de ses amis, adoré et vénéré de ses enfants.

M. Dubuc père n'est plus , Messieurs, et cette tombe qui se ferme sur lui va le séparer de nous pour toujours ; mais il laisse parmi nous une mémoire honorable et des souvenirs chers et précieux qui sont impérissables !

CATALOGUE BIBLIOGRAPHIQUE

DES

MÉMOIRES ET NOTICES

PUBLIÉS PAR M. DUBUC PÈRE,

DE ROUEN,

DEPUIS 1798 JUSQU'EN 1837,

DRESSÉ

PAR M. J. GIRARDIN,

PROFESSEUR DE CHIMIE A ROUEN.

Observations sur la manière de retirer l'eau-de-vie de plusieurs substances végétales, et sur le moyen de reconnaître le miel dans les sirops. — *Journal de la société des Pharmaciens de Paris*, page 147. — 1798.

Remarques chimico-pharmaceutiques, tant sur la teinture que sur le sirop de violettes, et sur l'acide qui colore la première en rouge violet et décolore le second après un laps de temps plus ou moins long, selon que les fleurs dont on s'est servi pour le faire sont plus ou moins anciennement épanouies, etc. — *Idem*, page 215. — 1799.

Observations faites, durant le mois de nivôse dernier, sur les changements et altérations que les eaux — 1800.

la potasse et les matières salines qu'elle contient.
— *Idem*, 1812 , page 16.

1812. Mémoire sur les baies, le suc et le sirop de nerprun.
— *Bulletin de Pharmacie*, tome 4 , page 36, et
Précis de l'Académie de Rouen, 1812 , page 13.

1813. Notice sur les alcools ou liqueurs spiritueuses, et sur
les changements qu'ils éprouvent par leur rectifi-
cation avec des matières alcalines, salines, terreuses, etc. ; suivie d'un procédé simple pour
obtenir de l'esprit de vin le plus déphlegmé , sans
altérer ses principes constituants. — *Annales de
Chimie*, tome 86, page 314.

1815. Note sur quelques propriétés chimiques des baies de
la belladone (*atropa belladona*, *L.*), avec des
moyens proposés pour reconnaître les principes
délétères de ces fruits dans les vins, liqueurs, etc.
— *Précis de l'Académie de Rouen*, 1815 , page 50.

1816. Rapport sur une variété de pommes de terre hâtives,
connue à Paris sous le nom de *truffe d'août*, par
MM. Dubuc et Pavie. — *Idem*, 1816, page 61.

1817. Mémoire sur quelques propriétés comparées de
diverses espèces de charbon provenant du règne
végétal, mais spécialement sur leurs qualités
hygrométriques. — *Idem*, 1817, page 84.

1817. Rapport fait à la société des Pharmaciens de Rouen, le
31 août 1817 , par **MM. Dubuc, Lebret et Robert,**
sur un calcul ou concrétion pierreuse dont des
fragments ont été présentés par l'un de ses

membres, dans la séance du 2 juin dernier. —
Journal de Pharmacie, tome 4, page 59.

Mémoire sur l'extraction du salin que donnent, en   1818.
diverses proportions, les plants de pommes de
terre (*solanum tuberosum*) provenant de terrains
de différentes natures, et sur l'espèce de terre la
plus convenable à la culture des solanées pour en
tirer la potasse en grand ; terminé par une observation sur l'emploi de ces plantes vertes, données
comme fourrage aux bestiaux. — *Idem*, tome 4,
page **171**.

Mémoire sur la fermentation des moûts ou sucs de   1819.
pommes, récolte de **1818**, contenant des moyens
simples pour exciter leur fermentation et leur
clarification, et les convertir en cidre potable. —
Précis de l'Académie de Rouen, **1818**, page **66**,
et *Bulletin de la société Médicale du département
de l'Eure*.

Mémoire sur l'encollage des étoffes ou toileries, au   1820.
moyen de diverses espèces de parements, etc. —
Précis de l'Académie de Rouen, **1820**, page **65**.

Note sur l'orge nue distique, ou blé dit de Moscovie.   1820.
— *Mémorial d'Agriculture et d'Industrie du département de la Seine-Inférieure*, tome 1 , page **375**.

Extrait du rapport sur les égagropiles ou gobes des   1820.
moutons, par **MM.** Dubuc et Leprévost. — *Extrait
des travaux de la société centrale d'Agriculture
du département de la Seine-Inférieure*, tome 2,
page **21**.

Rouen, en 1821, et note contenant la culture et les usages de la lupuline. — *Extrait des travaux de la société centrale d'Agriculture du département de la Seine-Inférieure*, tome 2, 5ᵉ cahier, page 33.

Analyse d'un engrais ou *stimulus* végétatif, connu 1823. sous le nom de terre ou cendres végétatives, et nouvellement essayé aux environs de Rouen par MM. Pouchet-Belmare et Delaquesnerie. — *Précis de l'Académie de Rouen*, 1823, page 28.

Notices sur divers oxides et sur deux pièces métal- 1823. liques formées par l'effet de l'incendie du clocher de la cathédrale de Rouen, arrivé le 15 septembre 1822. — *Idem*, 1823, page 80.

Rapport sur le *triticum repens* (chiendent.) — 1823. *Extrait des travaux de la société centrale d'Agriculture du département de la Seine-Inférieure*, tome 2, 9ᵉ cahier, page 13.

Analyse d'un engrais ou *stimulus* végétatif tiré de 1823. plusieurs carrières situées proche Soissons, département de l'Aisne, et nouvellement employé aux environs de Rouen. — *Idem*, tome 2, 10ᵉ cahier, page 7.

Notices chimico-œnologiques, ou mémoire sur la 1824. préparation des cidres et poirés, sur leurs qualités respectives, leur prix marchand, etc. — *Précis de l'Académie de Rouen*, 1824, page 51.

Mémoire sur l'emploi du chlorure et du muriate de 1824

chaux ordinaire, employé à la conservation des chairs mortes, de certains végétaux, etc. — *Idem*, 1824, page 84.

1824. Notice sur un sapin-baumier dit *de Gilead* (*abies pinus balsamea*), excru en la commune du Bois-Guillaume, proche Rouen, sur un terrain appartenant à **M.** Periaux père, par **MM.** Dubuc et Periaux. — *Extrait des travaux de la société centrale d'Agriculture du département de la Seine-Inférieure*, tome **3**, 11ᵉ cahier, page **20**.

1824. Analyse d'une terre arable prise aux environs de Bernay, département de l'Eure, sur une propriété appartenant à **M.** Châtel, et notice sur son amendement. — *Idem*, tome **3**, 14ᵉ cahier, page **11**.

1824. Sur les fourrages hachés destinés à la nourriture des animaux. — *Idem*, page **19**.

1824. Rapport et notices sur la partie chimico-agricole des *Annales d'Agriculture Française*, cahier d'octobre **1834**.—*Idem*, tome **3**, 15ᵉ cahier, page **26**.

1825. Notice chimico-toxicologique, tant sur le sublimé corrosif que sur l'arsenic ordinaire, faisant suite à un rapport fait à la cour d'assises de Rouen, le 23 novembre **1824**, sur une omelette empoisonnée. — *Précis de l'Académie de Rouen*, 1825, page **43**.

1825. Mémoire sur la fabrication du salpêtre (nitrate de potasse) au moyen des végétaux et sans addition de matières animales. —*Idem*, 1825, page 151, et *société d'Agriculture*, tome **4**, 20ᵉ cahier, page **4**.

d'un individu âgé de 80 ans, et qui s'était manifestée dès l'âge de 20 ans. — *Précis de l'Académie de Rouen*, page 9.

1830. Observations sur quatre produits du règne minéral. — *Idem,* page 15.

1830. Notices sur trois puits forés, dits artésiens, établis à Rouen en 1829 et 1830, avec l'analyse de l'eau qui en provient, etc. — *Idem,* page 45.

1830. Traité sur les parements et encollages, brochure in-8°, de 66 pages. — Rouen, 1829, Ed. Frère.

1830. Discours prononcé par M. Dubuc, président, à la séance publique de la société d'Agriculture, tenue le 22 octobre 1830, sur la question agronomique suivante : « Est-il vrai que la quantité de froment, et même sa qualité, soient diminuées en France depuis le dessolement des terres et l'introduction des prairies artificielles ? — *Extrait des travaux de la société centrale d'Agriculture du département de la Seine-Inférieure,* tome 6, cahier de la séance publique, page 1ʳᵉ.

1831. Propositions sur l'établissement d'une ferme expérimentale en Normandie. — *Précis de l'Académie de Rouen,* 1831, page 22.

1831. Notice sur une cendrille riche en salin, provenant d'un hêtre (*fagus sylvatica*) excru sur un sol ocreux et graveleux. — *Idem,* page 41.

1831. Notice sur la garance (*rubia tinctorum*), avec des moyens simples d'en reconnaître la falsification. — *Idem,* 1831, page 46.

à l'Académie de Rouen. — Une brochure in-8° de 32 pages , Rouen, N. Periaux , prix : 75 c. , au profit des indigents.

1833. Un dernier mot sur le puceron laniger. — *Précis de l'Académie de Rouen* , 1833 , page 27.

1833. Note sur trois sortes de charbons végétaux fabriqués à l'aide de débris végétaux.—*Idem*, pages 28 et 38.

1833. Notice sur du papier fabriqué avec des tiges de pommes de terre rouies par un procédé simple. — *Idem*, page 52.

1833. Analyse de dix sortes de terre de rapport , avec des considérations géorgiques sur leur qualité respective , leur emblavement, leur valeur cadastrale , vénale, etc. — *Idem*, page 56.

1833. Moyens de reconnaître la falsification de la farine de froment par la fécule de pommes de terre. — *Bulletin de la société d'Encouragement* , n° 354 , Décembre 1833 ,page 441. — Ce mémoire a valu à son auteur une médaille de bronze.

1834. Mémoire sur la multiplication par boutures des pommes de terre , des topinambours , etc. — *Précis de l'Académie de Rouen*, 1834 , page 22, et *Bulletin de l'Académie Ebroïcienne* pour 1834.

. Observations géorgiques sur l'emploi du sel ordinaire aux champs, pour l'alimentation et l'hygiène des bestiaux, leur engraissement, etc. — *Idem*, 1834, page 57.

UN MOT
SUR LES INONDATIONS
ET LEURS EFFETS.

AVANT-PROPOS.

J'ai médité souvent sur les calamités qui résultent du débordement des fleuves, et sur les moyens d'absorber promptement les émanations plus ou moins dangereuses qui en résultent, particulièrement dans les grandes villes, où les rues sont étroites, et où, par conséquent, l'air ne peut circuler qu'avec peine.

J'ai lu tout ce qu'ont écrit les célèbres Guyton-Morveau, Fourcroy, Parmentier et autres chimistes et médecins du premier ordre, sur les moyens de désinfecter l'air des hôpitaux, des prisons, des vaisseaux, etc.; mais ils ne parlent que faiblement du sujet que nous allons traiter.... Il ne s'agit pas ici de combattre une contagion, mais bien de l'empêcher de naître.... De nombreuses habitations ont été submergées; elles peuvent recéler des principes de destruction : chaque chef de famille, pour vivre avec sécurité, a droit de réclamer de ceux qui cultivent les sciences, et particulièrement des chimistes, le tribut de leurs connaissances et le résultat de leurs observations pour assainir les lieux qu'ils habitent.

Le désir d'être utile m'a fait entreprendre ce travail. J'ai visité depuis trois ans beaucoup de maisons que le débordement annuel avait inondées ; j'ai eu occasion de faire plusieurs observations qui m'ont conduit à des expériences qui sont peut-être insuffisantes, mais néanmoins propres à fixer mon opinion sur cet objet si intéressant. Heureux si, en présentant à mes concitoyens ce faible tribut de mes connaissances, je puis me flatter d'avoir contribué au bien public, unique motif qui a dirigé ma plume !

UN MOT

SUR

LES INONDATIONS

ET LEURS EFFETS,

OU

MOYENS PROPOSÉS POUR ASSAINIR LES MAISONS ET LOCALITÉS QUI ONT ÉTÉ SUBMERGÉES.

Une partie de la ville de Rouen, par sa position trop rapprochée du canal, est souvent submergée par le débordement de la Seine.

On sait que les lieux qui ont été inondés conservent long-temps après une fraîcheur nuisible à la santé, si l'on ne se hâte de prendre les précautions nécessaires pour absorber cette humidité et en prévenir les funestes effets.

Malheureusement la classe indigente n'est pas toujours à même d'employer les moyens indiqués en pareil cas pour se garantir des émanations plus ou moins dangereuses, surtout si elles se forment dans une atmosphère chaude et humide.

Les magistrats chargés par le gouvernement de l'administration de cette populeuse cité indiquent, chaque fois que le fleuve sort de son lit, quelques moyens que la prudence approuve, et, à cet égard, comme dans tous les cas où il est question de conserver la santé des habitants, leur sollicitude mérite la reconnaissance publique.

Nettoyer tous les lieux où l'eau a séjourné, entretenir un feu très-clair dans les différentes habitations pour sécher et renouveler l'air ; enfin, couvrir les pavés ou planchers de sable, pour absorber totalement l'humidité, tels sont les trois moyens prescrits par ordre de M. le maire de Rouen. Mais en pareil cas, l'administration municipale, obligée de se borner à un simple placard, ne peut qu'indiquer les moyens généraux de pourvoir à la sûreté publique ; il en est de particuliers que la physique et la chimie suggèrent, et qui naturellement trouveront place à la suite de ceux qui nous sont proposés et que nous croyons très-utiles. Trop heureux si l'autorité les accueille, et si nous pouvons, en indiquant quelques procédés nouveaux, simples dans leur exécution, mériter son estime et sa bienveillance !

Mais avant d'entrer en matière, examinons quels sont les inconvénients des inondations et leurs effets en général ; et après avoir établi des principes, tirons-en les conséquences nécessaires [1].

1° L'eau tend toujours à se mettre en équilibre.

2° Cet équilibre ne peut avoir lieu que par une suite de balancement entre l'eau du fleuve, qui se grossit, et les autres fluides environnants, de quelque nature qu'ils soient.

---

[1] Les principes que nous allons poser sont connus assez généralement, mais nous avons cru utile de les rappeler pour l'intelligence de ceux qui ne se livrent pas particulièrement à l'étude des sciences physiques.

3° De ces deux faits posés , et qui sont d'accord avec les lois de l'équilibre , il est évident que la plupart des puits , citernes , etc. , seront infectés, ou plus ou moins altérés , si les eaux viennent à s'élever au niveau de ces utiles réservoirs, par l'infiltration de ces divers liquides, tant à travers les terres presque toujours empreintes de matières solubles , que par le voisinage des latrines , qui n'est que trop ordinaire, surtout dans les villes.

4° Si l'extravasion du fleuve est prompte et rapide , si l'eau reprend son niveau ordinaire avec célérité , alors le danger est moins grand , parce que les murailles , pavages , planchers , etc., n'ont pas eu le temps , vu le mouvement oscillatoire des eaux , de s'imprégner d'animalcules ou de corpuscules *invisibles,* susceptibles de fermentation putride à une température moyenne [1] , et *tant qu'elles sont humides.*

Cette humidité plus ou moins grande , ces corps étrangers , rendent les habitations mal saines jusqu'au moment où la chaleur *latente* les ait séchées en les pénétrant graduellement.

D'après ces principes , les meilleurs moyens pour les assainir (en supposant l'inondation superficielle) paraissent ceux indiqués par l'administration de cette ville.

Mais qu'il nous soit permis de le dire , ces moyens ,

[1] La température la plus convenable pour exciter la putréfaction des matières animales est de huit à dix degrés , thermomètre de Réaumur , répondant à douze du thermomètre centigrade. Si la température est plus élevée, la putréfaction s'arrête , parce qu'alors les principes aqueux sont volatilisés.

en les supposant généralement exécutés, ne peuvent pas toujours remplir le but qu'on en attend. L'eau, en se balançant, pénètre et finit par imbiber profondément les maçonneries, pavages, planchers, caves, etc. ; alors la chaleur, les aspersions, les lotions même, quelque bien dirigées qu'elles soient, sont des moyens insuffisants pour pénétrer dans l'intérieur de ces masses énormes qui ont été submergées, et restent long-temps après empreintes de ces corps étrangers fermentatifs dont nous avons parlé.

On remarque ces effets dans les caves et bas-fonds voisins des dépôts de matières végétales et animales, et plus particulièrement là où l'eau est dormante ou n'est absorbée que par *imbibition*.

J'ai été nombre de fois à même d'observer que les caves où le fluide arrive et se retire avec vitesse, exhalent toujours moins d'odeur que celles d'où il sort lentement. Le limon et la terre noire ramassés dans les premières, tenues long-temps humides et à une température convenable, ne m'ont presque jamais donné d'indice d'ammoniaque ; et sur douze essais faits avec les mêmes substances prises dans les secondes, plusieurs donnèrent du gaz hydrogène sulfuré et de l'alkali volatil[1].

Mais nous croyons indispensable, pour bien comprendre ce qui va suivre, de rappeler en peu de mots les qualités et ce qu'on entend par *air atmosphérique ou air vital*. Ce fluide est inodore et invisible, c'est

---

[1] Ce sont ces substances gazeuses qui, en se mêlant avec l'air ambiant, le vicient plus ou moins, et en altèrent le principe vital.

dans son atmosphère que l'homme se meut et respire :
il est composé de 27 parties d'oxigène, 72 d'azote ; plus,
de 1 jusqu'à 2 centièmes de gaz acide carbonique.

Si la fermentation des matières exposées à son contact, ou tout autre accident, vient rompre l'équilibre
de ces trois principes par le changement de proportions
qui en résulte, alors ce fluide est altéré, et ses effets sur
l'économie animale varieront en raison de sa pureté
naturelle.

Nous avons dit plus haut que les matières végétales
et animales, encore humides, qui se rencontrent dans les
terres après leur submersion, fermentaient à l'aide d'une
température moyenne.... C'est cet effet qui, en général,
altère le fluide atmosphérique, en s'emparant d'un de
ses principes (l'oxigène), ou qui ajoute à sa masse d'autres substances gazeuses chargées de miasmes plus ou
moins pernicieux.

Ces émanations font une impression désagréable sur
les nerfs olfactifs : par cette odeur la nature semble
avertir l'homme de fuir pour un moment cet ennemi
domestique, ou de se hâter de l'anéantir, si des précautions sages et suffisantes n'ont été prises pour l'empêcher de naître.

Comme cette fermentation peut produire quatre espèces d'émanations différentes, il est à propos de les faire
bien connaître, afin de mettre le public à même de s'en
garantir par des moyens simples.

La première porte le nom chimique de *gaz hydrogène*, sulfuré, carboné ou phosphoré (gaz hépatique,
air inflammable des marais).

Cette substance aériforme affecte désagréablement l'odorat. Cette odeur peut être comparée à celle qui se dégage des bas-fonds d'où on enlève le pavage, et encore à des œufs couvés ou gâtés...... mais elle paraît la moins dangereuse, par sa propriété d'être, en raison de sa pureté, dix à treize fois spécifiquement plus légère que l'air atmosphérique. On facilite encore son évaporation dans les régions supérieures par le moyen d'un feu de flamme et de grands courants d'air.

La deuxième s'appelle *gaz azote*, ou mofette.

Ce gaz, comme nous l'avons déjà dit, est le second principe constituant de l'air que nous respirons ; s'il se trouve isolé des deux autres substances qui composent le fluide atmosphérique, alors il reprend ses propriétés délétères.

Celui qui s'émane des matières animales et végétales en fermentation, exhale une odeur qui a beaucoup d'analogie avec celle dont on est affecté au premier moment où le charbon s'allume dans un local fermé, ou encore à celle de la chair de poisson qui commence à se putréfier.

Cette substance étant un peu plus légère que l'air atmosphérique, il devient plus facile de la faire disparaître des endroits qui permettent d'y établir un courant d'air ; on accélère encore son évaporation par la chaleur. D'autres moyens seront indiqués par la suite pour combattre ou absorber ce principe délétère.

La troisième espèce de *gaz* que produit la fermentation putride est nommée ammoniaque ou alkali volatil.

Cette substance est miscible avec l'eau, et tient pres-

que toujours en dissolution une partie de la matière où
elle s'est formée ; ce qui en change et modifie l'odeur
de plusieurs manières. Mais, en général, elle affecte
désagréablement l'odorat, et se rapproche beaucoup
de celle qui s'émane de l'urine gardée, ou des tas de
choux, de raves ou autres plantes analogues qui commencent à se pourrir.

Ce *gaz*, presqu'à moitié plus léger que le fluide
atmosphérique, s'y mêle rapidement et dans toutes proportions, et fait, en quelque sorte, équilibre avec l'air
ambiant : c'est cette propriété qui le fait reconnaître,
même à des distances assez éloignées, dans les lieux où
il y a des matières animales ou quelque cadavre en
putréfaction.

Par état, j'ai souvent été exposé à vivre momentanément dans une atmosphère plus ou moins chargée
de ce *gaz*; j'en éprouvais une légère irritation aux yeux,
quelques chaleurs d'estomac, que je calmais et détrui-
sais en un instant, en prenant une ou deux tasses
d'eau sucrée, acidulée par le vinaigre ou par tout
autre acide végétal.

D'après ce qui a été dit sur l'ammoniaque ou alkali
volatil, l'eau, le feu, les courants d'air bien dirigés et
les acides, sont les agents qu'il faut encore employer pour
se débarrasser de cette vapeur plus incommode que
dangereuse, à moins qu'elle ne soit accumulée en grande
quantité dans les habitations.

La quatrième et dernière substance que nous avons à
faire connaître est appelée acide carbonique, air fixe,
ou gaz méphitique.

Ce principe délétère est d'autant plus perfide, qu'il est inodore et spécifiquement plus lourd que l'air atmosphérique avec lequel il se mêle dans toutes proportions. Il occupe toujours la partie inférieure des endroits où il prend naissance, ou les remplit en soulevant graduellement l'air ambiant, s'il parvient à se former avec abondance. On ne peut rompre cet équilibre que par une forte agitation ou par des moyens chimiques qui dispersent ou absorbent cette mofette.

Ce *gaz* est ordinairement le résultat de la fermentation des matières animales, mais spécialement de celle que produit l'accumulation des substances végétales humides, telles que les meules de foin, herbes potagères entassées. Il est encore formé en abondance par les liqueurs plus ou moins sucrées qui subissent le mouvement tumultueux qui les changent en vin, cidre, bière, etc.; enfin, la combustion du charbon, outre les autres gaz, en produit énormément.

Malheur à l'homme qui s'expose inconsidérément dans son atmosphère! il y périt aussitôt, si des secours prompts ne lui sont administrés [1]. Il y a mille exemples de personnes qui ont perdu la vie en s'endormant sur des meules de foin humides, dans des caves, celliers et ateliers où des liqueurs fermentaient, dans des lieux

---

[1] L'exposition au grand air, l'odeur du fort vinaigre, mieux encore celle de l'ammoniaque, quelques liqueurs spiritueuses prises intérieurement, des frictions sèches continuées, etc., tels sont les principaux remèdes que la médecine emploie pour rappeler à la vie les personnes tombées en asphyxie par cette vapeur.

clos où l'on brûle imprudemment du charbon , etc., etc.

La chimie nous enseigne des moyens prompts et sûrs pour reconnaître cet acide et pour neutraliser ses pernicieux effets.

Nous allons indiquer les plus simples et les plus faciles à pratiquer.

On introduit dans un lieu suspecté de méphitisme (en se tenant à l'extérieur) une petite éponge , ou la barbe d'une plume humectée d'alkali volatil caustique : si cet endroit contient l'acide carbonique , l'éponge sera sur-le-champ entourée d'un nuage blanchâtre.

Si on n'a point d'alkali volatil à sa disposition , on y suppléera par l'eau de chaux. Ce liquide , mis dans un vase à large ouverture et agité , se trouble et louchit par son contact avec ce *gaz ;* bientôt il est recouvert d'une pellicule épaisse d'un blanc mat , semblable à celle qu'on aperçoit sur la surface de l'eau qui a servi à éteindre la chaux à mortier [1].

A ces deux procédés , d'une exécution facile , ajoutons-en un troisième encore plus prompt , qui consiste à introduire une bougie dans le lieu qu'on veut essayer. Si elle s'éteint ou ne jette qu'un feu languissant ; si son disque s'allonge et rougit , c'est une preuve certaine que cet air est vicié , malfaisant , et contient des *gaz* de

---

[1] L'eau de chaux bien pure est un des meilleurs moyens *eudiométriques* que les chimistes emploient pour déterminer la pureté de l'air des hôpitaux , vaisseaux , prisons, etc., etc. C'est encore par cette raison qu'il est utile d'exposer dans ces lieux un bon nombre de baquets , plus évasés que profonds , avec de l'eau et de la chaux pour les purifier et absorber cet acide.

nature délétère. Ce même moyen est l'épreuve la plus certaine que doivent faire les vidangeurs, maçons et ouvriers chargés de nettoyer ou de réparer les fosses d'aisance, ou tout autre bas-fonds avant que d'y descendre, parce qu'il est prouvé que, partout où la lumière s'éteint et où la combustion cesse, les animaux en général y périssent.

Nous venons d'exposer les matières et les causes que produisent les substances gazeuses, et qui détruisent ou altèrent plus ou moins la santé des hommes en viciant l'air atmosphérique. Nous avons fait remarquer que c'était particulièrement dans les lieux bas, qui ont été submergés, et à l'aide d'une température moyenne, que la fermentation établit son empire par l'accumulation du limon ou des matières végétales et animales encore humides.

Je ne prétends pas alarmer l'imagination de ceux de mes concitoyens qui les habitent. D'ailleurs, l'expérience serait en partie suffisante pour tranquilliser sur ce point ; je n'ai écrit que pour prévenir les accidents et non pour combattre ceux qui n'existent pas.

Plusieurs motifs de sécurité militent particulièrement en faveur des quartiers de Martainville et de Saint-Sever, les plus exposés à l'inondation ; l'un et l'autre reçoivent plus ou moins directement le grand courant d'air qui arrive de l'est et du nord-est par la large et profonde vallée de Darnétal. Ce vent, généralement sec, en traversant rapidement le premier, va se perdre au-delà du second dans une vaste plaine sablonneuse. Cet agent seul, ou secondé par le soleil du midi, est comme une éponge salutaire qui absorbe l'humidité qui existe dans ces quartiers, et en chasse les miasmes en les dispersant dans l'immense laboratoire de la nature, pour reprendre, par de nouvelles combinaisons, les qualités nécessaires à l'existence des êtres qu'elle a créés.

Nous avons fait voir que les trois premières substances délétères résultant de la fermentation avaient chacune des caractères particuliers qui les faisaient discerner par l'odorat seul ; nous avons indiqué plusieurs procédés simples pour distinguer la quatrième, qui est la plus à craindre et la plus meurtrière.

Aux moyens déjà proposés pour les combattre, nous allons en offrir d'autres que la chimie moderne indique. Nous y joindrons quelques procédés qui nous sont particuliers, et que l'expérience nous a suggérés ; mais avant de les exposer, nous croyons à propos de répéter ici, comme étant parfaitement analogue à l'objet que nous traitons, une partie des réflexions que nous consignâmes, à la suite d'une longue sécheresse, le 2 fructidor an VIII, dans le n° 273 de la *Chronique de l'Europe.*

J'insistais alors contre un moyen abusif qu'un journal proposait, et que bien des gens emploient encore pour *sanifier* les appartements ; je veux dire, d'y brûler des plantes ou graines aromatiques Je m'élevais encore contre l'opinion de ceux qui conseillent, en pareil cas, de brûler du vinaigre sur une pelle rouge ; je disais que des parfums, des bois odoriférans, des résines aromatiques, des baumes, etc., étaient bien loin de posséder les propriétés merveilleuses et antiseptiques que l'ignorance et souvent la cupidité leur attribuent....... Ils ne

corrigent point l'air, dit l'immortel Guyton-Morveau ;
ses expériences et celles d'autres savants chimistes l'ont
constaté.... ils ne servent qu'à lui communiquer une
odeur plus agréable, sans changer ni même dénaturer
sa qualité délétère. Il en est de même du vinaigre
décomposé et réduit en vapeurs par le moyen indiqué.

Le vinaigre ordinaire n'a d'efficacité anti-contagieuse
qu'autant que les objets viciés sont trempés dans cet
acide [1].

Mais il existe dans les pharmacies une autre espèce
d'acide végétal qui, par sa volatilité et ses autres qualités, pourrait être employé avec avantage dans les cas
indiqués. Cet acide, plus particulièrement connu sous
le nom de vinaigre radical, se réduit facilement en
vapeurs très-expansibles par l'intermède du calorique.
Ces vapeurs n'ont pas l'inconvénient d'affecter désagréablement l'odorat comme celles des acides minéraux
dont nous allons parler ; mais son prix, trop élevé, em-
pêchera toujours qu'on ne l'emploie en grande quantité.
Jusqu'à ce jour, il n'a guère servi que pour *arroser les
sels destinés aux flacons de poche.*

Il faut donc avoir recours à d'autres agents d'un
moindre prix. Trois sont proposés, savoir : les acides
sulfurique, nitrique blanc et muriatique ordinaire ou
oxigéné. C'est à ce dernier que les médecins et chimistes
éclairés donnent la préférence, comme étant très-

---

[1] C'est le moyen qu'on emploie encore aujourd'hui pour assainir
les lettres et papiers suspects qui viennent des pays lointains, et
spécialement des contrées asiatiques.

expansible et réunissant bien le double objet qu'on se
propose par ses éminentes vertus anti-contagieuses, et
par la modicité de son prix, qui permet à toutes les
classes de la société d'en faire usage.

Si ce dernier acide possède bien la propriété de neutraliser et de détruire les miasmes putrides, il a quelques inconvénients dans son emploi, qu'il est bon
d'indiquer, afin de s'en garantir.

Les vapeurs de l'acide muriatique oxigéné causent des
irritations à la gorge, dans les yeux, dans la poitrine,
et font tousser. Je suis quelquefois exposé à leur action :
les remèdes que j'emploie, et qui me réussissent pour
anéantir leurs effets, consistent à boire du lait chaud et
à me frotter légèrement les paupières avec de l'huile
d'amande douce ou d'olive.

Ces vapeurs ont encore un autre inconvénient, c'est
de rouiller toutes les pièces de fer poli sur lesquelles
elles se condensent. On peut éviter cet accident en cou-
vrant le métal d'une légère couche d'huile avant la
fumigation.

Maintenant, supposons un appartement ou un lieu
quelconque, ayant environ 10 mètres (30 pieds)
carrés, sur une hauteur de 3 à 4 mètres (10 à 12 pieds);
supposons encore que l'odorat nous y fasse apercevoir
un des trois principes délétères dont j'ai parlé, ou toute
autre odeur composée, telle que celle qu'on éprouve
dans les endroits nouvellement peints, ou qu'exhale la
viande qui commence à se gâter, ou encore approchant
de celle de l'*ail*, etc.

Pour sanifier cet endroit, on opérera de la manière
suivante :

Mettez dans une jatte de terre, posée au milieu du local sur un petit réchaud contenant quelques charbons bien allumés, **64** grammes (2 onces) de bon acide muriatique oxigéné [1], retirez-vous de l'appartement après en avoir fermé toutes les issues.... bientôt l'acide, mis en état d'expansion par le calorique, en occupera toute la capacité. Ces vapeurs neutralisent et détruisent promptement les miasmes putrides et désagréables à l'odorat, mais ne changent pas le caractère de l'acide carbonique. Quatre heures après cette opération, on ouvrira toutes les portes et croisées pour y établir un courant d'air et faciliter l'évacuation de celui qui pourrait être encore chargé d'acide et d'une portion d'azote.

Si l'intention est d'assainir un local après une maladie putride, ou d'anéantir l'odeur des appartements nouvellement peints, une seule fumigation suffira; mais pour ceux qui ont été submergés, il faut d'autre précautions et employer un moyen subséquent qui puisse tout à-la-fois absorber l'humidité et l'acide carbonique qui peut encore se dégager de l'intérieur des terrains qui ont été inondés. Je propose, pour atteindre ce but, de couvrir de trois en trois jours les planchers avec une légère couche d'un mélange de deux parties de sable sec, de chaux vive et de braise (l'une et l'autre concassés), de chaque une partie.

Nous aurons occasion, par la suite, de faire remar-

---

[1] On peut aussi dégager cet acide d'un mélange de manganèse, de sel de cuisine et d'acide sulfurique étendu d'eau; mais j'ai préféré indiquer l'acide tout préparé, comme moyen plus prompt, moins embarrassant, sans être plus dispendieux.

quer l'efficacité de cette poudre et les bons effets qu'elle produit, soit comme dessicative, soit comme absorbante, etc.

Après avoir indiqué les moyens de reconnaître et de détruire les trois premières substances gazeuzes, il nous reste à présenter ceux qui sont propres à combattre la quatrième ou l'acide carbonique.

C'est particulièrement dans les caves, prisons, fosses d'aisance et autres bas-fonds, où la lumière pénètre difficilement, où l'air circule mal, qu'on rencontre ce principe contagieux. Nous avons indiqué plus haut des moyens faciles pour s'assurer de son existence ; voici ceux que nous proposons pour le détruire ou l'absorber.

Le meilleur que je connaisse consiste dans un mélange de parties égales de bonne chaux vive et de braise de boulanger, l'une et l'autre en poudre très-fine (2 kilogrammes, ou 4 livres de chaque pour un endroit de 7 à 10 mètres, ou 20 à 30 pieds carrés) ; ces deux substances seront mises dans un sac de grosse toile très-claire et *flasque*, et par un moyen qu'il est facile d'imaginer (par exemple, en attachant ce sac à l'extrémité d'une perche), on le secouera fortement à plusieurs reprises dans le milieu du local ; cette poudre, vu sa ténuité et sa légèreté, en voltigeant en tous sens, en occupera bientôt toutes les parties, et finira, en se précipitant, par absorber l'acide carbonique, de plus une portion d'humidité répondant souvent à la moitié de son poids.

Cette opération peut être suivie d'une autre. Si la cave ou le lieu *sanifié* conserve de l'odeur, on y brûlera 96 à 128 grammes (3 à 4 onces) de soufre en poudre qu'on mettra sur une pelle rouge ; l'acide sulfureux, par sa volatilité et son attraction, neutralise et détruit les miasmes qui pouvaient avoir échappé à la première opération. Pour les caves et autres lieux analogues, on préfère l'acide sulfureux à l'acide muriatique oxigéné, par la raison qu'il perd promptement son odeur, et par d'autres qu'il serait trop long et inutile de développer ici [1].

Outre ces moyens, la chimie en possède encore plusieurs pour absorber ce gaz, mais qui ont l'inconvénient d'être très-dispendieux, et demandent, pour leur application, des connaissances particulières en cette science ; ces raisons nous ont engagé à ne point les consigner dans un ouvrage en quelque sorte élémentaire. D'ailleurs, la poudre de chaux et de charbon réunit en soi toute l'efficacité de ces divers agents. Je la propose avec d'autant plus de confiance, que je l'ai éprouvée bien des fois chez moi, et particulièrement dans une circonstance qui est encore présente à ma mémoire.

Il y a près de vingt ans que je faisais des essais sur la mélasse, les miels rouges, réunis à quelques débris de matières animales, pour en extraire de l'eau-de-vie. J'avais établi mon laboratoire dans un endroit très-borné ; deux fois je faillis être victime de l'acide car-

---

[1] Il existe encore des moyens mécaniques, tels que la pression avec l'eau et les ventilateurs pour déplacer ce gaz ; mais ces appareils, utiles dans quelques circonstances, sont souvent impraticables par la disposition des lieux, etc.

bonique qui se dégageait en abondance de mes tonneaux par l'effet de la fermentation, et bientôt tout le local s'en trouva rempli ; les charbons ardents s'y éteignirent. Guidé par les principes chimiques, j'employai d'abord l'ammoniaque caustique pour absorber cet acide; l'union de ces deux gaz me présentait en grand ce spectacle toujours intéressant de deux substances invisibles, considérées *isolément*, mais qui, étant combinées, donnent naissance à un nouvel être que l'œil se plaît à distinguer. Ce procédé n'ayant réussi qu'imparfaitement, je fixai mes idées sur le mélange de chaux et de braise bien pulvérisées. Cette poudre, comme je l'ai dit ailleurs, est extrêmement légère, et, par sa ténuité, s'élève en l'air à la moindre agitation. Ce fut donc avec ces deux substances que je parvins à *sanifier* mon laboratoire. Quatre heures suffirent pour l'absorption de l'acide carbonique et des autres gaz.

Nous avons indiqué plus haut un mélange de sable, de charbon et de chaux bien secs pour étendre sur les planchers ou pavages des endroits qui ont subi l'épreuve de l'acide muriatique oxigéné ; je propose, avec la confiance que donne l'expérience, le même moyen pour assainir et sécher les caves, celliers, magasins et autres lieux habités qui sont frais naturellement ou par suite de leur submersion. Heureusement pour l'humanité, nous voyons peu de cas qui nécessitent l'emploi en grand des désinfections par les acides ; mais ils seraient encore plus rares, si on nettoyait parfaitement les caves et autres lieux bas après les inondations; si, au lieu du limon et de la première couche de boue noire qu'on doit enlever soigneusement, on employait, jusqu'à l'épaisseur de quelques centimètres, ou 3 à 4 pouces, de la poudre absorbante et désinfectante dont j'ai parlé, pour recouvrir la surface de ces terrains [1].

Outre les expériences que nous avons déjà rapportées, nous allons citer d'autres faits qui serviront à convaincre de plus en plus nos concitoyens de la nécessité d'employer, dans les cas indiqués, le moyen proposé, ou tout autre analogue.

Je prie d'observer que j'écris particulièrement pour cette classe immense de citoyens estimables qui, par état, ne cultivent pas les sciences : ce motif m'engage à des répétitions utiles, afin de présenter des faits clairs, positifs et dégagés de toutes abstractions métaphysiques.

Le charbon bien sec, et particulièrement celui de bois blanc, ou braise de boulanger, absorbe l'humidité de l'air avec une très-grande facilité, au point que sa pesanteur s'accroît souvent d'un quart et même d'un tiers si l'eau reste stagnante à sa surface. Il est encore prouvé, par des expériences non équivoques, que le charbon possède au plus haut degré la propriété d'absorber l'odeur désagréable qui se dégage des matières animales en putréfaction et des eaux fétides.

Joignons à ces propriétés merveilleuses celles de la chaux ; mais disons un mot de la qualité que doit avoir

---

[1] J'ai visité tout récemment un nombre assez considérable de ces caves ; j'avoue que plusieurs méritaient la plus sérieuse attention par l'odeur extraordinaire qu'elles exhalaient, quoique la température ne fût encore que de 2 à 4 degrés au-dessus de zéro.

cette substance pour posséder éminemment ces utiles vertus.

Cette terre, que le célèbre Fourcroy range dans la classe des alkalis, doit être choisie d'un blanc mat, compacte, s'échauffer fortement avec l'eau, ne faisant point effervescence avec les acides, et s'exfolier facilement quand elle est exposée à l'humidité, dont elle absorbe, pendant son extinction, près de la moitié de son poids...... Une autre propriété non moins utile de la chaux, qu'il est encore bon de faire observer, c'est que, pendant son extinction, il s'en dégage beaucoup de chaleur, et que, par conséquent, elle donne plus d'élasticité à l'air ambiant en le raréfiant par l'intromission du calorique. Si cette substance est avide d'eau, elle ne l'est pas moins d'acide carbonique ; c'est l'agent le plus puissant que la chimie connaisse pour anéantir et neutraliser les effets de ce principe délétère.

Nous aurions encore bien des choses utiles à dire sur cette terre précieuse et sur le charbon : mais les bornes que nous nous sommes prescrites en rédigeant cet ouvrage, nous imposent l'obligation de nous interdire tout détail superflu.

Nous finirons par dire un mot sur le sable, indiqué aussi comme agent nécessaire après les inondations. Cette substance, la moins dispendieuse des trois dont j'ai parlé, est reconnue malheureusement pour être la moins utile, à raison de ses effets. L'expérience m'a prouvé que 50 kilogrammes (1 quintal) de sable ordinaire, exposés pendant huit jours dans une cave qui avait été submergée et naturellement fraiche, n'avaient absorbé qu'environ 2 litres (2 pintes) d'humidité, tandis qu'une même proportion de la poudre désinfectante que je propose avait augmenté du quart de son poids.

Cette poudre, outre sa qualité dessicative, réunit encore le précieux avantage d'attirer à soi l'odeur particulière et marécageuse qu'on observe toujours dans les bas-fonds après leur submersion.

Néanmoins, cette terre doit être employée conjointement avec d'autres substances dans les cas que j'ai indiqués, et particulièrement comme objet de propreté, puisqu'à l'avantage d'être légèrement absorbant, le sable réunit encore, par son *âpreté* et par l'action du frottement, la qualité de nettoyer parfaitement les planchers, pavés, etc.

Je crois avoir démontré suffisamment les précieuses qualités de la chaux, du sable et du charbon pour assainir les habitations et autres localités après leur submersion, ou qui contractent une mauvaise odeur par une cause quelconque ; aux effets anti-contagieux de ces substances ajoutons leur propriété dessicative, et chacun restera convaincu de la nécessité d'en faire usage dans les cas indiqués.

Sécurité, d'une part, pour les familles ; de l'autre, absorption de l'humidité qui altère et gâte plus ou moins les effets déposés dans les caves, celliers, magasins, etc., tel est le double avantage qu'elles procurent.

On peut encore pratiquer des moyens analogues pour *sanifier* les puits gâtés par l'effet de la crue des eaux. Après les avoir bien nettoyés, tant au fond qu'à leur pourtour, jusqu'à la hauteur où le fluide a pris son niveau, on les garnira d'une couche assez épaisse de parties égales de menue braise et de gros plâtre cuit, ayant attention de mettre le charbon le premier ; le tout doit être recouvert d'une couche encore plus épaisse de gros sable mêlé avec une quantité suffisante de galets ou petits cailloux, pour empêcher le charbon de nager sur l'eau et présenter une espèce de filtre à ce fluide. Ce moyen réussit presque toujours, quand d'autres causes ne concourent pas à infecter ces utiles réservoirs : dans ce cas, il faut employer le plâtre ou gypse cuit en place de la chaux, par la raison que cette dernière est dissoluble dans l'eau.

RÉCAPITULATION.

—

Après avoir fait remarquer les effets que produit le débordement des fleuves en se mettant toujours en équilibre avec les eaux et les matières liquides qui les avoisinent, et les inconvénients qui en résultent pour les habitations, nous avons, dans ce court exposé, indiqué des moyens simples, faciles et économiques pour prévenir les accidents qui peuvent porter atteinte à la santé. A la suite de procédés que tout le monde peut exécuter, nous avons indiqué les propriétés particulières de chaque agent que nous proposons pour combattre avec succès les émanations plus ou moins délétères produites par la fermentation ; nous avons décrit les causes qui excitent et accélèrent le mouvement fermentatif des matières végétales et animales ; nous avons encore fait remarquer que tout corps réduit à l'état de *siccité* n'était plus susceptible d'altération : partant de ces principes, nous avons fait voir que le meilleur moyen d'*assainir* les appartements était d'en absorber toute l'humidité.

Le sens de l'odorat et une lumière sont les moyens chimiques les plus simples et les plus sûrs, tout à-la-fois, que nous indiquons pour distinguer la présence de toute espèce de mofette ou d'émanations dangereuses.

Enfin, d'après les observations générales et quelques expériences qui nous sont particulières, nous avons conseillé d'employer en grande quantité la poudre que nous nommons *désinfectante et sanifiante*, seule ou réunie, dans certains cas urgents, aux autres agents chimiques, pour absorber l'humidité et les miasmes putrides ; et vu l'importance de ce procédé, nous croyons devoir insister sur son emploi.

Les moyens proposés ne sont point dispendieux, mais encore sont-ils souvent au-dessus des facultés de l'indigence. Sans doute les magistrats font surveiller les asiles de la pauvreté ; ils savent, comme l'observe un philosophe moderne, « que c'est de la chaumière du mal-» heureux que sortent souvent les émanations putrides » qui vont frapper de mort et anéantir l'opulent. »

A la vérité, le mal n'existe point..... Mais qui ne sait qu'une température chaude et humide, réunie à d'autres causes que la prudence défend d'indiquer, peut faire naître des accidents et nous ravir cette douce sécurité à laquelle est attaché le bonheur de la vie?

En nous occupant d'un objet si intéressant pour la tranquillité publique, nous n'avons eu pour but que de seconder de nos faibles lumières la surveillance active des magistrats éclairés qui gouvernent cette ville. S'ils daignent en agréer l'hommage, ce sera le prix le plus flatteur de notre zèle ; et si à cet avantage se joint pour nous celui d'avoir contribué par cet essai au bien de l'humanité, notre but et le vœu de notre cœur seront pleinement remplis.

MÉMOIRES

SUR

L'EXTRACTION ET SUR LES USAGES

DU SUCRE LIQUIDE

DES POMMES ET DES POIRES,

AVEC

L'ANALYSE COMPARÉE DE CETTE SUBSTANCE ET DE
LA MÉLASSE DU COMMERCE.

Non quàm belle, non quàm bene.

PREMIER MÉMOIRE.

Depuis que le prix trop élevé du sucre ordinaire a mis un grand nombre de citoyens dans l'impossibilité d'en faire usage, soit comme médicament, soit comme aliment, plusieurs chimistes, tels que MM. Proust, Parmentier, Cadet de Vaux et autres, ont indiqué des procédés plus ou moins compliqués pour obtenir du raisin, des pommes et des poires, un sucre analogue à celui de l'Inde.

Déjà des établissements se forment dans le midi de la France pour en extraire du sucre de raisin ; pourquoi le nord de cet empire n'aurait-il pas aussi cet avantage, puisque les pommes et les poires peuvent produire un sucre d'un goût aussi agréable que celui des raisins et à un prix très-modéré ? D'ailleurs, de temps immémorial on en fait usage dans la campagne pour préparer une excellente confiture avec ces fruits, et qui sert d'aliment une partie de l'année à ses habitants.

L'existence et la qualité de ce sucre étant bien prou vées, que reste-t-il à faire à la chimie ?

1° Donner, pour le nord de la France, un procédé simple, facile et économique pour extraire des pommes et des poires un sucre qui puisse se conserver et qui ait la précieuse qualité de s'associer à nos aliments sans les dénaturer ;

2° Indiquer les réactifs qui conviennent le mieux pour neutraliser l'acide toujours existant dans le suc de ces fruits, à quelque degré de maturité qu'on les suppose ;

3° Indiquer encore les substances les plus économiques pour clarifier ce suc ;

4° Indiquer enfin toutes les précautions que le fabricant doit employer pour obtenir ce suc liquide [1] dans son plus grand état de bonté et de pureté.

Ces quatre points fixés, et qui me paraissent indispensables, ont déterminé les expériences suivantes.

Je vais les décrire succinctement, débarrassées le plus possible des mots techniques que les chimistes emploient dans la description de leurs opérations, afin

---

[1] Jusqu'à ce jour on n'a obtenu qu'une très-petite quantité de sucre solide du suc de pommes. J'en ai près de vingt échantillons, sur lesquels je vais faire des expériences pour en obtenir une plus grande quantité, si faire se peut.

d'être entendu de l'homme simple, mais estimable, qui voudrait s'en servir pour préparer le sucre à son usage, ou pour le fabriquer en grand et en faire un objet de commerce.

On notera que les pommes et les poires sur lesquelles j'ai opéré, sont du nombre de celles qu'on appelle précoces et douces.

Première Expérience.

J'ai tiré 8 pintes ou litres de suc de pommes dites d'*Orange*, très-mûres; j'ai fait bouillir ce suc dans une bassine ou chaudière de cuivre pendant environ un quart-d'heure; ensuite (pour neutraliser l'acide de ce suc) on y ajoute en quatre fois, de deux en deux minutes, 10 gros ou 40 grammes de craie en poudre fine. Cette substance terreuse occasione dans le suc un gonflement qu'on appelle *effervescence ;* on continue encore l'ébullition pendant huit à dix minutes, en agitant le mélange pour multiplier les points de contact entre le suc et la terre ; alors on clarifie de cette manière :

On délaie trois blancs d'œufs dans trois verres d'eau froide ; on les fouette avec une poignée d'osier; quand ils sont bien *mousseux,* on les ajoute d'une seule fois dans le suc, en agitant fortement ce dernier avec le même balai, afin de bien mêler le tout, et on laisse encore bouillir un quart-d'heure. Les glaires d'œufs, en cuisant, se coagulent et ramassent toutes les impuretés du suc. Ensuite on le coule à travers un blanchet ou morceau de flanelle fixé par les quatre coins sur un châssis en bois ; il faut laisser le suc à moitié refroidir et le couler une seconde fois, afin de l'avoir très-clair et bien clarifié.

Pendant les premières opérations, le suc diminue de plus d'un tiers de son poids. On fait réduire ce qui reste par une ébullition légère à moitié de son volume (environ). Alors on finit l'opération sans faire bouillir, jusqu'à ce que le sirop prenne, en refroidissant, une consistance approchant de celle de la *mélasse ordinaire*.

On s'aperçoit encore qu'il est cuit par une pellicule épaisse que l'on remarque à la surface du liquide, ou bien par sa pesanteur spécifique comparée à l'eau. Un vase qui contient 1 pinte ou 2 livres d'eau, ancienne mesure, doit contenir 2 livres 10 à 11 onces de ce sirop ou *sucre liquide*. Ce dernier moyen est celui que j'adopterais comme étant le meilleur et le plus certain.

Ces 8 pintes de suc donnent près de 3 livres (ancien poids) de sucre liquide d'un goût très-agréable, d'une saveur savoureuse, franche, sucrant bien l'eau, le lait sans le faire cailler [1], enfin pouvant remplacer avantageusement, dans tous les cas, la mélasse ordinaire, les cassonnades brune et blonde du commerce.

Deuxième Expérience.

8 kilogrammes, 8 pintes de suc de pommes dites de *Doux-l'Evêque*, traités de la même manière que par

---

[1] Il est impossible d'obtenir du sucre liquide des pommes, privé de l'acide qui fait coaguler le lait, sans le neutraliser avec le carbonate de chaux, comme il est indiqué dans cette expérience.

l'expérience précédente, ont rendu 2 livres 12 onces de
sucre liquide aussi très-agréable au goût.

Troisième Expérience.

Pareille opération a été faite sur 8 pintes de suc de
pommes dites de *Blanc-Mollet;* cette espèce est amère :
néanmoins, elle a fourni un sucre de bonne qualité ; j'en
ai obtenu 2 livres 10 onces.

Quatrième Expérience.

8 pintes de suc de pommes dites de *Girard*, traitées
comme ci-dessus, n'ont rendu que 2 livres 1/2 de sucre
liquide de très-bon goût. Cette pomme rend beaucoup
de suc, mais il est plus aqueux que celui des trois espèces précédentes.

Cinquième Expérience.

Un mélange de deux boisseaux, ancienne mesure de
Rouen (25 kilogrammes), des quatre espèces de pommes
dont je viens de parler, rend à-peu-près 42 livres de
suc. J'en ai neutralisé l'acide malique avec 3 onces de
craie, puis clarifié avec six blancs d'œufs. Du reste, la
manipulation a été pareille à celle de l'expérience
n° 1. Cette quantité de jus a produit 6 livres et plus
d'un excellent sucre liquide de la même consistance
que celui des quatre premières opérations.

Désirant voir s'il ne serait pas possible de clarifier le
suc de pommes sans blancs d'œufs, et, par ce moyen ,

rendre l'opération plus économique, j'ai fait les expériences suivantes :

Sixième Expérience.

Je saturai l'acide de 20 livres de suc 10 (kilogrammes) des quatre espèces de pommes susdites, avec 11 onces de craie. Après l'avoir fait réduire du tiers de son volume, il fut abandonné dans une terrine de grès pendant vingt-quatre heures. La liqueur surnageant le dépôt était blanchâtre et avait un goût terreux. J'agitai le tout et passai plusieurs fois au *blanchet;* mais elle conserva toujours une couleur louche et occasionnait encore une impression désagréable sur la langue ; réfléchissant alors sur les propriétés du charbon lavé et pulvérisé, j'en ajoutai jusqu'à 12 gros dans ce sirop.

J'agitai le tout à diverses reprises en le faisant bouillir huit à dix minutes ; ensuite je coulai à travers un blanchet, à qui je donnai la forme conique, afin que les matières hétérogènes pussent se rassembler et former une sorte de mastic à travers lequel le liquide dût passer, ce qui contribua singulièrement à sa clarification. La liqueur coula d'abord un peu trouble ; mais l'ayant laissée presque refroidir et ensuite passée de nouveau, elle finit par être claire, à la vérité plus colorée que par le procédé avec les glaires d'œufs, mais donnant, par l'évaporation ménagée, un très-bon sucre d'un goût fort agréable.

Septième Expérience.

Ayant acquis, par la précédente manipulation, la certitude que l'on pouvait se passer de blancs d'œufs pour clarifier le jus de pommes et en faire de bon sucre, j'ai répété l'expérience ainsi :

J'ai fait bouillir, pendant un quart-d'heure, 6 pintes ou litres de suc de pommes ; ensuite j'y ai ajouté, en quatre fois, de deux en deux minutes, un mélange de 7 gros de craie et 1 once de braise, l'une et l'autre bien pulvérisées [1]. J'ai continué l'ébullition jusqu'à diminution d'environ la moitié du liquide ; le tout à demi refroidi, je l'ai coulé à travers un blanchet disposé comme dans la sixième expérience ; le sirop étant presque froid, je l'ai passé une seconde fois, afin de le clarifier parfaitement ; ensuite je l'ai fait évaporer avec les précautions indiquées ci-dessus.

Huitième Expérience.

J'ai tiré 8 pintes de suc de huit à dix espèces de pommes plus ou moins avancées en maturité, mais dont le tiers était encore acerbe. Il a fallu 12 gros de craie pour absorber l'acide ; trois blancs d'œufs ont suffi pour sa clarification. Ce suc, plus aqueux, plus aigre et moins sucré que celui obtenu des pommes mûres, est facile à clarifier, mais il donne un sucre inférieur en poids et en qualité. Vers la fin de l'opération, il se trouble et laisse déposer des petits cristaux de malate de chaux, à cause de la soustraction de l'eau. On en

---

[1] Il faut préalablement écraser la braise de boulanger, puis la laver de manière que l'eau du lavage en sorte incolore ; ensuite on la fait sécher, et on l'enferme dans un vase bouché.

sépare ce sel en passant le sirop bien chaud à travers le blanchet. On obtient à-peu-près 2 livres 1/2 de sucre liquide.

Neuvième Expérience.

Réfléchissant sur l'opération que fait souvent le fermier en abandonnant un certain temps ses pommes pilées avant d'en extraire le jus, dans l'intention d'obtenir une liqueur plus colorée et plus agréable, j'ai écrasé 10 livres de pommes pareilles à celles employées à l'expérience précédente ; je les ai abandonnées dans cet état pendant vingt-quatre heures: le suc qu'elles ont rendu ensuite était plus sucré et moins âcre qu'avant cette espèce de *macération*.

4 pintes ou litres de ce suc, traité avec 5 gros de craie et un blanc d'œuf, ont rendu 1 livre 6 onces de sucre liquide, ce qui prouve que cette pratique contribue à la maturité des fruits en développant le principe sucré: effet d'ailleurs parfaitement d'accord avec les principes de la chimie moderne.

SUCRE OBTENU DES POIRES ET DES POMMES, FAISANT SUITE AUX MÊMES EXPÉRIENCES.

Dixième Expérience.

J'ai tiré le jus de 12 kilogrammes ou d'un boisseau de poires de *pilage*, ancienne mesure de Rouen ; il a fallu près de 18 gros de craie pour neutraliser l'acide des 9 pintes de suc que j'en ai obtenues. Le tout a été clarifié avec deux blancs d'œufs et réduit à moitié de son volume par l'ébullition, puis coulé au blanchet. La liqueur resta très-claire et presque incolore tant qu'elle fut chaude, mais elle louchit en refroidissant, par la même cause indiquée en l'expérience huitième, plus par la soustraction du calorique.

On évapora le suc ainsi clarifié, et avec les précautions indiquées en la première expérience, jusqu'à consistance de sirop. Dans cet état, il dépose du malate de chaux que l'on peut séparer en le coulant au blanchet ou en le laissant reposer quarante-huit heures. On obtient de cette quantité environ 24 onces de sucre de consistance ordinaire, mais il est plus âcre, moins agréable au goût que celui qu'on obtient des pommes en maturité.

Onzième Expérience.

1 partie du suc des mêmes poires et 2 du suc de pommes d'*Orange* et de *Girard* bien mûres, en tout 6 pintes, ont été traitées par 8 gros de craie et clarifiées avec deux blancs d'œufs : la liqueur a passé très-claire au blanchet. Evaporée comme d'usage, elle a louchi vers la fin de l'évaporation (par les raisons indiquées aux deux expériences précédentes), ce qui a nécessité de la couler une seconde fois. Elle a rendu 26 onces de sucre d'un goût excellent, et, à mon avis, plus appétissant que tous les sirops obtenus des expériences précédentes.

Douzième Expérience.

Parties égales (en tout 6 pintes) de suc de pommes et

de poires, ont été traitées avec 10 gros de craie et 1 once de charbon préparé, puis coulées et évaporées avec les précautions indiquées aux expériences numéros 6 et 7. Vers la fin de la cuisson il s'en est précipité du malate de chaux, que l'on peut séparer en le passant au blanchet ou en le laissant déposer. Le sucre obtenu est un peu plus coloré que celui clarifié par les blancs d'œufs, mais pourtant de bonne qualité et d'un goût agréable.

Par les expériences précitées et autres qui me sont particulières, je ne puis partager l'opinion d'un savant justement estimé.

M. Cadet de Vaux dit, dans son ouvrage sur le sucre des pommes, « que le suc de ce fruit ne coagule point » le lait ; qu'une petite quantité de terre calcaire, » ajoutée à ce sucre, en détruit en partie le principe » sucré, etc., etc. »

Mais voulant bien éclaircir le fait, et afin qu'il ne reste aucun doute à cet égard, j'ai fait les deux expériences suivantes :

Treizième Expérience.

J'ai tiré 8 pintes de jus d'une suffisante quantité de pommes d'*Orange* bien choisies et parfaitement *mûres ;* le suc était d'une belle couleur ambrée, bien sucré ; mais chauffé avec le lait, il le faisait cailler sur-le-champ ; il rougissait la teinture aqueuse des pétales de violette et celle du tournesol, toutes propriétés qui décèlent un acide libre dans le moût des pommes prévoces, réputées de première qualité pour la fabrication du cidre.

Je neutralisai l'acide de 4 pintes de ce suc avec 4 gros de craie, puis le clarifiai avec un blanc d'œuf et le fis épaissir par un feu bien ménagé, jusqu'à donner 32 et 33 degrés à l'aréomètre.

J'en obtins 22 onces de sirop d'un goût agréable, sucrant bien le lait sans le faire cailler, ayant perdu toutes ses propriétés acides par l'addition de la craie.

Quatorzième Expérience.

4 autres pintes ou litres du même moût furent évaporées avec précaution jusqu'à consistance de sirop comme le précédent ; mais à la première chaleur qu'il éprouva, l'albumine végétale se coagula ; il s'en sépara encore une portion du parenchyme de la pomme. Le suc, réduit aux trois quarts de son volume, fut coulé au blanchet, afin d'avoir un sirop clair. J'en obtins 23 onces, ce qui établit une très-légère différence entre le produit de ces deux opérations.

Ce sirop ou sucre, comparé avec celui obtenu de l'expérience précédente, en diffère :

1° En ce qu'il fait cailler le lait ;

2° Par une couleur plus brune qu'il acquiert par la réaction de l'acide sur les principes constituants de ce sucre à mesure que le suc s'épaissit ;

3° Par son goût qui s'éloigne beaucoup du sirop de pommes clarifié, et qui se rapproche davantage, pour l'odeur et la saveur, de certaines mélasses du commerce.

D'après les seuls résultats de ces deux expériences je ne crois pas à la possibilité d'obtenir du sucre de pommes, de bonne qualité et *commerçable*, sans, au préalable, en absorber l'acide, puis le purifier par la clarification, soit par les glaires d'œufs, soit par le charbon, soit par tout autre moyen analogue [1].

J'ajouterai que le suc de pommes, préparé avec la précaution et avec les doses de craie indiquées, ne contient que quelques atômes insignifiants de malate de chaux, parce que ce sel est moins soluble dans l'eau que le principe sucré, et qu'il se précipite et se sépare du sirop à mesure que ce dernier acquiert de la densité par la soustraction du principe aqueux, qui a lieu avant de le passer au blanchet.

Je ne finirai pas cet article sans dire un mot à la louange du savant dont je combats l'opinion.

La pomme dite de *Jean-Huré*, ramassée dans la vallée de Montmorency, que M. Cadet a employée pour la confection de son sucre, n'est pas ou presque point connue en Normandie. Peut-être que le climat, le site et le sol qui la voient naître, en font une espèce particulière qui possède les précieuses qualités que lui a reconnues ce savant chimiste.

---

[1] Je connais un troisième moyen pour clarifier le moût de pommes et pour en obtenir un sirop presque incolore et très-agréable au goût; mais il est plus dispendieux que les deux premiers, ce qui m'a déterminé à ne le point indiquer dans cet ouvrage.

RÉSUMÉ DES EXPÉRIENCES PRÉCÉDENTES.

1º Des quatre espèces de pommes employées toutes en maturité, on remarque que celle dite d'*Orange* a produit le plus de sucre ; ensuite vient le *Doux-l'E-véque*, puis le *Blanc-Mollet*, et enfin celle de *Girard;*

2º Que le mélange de ces quatre espèces de fruits donne un sirop ou sucre agréable et en quantité relative avec les proportions employées (expérience cinquième);

3º Que les pommes ou poires qui n'ont pas acquis toute leur maturité ne sont pas aussi bonnes à la fabrication du sucre, et en rendent moins et de qualité inférieure que lorsqu'elles sont mûres (expérience huitième) ;

4º Que l'on peut obtenir également du sucre des poires dites de *Pilage*, mais de qualité inférieure et en moindre quantité que des pommes, en supposant ces deux fruits à mesure égale (expérience dixième) ;

5º Que les pommes qui n'ont pas acquis toute leur maturité doivent être écrasées parfaitement, et ensuite abandonnées à elles-mêmes pendant vingt-quatre heures, afin que, par un commencement de fermentation, le principe sucré se développe ; elles rendent, par ce moyen, plus de sucre et de meilleure qualité (expériences huitième et neuvième).

Ces principes sont également applicables aux poires ;

6º Que le mélange de pommes et de poires rend un suc plus facile à clarifier, et donne un sucre de très-bonne qualité (expériences onzième et douzième) ;

7° Que, pour avoir un sucre de pommes qui ne coagule pas le lait, il est indispensable d'en neutraliser l'acide, et qu'il faut environ par pinte de suc 1 gros de craie en poudre et 2 gros pour absorber la même quantité de celui contenu dans le suc de poires; ce qui indique que ce dernier contient plus d'acide que le premier (expériences première, dixième et quatorzième);

8° Qu'il paraît impossible d'obtenir le suc de pommes et de poires assez clarifié pour en faire du sirop clair et de bon goût, sans employer quelque intermède pour leur clarification; que les blancs d'œufs et le charbon peuvent être employés l'un et l'autre à cet effet (expériences première, septième, dixième et quatorzième);

9° Que, pour obtenir le sucre liquide de bonne qualité des pommes et des poires, il faut appliquer la chaleur avec ménagement et discernement, suivre en tout point ce qui a été indiqué dans les expériences première et suivantes, et bien se rappeler que, vers la fin de l'opération, le sirop brunit et prend une odeur et un goût de caramel si on le chauffe trop ;

10° Que, d'après l'expérience cinquième et les suivantes, 1 quintal de pommes rend à-peu-près 84 livres de jus [1]; ce suc, réduit en sirop par les procédés indiqués, fournit près de 12 livres de sucre liquide. Partant

---

[1] On conçoit que la quantité de jus que les pommes rendent doit varier en raison de l'espèce de pommes, ou des années plus ou moins pluvieuses, ou enfin de l'exposition et du terrain où croissent les fruits.

de ces données, il en résulte qu'en supposant, année commune, le prix des pommes à 1 fr. 20 cent. le quintal, et en ajoutant 40 cent. pour les frais de la fabrication, on aura un excellent sucre à 3 ou 4 sous la livre (ancien poids).

CONCLUSION.

Guidé par le principe des savants chimistes dont j'ai parlé, j'ai fait une nombreuse série d'expériences, et en ai extrait les principales pour faire la base de ce mémoire. Je désire qu'elles puissent concourir à éclairer mes concitoyens sur un art nouveau, et qui peut devenir une branche de commerce aussi utile que lucrative pour les départements où les pommes et les poires croissent en abondance. En effet, et on ne peut trop le répéter, le sucre que produisent ces fruits l'emporte de beaucoup, pour le goût, la qualité et le coup-d'œil, sur ce résidu ou mélange presque inconnu appelé *mélasse*.

La bonté de ce nouveau sucre étant bien constatée, soit comme aliment, soit comme médicament, il nous suffira de dire que son prix n'est point élevé et se trouve à la portée du pauvre comme de l'opulent.

Dans mon résumé j'ai coté ce sucre à 3 ou 4 sous la livre, mais j'ai la certitude qu'on l'obtiendrait à un taux bien inférieur si on le fabriquait en grand au milieu d'un pays où ces fruits sont abondants, la main-d'œuvre et le combustible à un prix modéré.

Que faut-il dans une grande ferme pour former un pareil établissement? Deux grandes bassines de cuivre rouge de forme carrée, plus évasées que profondes, et quelques autres ustensiles de peu de valeur. *Le surplus s'y trouve naturellement.*

Toutes les espèces de pommes douces, bonnes à faire le cidre et en maturité, conviennent pour cette opération ; le procédé pour neutraliser l'acide que contient toujours le suc de pommes, est simple et facile ; sa clarification ne l'est pas moins. Sa conversion en sucre liquide exige un plus grand soin, mais avec un peu d'intelligence et d'habitude, on y parvient facilement.

En nous occupant, comme chimiste, d'un objet aussi intéressant, nous n'avons eu pour but que de seconder de nos faibles moyens les personnes qui sont, par leur position, à même de fabriquer ce nouveau sucre, soit pour leur usage, soit pour en faire un objet de commerce, et, par-là, remplacer en grande partie celui des colonies.

DEUXIÈME MÉMOIRE.

Ce deuxième mémoire est une suite naturelle et nécessaire de celui que j'eus l'honneur de faire parvenir à la société Médicale du département de l'Eure, vers la fin du mois d'octobre dernier.

Celui-ci sera divisé en trois parties : cette division m'a paru indispensable, tant par la nature des objets qu'on y traite, que pour l'ordre qui doit régner dans un ouvrage en quelque sorte élémentaire.

La première partie est consacrée à la description d'un grand nombre d'espèces de fruits sur lesquels le temps et les circonstances m'ont permis de diriger de nouvelles expériences pour en extraire le sucre : j'y détermine aussi la densité et la qualité que cette substance doit avoir pour être de bonne garde et commerçable.

J'y ajouterai un nouveau procédé au moyen duquel on obtient, des pommes et des poires, une matière bien sucrée, presque incolore et très-agréable au goût.

La deuxième partie comprend les essais que nous avons faits pour reconnaître et déterminer la quantité de substance gommeuse ou mucilagineuse, et de malate ou citrate de chaux que contiennent les différents sucres liquides préparés par les procédés indiqués dans notre premier mémoire et obtenus de toute espèce de pommes et de poires.

Dans la troisième sont rapportées un certain nombre d'expériences faites avec la matière mucoso-sucrée provenant de nos fruits indigènes, pour la préparation des aliments et des médicaments ; leurs résultats démontrent, jusqu'à l'évidence, que cette substance peut, dans une infinité de cas, remplacer avantageusement le sucre que donne la plante exotique appelée *arundo saccharifera*. Mais, avant d'entrer en matière, il paraît indispensable de rappeler que mes premiers essais furent faits seulement avec quelques pommes *précoces*.

J'avançai alors, comme chose certaine et positive, que le moût de toutes les pommes que j'avais employées contenait assez d'un acide libre pour faire coaguler le lait ; qu'un quintal de ces mêmes fruits rendait jusqu'à 84 livres de suc et donnait à-peu-près 6 kilogrammes de sucre liquide ; que les pommes encore acerbes ou trop acides produisaient moins de principes sucrés que lorsqu'elles étaient mûres ; qu'il était possible d'accélérer cette maturité en laissant macérer un certain temps ces fruits écrasés, avant d'en extraire la substance sucrée, etc.

C'est en partant de ces faits que je me suis empressé de donner suite à ce premier travail, aussitôt que la maturité des fruits plus tardifs et les époques convenables à l'extraction de la matière mucoso-sucrée qu'ils contiennent, ont permis de continuer mes expériences sur cet intéressant objet.

Première Partie.

—

De nouveaux essais ont été faits sur plus de cinquante espèces de fruits à pépin ; les rapporter tous, ce serait entrer dans des redites inutiles.

Il est aussi presque impossible de décliner le nom particulier donné à chaque espèce de pommes ou de poires qui en font le sujet, puisque ces noms semblent de pure convenance parmi les habitants d'une même contrée, et varient presque dans chaque canton qui les voit naître.

Mais pour l'ordre, et afin d'être entendu par le plus grand nombre des propriétaires et cultivateurs, je vais faire un tableau divisé en trois classes qui renfermera un certain nombre d'espèces de pommes rustiques ou de pilage, avec leurs noms le plus généralement usités dans la ci-devant Normandie.

La première classe contiendra huit espèces de pommes *précoces.*

La deuxième comprendra aussi huit sortes de pommes que j'appelle *intermédiaires.*

Enfin la troisième classe sera aussi du même nombre, avec les noms de ces huit espèces de fruits que je désigne sous le titre de *pommes tardives.*

La première classe comprend les pommes précoces, dites :

D'Orange,	De Blanc-Mollet,
De Doux-l'Evêque,	De Girard,
De Beuret,	De Gros-Blanc,
De Fresquin-Rouge,	De petit et gros Renouvenet.

Ces espèces et celles qui leur ressemblent, sont mûres et on les cueille du 10 au 25 septembre ; elles n'ont pas besoin d'une maturité secondaire ; aussi les cultivateurs en font-ils du cidre presqu'aussitôt qu'elles sont entrées au pressoir.

Deuxième classe, pommes intermédiaires.

On range dans cette classe les pommes de :

Rouge-Brière,	De Douce-Morelle,
Sonnette,	Doux-Rellé,
Belle-Fille,	De Gros-Bois,
Fresquin-Blanc,	De Pépin.

Ces fruits, et autres qui s'y rapportent, sont cueillis du 15 au 30 octobre ; mais il faut à ceux-ci une maturité secondaire avant d'en extraire le sucre ou de les convertir en boisson ; aussi ne les brasse-t-on que trente à quarante jours après la cueillette.

Troisième classe, pommes tardives ; elle comprend :

La Bedane,	La Peau-de-Vache,
Marie-Enfrie ou Roquet,	La Rouge-Dure,
La Germaine,	De Bouteille,
La Menerbe,	Et de Fer.

On cueille ces dernières et celles du même genre, depuis le 15 novembre jusqu'au 15 décembre.

Elles ont en général une densité plus grande que les

précédentes, et se conservent plus long-temps : j'en ai vu souvent de très-saines six mois après leur récolte, particulièrement celles de Peau-de-Vache, de Roquet et de Fer.

Les résultats des expériences dont j'ai déjà parlé, m'ont convaincu que le sucre, l'acide et la gomme ou le mucilage sont plus ou moins abondants dans les fruits, en raison du temps et des espèces employées à la confection de la substance mucoso-sucrée.

Cette assertion sera démontrée jusqu'à l'évidence par les faits qui vont résulter des essais dont nous allons nous occuper.

Ainsi, après avoir opéré presque isolément sur chacun d'eux, je ne rendrai compte ici que des expériences faites plus en grand sur ces mêmes fruits mélangés et appartenant à chaque classe.

Le 12 octobre dernier, j'opérai sur un mélange de 50 kilogrammes (environ 1 quintal) de 6 à 8 espèces de pommes intermédiaires ; les 74 livres de moût que j'en obtins donnaient 7 degrés pleins à l'aréomètre pour les sels et acides.

Ce jus contenait moins d'acide libre que celui des pommes précoces ; 50 à 60 grains de craie par litre ou pinte étaient plus que suffisants pour l'absorber. Je clarifiai le tout avec huit blancs d'œufs et finis le sirop en suivant exactement le procédé indiqué dans mon premier mémoire.

J'obtins près de 5 kilogrammes (10 livres) de sucre marquant au même aréomètre 38 à 39 degrés, étant froid.

Le moût produit par ces mêmes fruits bien pilés avec un peu d'eau, et macérés pendant vingt-quatre à trente heures à une température moyenne, acquiert de la densité, et rend, par ce procédé, comme la pomme de première classe, une plus grande quantité de matière mucoso-sucrée.

Un mois plus tard, cette même expérience fut répétée avec 1 quintal des mêmes espèces de pommes ; mais alors elles étaient parvenues à leur dernier degré de maturité ; la pesanteur de leur moût était, dans tous les cas, de huit degrés, et produisait 1/16ᵉ de sucre de plus que l'expérience du 12 novembre.

J'ai même remarqué que les pommes de deuxième et de troisième classe, bien mûres (et ce que les fermiers appellent *pommes faites*), devaient être pilées promptement et leur jus tiré aussitôt ; sans cette précaution, le moût *s'engraisse*, disent les fabricants de cidre, devient visqueux et de difficile extraction ; l'expérience m'a prouvé que le suc qu'il produisait se clarifiait mal, et donnait un sucre de couleur brunâtre et inférieur en qualité à celui que rend le jus extrait de pareilles pommes nouvellement écrasées.

Mais il n'en est pas moins hors de doute que la macération contribue à la production et au développement du principe mucoso-sucré dans les fruits verts écrasés.

Les fermiers en font chaque année l'heureuse expérience avec les pommes de toutes espèces, douces, acerbes, acides, etc., que les vents font tomber avant leur première maturité. Ce mélange de fruits si différents se nomme *grouins*. On attend, pour les pilei, qu'ils exhalent une odeur très-forte et qu'ils commencent à se tacher; c'est dans cet état qu'on les porte au pressoir, et, pour adoucir l'âpreté, donner de la couleur et plus de moelleux à cette espèce de cidre, les fabricants ont coutume de laisser *maquer* les pommes ainsi pilées pendant quelque temps avant d'en faire sortir le jus.

J'observerai que, parmi les pommes intermédiaires, il en existe une espèce généralement connue sous le nom de *Rouge-Brière*, qui donne au moût, en la supposant en pleine maturité, une densité de près de 9 degrés ; ce suc est d'une douceur extrême et ne fait point cailler le lait [1].

Cette pomme rend par quintal plus de 6 kilogrammes d'un sucre assez agréable au goût, mais qui retient fortement l'odeur du fruit et mousse par l'agitation, quoiqu'amené, par une chaleur très-ménagée, jusqu'au point de marquer 39 à 40 degrés.

Cet effet et la douceur de cette matière mucoso-sucrée paraissent dus à une grande quantité de gomme ou de mucilage que cette substance contient.

Le 24 janvier dernier, 50 kilogrammes d'un mélange de six espèces de pommes tardives rendirent 75 livres

---

[1] Cette espèce de pomme, que j'ai fait connaître à M. Cadet de Vaux, n'est point celle dite de *Jean-Huré*, dont ce savant parle dans son ouvrage sur le même sujet, parce que la première est en pleine maturité à la fin de décembre, et que la seconde, dit le savant que je viens de citer, se conserve jusqu'au mois de mai.

de suc ; ce moût donnait 8 degrés ; 30 à 36 grains de craie par litre en absorbaient l'acide, et huit glaires d'œufs suffirent à sa clarification. Ce quintal de fruits rendit plus de 10 livres de sucre à 38 degrés.

Un mois après, les mêmes espèces de pommes donnèrent un moût ayant un demi-degré de plus en densité, et produisant à proportion de la substance mucoso-sucrée.

Dans cette classe, les espèces sont très-variées ; on y remarque la *Germaine*, la *Menerbe*, la *Bedane*, etc., qui rendent un jus moins épais, mais plus sucré que celui obtenu de celles dites de *Marie-Enfrie* et de *Peau-de-Vache*.

Ces deux dernières, et trois à quatre sortes qui s'y rapportent, ajoutées à la *Rouge-Brière*, sont, entre les pommes rustiques, celles qui contiennent le plus de principe gommeux et le moins d'acide libre.

Aussi, le vrai sucre s'y trouve-t-il moins abondamment que dans les précoces et la plupart des intermédiaires. C'est probablement à l'assimilation parfaite et aux justes proportions des trois principes dont je viens de parler qu'est due la qualité supérieure de ces cinq à six espèces de fruits, qui sont préférées par les fabricants à toutes les autres pommes pour la confection d'un *excellent cidre*, qui réunit à la bonté et à la qualité le précieux avantage de pouvoir se conserver jusqu'à quatre et cinq années sans altération sensible.

On peut, comme je l'ai avancé par une note insérée dans mon premier mémoire, obtenir du moût de pommes un sucre presque incolore ; à cet effet, je vais décrire le procédé tel qu'il m'a toujours réussi en employant particulièrement le jus des fruits *précoces*, et, entre autres, celui que rendent les deux espèces appelées *Girard* et *Orange*.

A 8 ou 9 litres ou pintes de moût de pommes très-récent on ajoute 3 pintes de bon lait nouvellement tiré ; on agite fortement ces deux substances ensemble au moyen d'une poignée d'osier, et on les fait bouillir à-peu-près une demi-heure ; pendant cette ébullition le lait se trouve coagulé et absorbe ou neutralise l'acide malique ; alors on clarifie le tout avec six blancs d'œufs délayés et fouettés auparavant avec une pinte d'eau : ces glaires d'œufs, ainsi préparées, seront ajoutées en trois fois, de cinq en cinq minutes, en *brassant* chaque fois le mélange ; ensuite on laisse encore bouillir un quart-d'heure, puis on filtre à travers un papier non collé posé dans un ou plusieurs entonnoirs garnis d'une couche d'environ un pouce d'épaisseur d'un mélange d'une partie de craie et de deux parties de sable fin, le tout bien pulvérisé et lavé.

La liqueur passe plus ou moins louche tandis qu'elle est chaude ; mais étant froide, elle coule très-limpide, et souvent aussi diaphane que l'eau très-pure.

Ensuite on l'évapore au petit bouillon jusqu'à réduction des deux tiers de son volume, et on achève l'opération sans ébullition ou par une chaleur de 50 à 60 degrés.

Si pour faire ce sirop on a employé le suc des pommes précoces, le sucre qu'on obtient par ce procédé est presque blanc.

Si c'est avec le jus de pommes intermédiaires (la Rouge–Brière exceptée), le *sirop est légèrement coloré ;* enfin, est-ce avec le moût des pommes tardives, la couleur du sucre qu'on en obtient est encore *plus intense.*

Mais ces derniers sirops sont toujours moins colorés et plus agréables au goût que ceux préparés avec la craie, et pourraient être rangés dans le commerce et par les consommateurs, comme étant de première classe ou de première qualité parmi toutes les préparations de ce genre.

Tous les sucres de pommes ou de poires, quel que soit le procédé employé à leur fabrication, pour être de bonne garde et commerçables, doivent marquer, étant chauds, environ 34 degrés à l'aréomètre, ce qui leur donne la densité de la mélasse du commerce, ou à-peu-près 38 à 39 degrés étant froids. 1 litre ou 50 pouces cubes de cette substance pèse environ 1 kilogramme 1/2 (3 livres).

Je finirai cet article par observer qu'il est assez difficile de lui donner un plus grand degré d'épaisseur, car une chaleur mal dirigée et trop prolongée altère souvent les principes de cette matière sucrée, etc.

Réfléchissant sur la difficulté que les fabricants éprouveraient s'ils étaient tenus de choisir les espèces de fruits pour la préparation du sucre liquide de pommes, je vais rapporter plusieurs expériences dont les résultats prouvent que cette précaution n'est pas de toute nécessité, et diminuer ainsi les entraves et les frais de fabrication de cette substance mucoso-sucrée.

La première a été faite, le 6 décembre dernier, sur 1 quintal métrique (200 livres environ) d'un mélange de douze espèces de pommes intermédiaires, dont les sept huitièmes au moins étaient doux ; le tout donna 148 livres de suc, marquant 7 degrés 1/2 : 6 onces de craie et douze glaires d'œufs furent employées à neutraliser son acide et à le clarifier; cette quantité de moût produisit plus de 20 livres ou 10 kilogrammes de sucre un peu coloré, mais d'une bonne qualité.

Un mois après, la deuxième fut dirigée également sur une pareille quantité d'un assortiment de huit à dix espèces de pommes tardives, prises au hasard dans un grenier qui en était rempli.

Ce deuxième quintal de fruits, dont une petite quantité était encore acerbe, rendit 144 livres de moût d'une densité un peu supérieure au précédent : il fut traité comme lui et donna aussi un sucre de bonne qualité et de bon goût.

Ces expériences ont été répétées vers le commencement du mois de mars dernier avec douze espèces de pommes jugées, par de bons cultivateurs, dans leur dernier degré de maturité. On fut obligé d'y ajouter un peu d'eau, en les broyant, pour en obtenir facilement le suc. L'acidité de ce moût était tellement mitigée, qu'il en fallait presque partie égale pour faire cailler le lait : on y mêla 1/12e de jus de pommes acides pour parvenir à le clarifier parfaitement.

En général, l'addition d'une petite quantité d'eau et de fruits acides, broyés et pilés avec les pommes de deuxième et de troisième classe, rend l'extraction et la clarification de leurs moûts plus faciles, et les sirops qui en résultent plus beaux à l'œil et de meilleur goût.

C'est par ces raisons, et d'après l'expérience, que je conseillerais, pour la préparation des compotes, des fruits à l'eau-de-vie, des liqueurs ordinaires, etc., de faire un sirop de fruits composé avec un mélange de 1 partie de poires, 2 parties de pommes de reinette ou autres d'une acidité agréable, et 6 parties de pommes douces de deuxième ou de troisième classe.

Tous les sirops de pommes, et notamment celui préparé avec le lait, évaporés au bain-marie ou à une chaleur très-douce, jusqu'au point de donner 37 degrés étant chauds, se prennent, en refroidissant, en une masse gélatineuse qui se rapproche beaucoup, pour le goût et pour la saveur, de la préparation si connue, en Normandie, sous le nom de *gelée de pommes*.

Ces mêmes sirops, évaporés jusqu'à siccité, diminuent environ du quart de leur poids par la soustraction du fluide aqueux.

—

Deuxième Partie.

J'ai fait également de nombreux essais pour arriver au but que je me propose dans la deuxième partie de ce mémoire. Leurs résultats m'ont prouvé qu'il deviendrait pareillement inutile de les rapporter tous, et qu'un certain nombre d'expériences suffirait pour déterminer la quantité des diverses substances qui composent la matière mucoso-sucrée qui en fait l'objet, puisque ces principes s'y trouvent, à peu de chose près, en raison des espèces de fruits employés à sa fabrication.

C'est en partant de ces données que je vais rendre compte :

1° Des expériences faites sur le sucre obtenu des *pommes précoces;*

2° Sur celui préparé avec les *intermédiaires ;*

3° Sur celui extrait des *pommes tardives;*

4° Enfin, des résultats d'essais faits sur le sucre de plusieurs espèces de fruits en particulier et sur ceux obtenus de l'analyse de la mélasse du commerce comparée au sucre indigène.

Mais il est indispensable, avant de les décrire, de fixer son opinion sur les degrés aréométriques que doit avoir l'alcool destiné à opérer cette espèce d'analyse.

L'eau-de-vie à 20 et 22 degrés dissout presqu'en totalité la matière mucoso-sucrée ; l'esprit de vin à 26 et 28 degrés n'atteint encore qu'imparfaitement le but qu'on se propose : 3 à 4 parties de ces alcools faibles, mêlées à une de sucre de pommes, louchissent ou blanchissent plus ou moins, en raison de leur concentration ; mais les dépôts que ces mélanges produisent, séparés avec précaution et réduits à l'état pulvérulent, sont à peine de 4 à 8 grammes sur chaque kilogramme de sirop de fruits employé.

L'alcool à 36 et 38 degrés opère encore moins bien le départ de la gomme que contiennent ces différents sirops ; il forme avec eux un *magma* dont il est presque impossible de séparer complètement le sucre du mucilage.

Enfin, l'expérience m'a appris que l'esprit de vin à 32 degrés était celui qui réussissait le mieux et opérait facilement la séparation de la gomme ou du mucilage d'avec le principe sucré.

En conséquence, j'ai employé de l'alcool ainsi gradué et des sirops à 38 degrés (le sucre préparé avec le lait excepté), pour parvenir au but que je me proposais.

Première Expérience.

J'ai mêlé exactement 1 kilogramme de sucre de pommes précoces avec 3 kilogrammes d'alcool : ces deux substances, bien agitées, présentent un aspect blanchâtre et comme filamenteux ; mais bientôt le mélange s'éclaircit et laisse déposer une matière poissant légèrement les doigts, presque sans saveur et totalement soluble dans l'eau et insoluble dans les huiles ; en un mot, ayant tous les caractères des gommes et mucilages.

Cette substance, séparée de l'alcool par le moyen du filtre, fut lavée une seconde fois avec de nouvel esprit de vin, pour lui enlever complètement toute la matière sucrée. Le résidu, séché avec soin et réduit à l'état pulvérulent, pesait 6 gros 48 grains, ou environ 27 grammes, ce qui donne à-peu-près 2 livres 10 onces, ancien poids de marc, de principe gommeux par quintal, ou 50 kilogrammes de sucre de pommes précoces à 38 degrés.

Deuxième Expérience.

Pareil essai a été fait sur 1 kilogramme de matière mucoso-sucrée, extraite de pommes intermédiaires. Aussi, avec 3 kilogrammes d'alcool cette opération fut également soignée, et donna pour résultat un résidu pulvérulent pesant plus de 1 once (32 grammes) ou près de 3 livres 3 onces par quintal ; ce qui établit une différence bien notable entre les principes gommeux et sucrés que fournissent les deux premières classes de pommes.

Troisième Expérience.

1 kilogramme de sucre, provenant de six espèces de pommes tardives, fut également traité avec 3 kilogrammes d'alcool. Ici le produit gommeux ou mucilagineux se montra plus abondant que dans les expériences précédentes.

Le mélange de la substance mucoso-sucrée avec l'esprit de vin, présenta une telle épaisseur, que je me vis dans la nécessité d'y ajouter de l'alcool pour faciliter la séparation de la gomme d'avec le sucre.

Je lavai avec de nouvel alcool le résidu demeuré sur le filtre, et ensuite on le fit sécher : il pesait plus de 10 gros (40 grammes) ; ce qui donne à-peu-près 2 kilogrammes ou plus de 4 livres de substance analogue à la gomme, par 50 kilogrammes de sucre produit par les pommes de troisième classe.

Quatrième Expérience.

1 kilogramme de sucre de pommes dites de Rouge-

Brière, traité avec quatre fois son poids d'alcool, donna un résidu qui, étant sec, pesait près de 2 onces; ce qui produit environ 3 kilogrammes par quintal. Il est probable que c'est cette grande quantité de gomme qui dulcifie et masque l'acide de ce fruit, au point d'être assez mitigé pour ne pas faire cailler le lait.

Le sucre des pommes dites de Marie-Enfrie et de Peau-de-Vache contient à peu-près 5 livres de gomme par quintal.

Celui que rend un mélange de douze espèces de pommes intermédiaires donne plus de 3 livres de substance gommeuse par 50 kilogrammes.

Celui produit par un assortiment de dix à douze espèces de pommes tardives, donne plus de 3 livres 1/2 de gomme par quintal.

Le sucre que produisent les poires rustiques ou celles que l'on emploie à la fabrication du poiré, ne contient guère que 4 grammes ou 1 gros de substance mucilagineuse par kilogramme ; aussi ces fruits, même à l'état de parfaite maturité, conservent-ils une saveur âpre et acerbe, dont participent les liqueurs fermentées qu'ils produisent [1]. Les poirés, d'ailleurs peu estimés, ne sont point de garde, et diffèrent beaucoup, pour le goût et la qualité, des autres boissons préparées avec des fruits

---

[1] Les fermiers, pour adoucir l'âpreté de certains poirés, brassent les poires avec partie égale de pommes de première qualité : ce mélange produit une liqueur qu'ils appellent *cidresse*. Cette boisson est très-capiteuse et d'autant plus traîtresse, qu'elle est agréable au goût.

qui contiennent abondamment le principe muqueux-
sucré.

Les poires dites de Franguiard, d'Hédouin, de
Margot, de Catillac, et toutes celles qu'emploient les
ménagères pour la préparation des compotes, contiennent moitié plus de gomme que les précédentes, et
un tiers environ de plus en principe mucoso-sucré.

Toutes les solutions aqueuses et alcooliques de sucre
de pommes et de poires dont nous venons de parler,
conservent la singulière propriété de faire rougir la
teinture des pétales de violettes, et n'altèrent aucunement celle du tournesol.

Cette observation, qui aurait pu trouver place dans
une autre partie de ce mémoire, se lie naturellement
avec quelques remarques faites, et dont je vais rendre
compte en traitant la mélasse du commerce comparativement avec le sucre de pommes et de poires.

Cette substance sucrée liquide, résidu des nombreuses
espèces de cassonnade employées dans les raffineries
pour la fabrication du sucre, a été également traitée
avec l'alcool à 32 degrés, et dans les mêmes proportions que les sirops de pommes. Cette solution de mélasse dans l'esprit de vin diffère des premières par un
goût âcre, amer, par la propriété de verdir la teinture
aqueuse des pétales de violettes, et de faire décliner au
rouge celle du tournesol. Il s'y forma, après deux
jours de repos, un précipité que j'en séparai avec précaution. Il pesait 5 gros ou 20 grammes, étant sec.

Les deux tiers de ce précipité étaient solubles dans
l'eau et de nature purement gommeuse ; l'autre tiers fut

reconnu , par une analyse soignée, être un mélange de 3 parties de chaux et 1 de silice ; la première terre alkaline, reconnaissable par ses propriétés de décomposer le muriate d'ammoniaque , de former des sels déliquescents avec l'acide muriatique, etc. ; la deuxième, par son âpreté , sa pesanteur, son insolubilité dans les acides sulfurique , nitrique , acétique , etc.

J'examinai chimiquement six autres échantillons de mélasse provenant de diverses fabriques où l'on raffine le sucre ; cette substance, en la supposant au même degré de densité , a présenté , à peu de chose près , les mêmes résultats par l'analyse : seulement, j'ai observé qu'elle ne contenait pas toujours de la terre siliceuse.

Il résulte de ces expériences que la mélasse retient aussi une certaine quantité d'une substance insoluble dans l'alcool et de nature gommeuse ou mucilagineuse, mais qu'elle diffère du sucre liquide de pommes bien préparé ,

1° En ce qu'elle contient beaucoup moins de gomme;

2° Par son goût amer, effet qui a toujours lieu et qui lui est communiqué par un commencement de combustion , etc ;

3° En ce qu'elle retient toujours une certaine quantité de chaux , ce qui lui donne l'âcreté réunie à l'amertume qu'on lui connaît et la propriété de verdir la teinture de violettes, etc., etc.

La solution d'une partie de sucre bien clarifié et obtenu de toutes espèces de pommes douces, dans 2 à 3 parties d'eau pure , est parfaitement transparente.

Cette solution prend une teinte verdâtre par l'addition de la potasse pure ou carbonatée ; mais ces réactifs n'y occasionnent aucun précipité, même après trois jours de repos.

Pareille épreuve, tentée avec l'ammoniaque concentrée et par la solution aqueuse du carbonate d'ammoniaque, n'y détermine non plus aucun précipité ; ce carbonate n'en trouble nullement la transparence : il en est de même de l'addition ménagée de l'acide sulfurique.

D'après les résultats de ces expériences, faites et répétées avec soin, il est évident que le sucre de pommes douces ne contient ni chaux, ni malate ou citrate calcaire en dissolution ; s'il en était autrement, les alkalis caustiques ou effervescents et l'acide sulfurique auraient, en vertu de leurs attractions électives, soit pour l'acide malique, soit pour la terre alkaline, déterminé un précipité terreux pur ou carbonaté, ou enfin un sulfate de chaux encore moins soluble dans le fluide aqueux sucré que dans l'eau ordinaire.

On aura d'ailleurs occasion de faire ces remarques par les phénomènes qui vont se passer en poursuivant nos expériences avec les mêmes réactifs sur le sucre extrait des pommes et des poires acides.

La matière mucoso-sucrée que produisent en général les derniers fruits dont je viens de parler, quoique bien clarifiée et très-transparente, retient toujours en dissolution une petite quantité d'un sel neutre à base calcaire.

Les solutions aqueuses de ces sucres, préparées

comme celles qui ont servi aux premières expériences, sont troublées par les réactifs employés dans nos premiers essais. Ces agents chimiques y déterminent un précipité qui est de la chaux pure, un carbonate ou un sulfate calcaire, en raison de la substance employée pour opérer la décomposition du malate ou du citrate terreux que contiennent les sirops de pommes ou de poires acides.

Ces effets sont encore plus tranchants si l'opération a lieu avec le sucre que produisent les poires acerbes, dites de pilage, qui contiennent particulièrement un acide analogue à l'acide citrique. Il semble que, moins les fruits sont riches en mucilage ou principe gommeux, plus leurs sirops retiennent de malate ou citrate de chaux ; mais heureusement ce sel, parfaitement neutre quand ces sucres de fruits sont bien préparés, ne s'y rencontre qu'en petite quantité, parce qu'il est très-peu soluble dans l'eau, etc.

D'après les expériences et autres essais qui ont été faits avec des réactifs très-purs et dont les produits furent exactement notés et pesés avec soin, nous pouvons conclure :

1° Que le sucre à 38 degrés, bien clarifié, produit par toutes espèces de pommes douces, rustiques ou de pilage et en maturité, ne contient pas un atôme de malate ou citrate de chaux ;

2° Que celui extrait des pommes rustiques acerbes et acides retient au plus 2 grammes (demi-gros) de malate de chaux par kilogramme ;

3° Que le sucre que donnent assez abondamment les poires de Rousselet, de Franguiard, de Margot et autres de ce genre qui sont employées soit à confire, soit à faire des compotes, peut contenir jusqu'à 4 grammes (1 gros) de citrate de chaux par kilogramme ou 2 livres ;

4° Que les poires rustiques ou de pilage donnent moins de sucre, et qu'il est d'une qualité inférieure à celui qu'on obtient des précédentes ; il retient en outre jusqu'à 6 grammes de sel neutre par kilogramme ;

5° Enfin, que le sucre obtenu d'une quantité égale de pommes douces et acides en maturité, contient au plus 2 grammes (demi-gros) de malate de chaux par kilogramme.

J'avais mis l'acide oxalique et l'oxalate d'ammoniaque au nombre des premiers réactifs qui devaient figurer dans les analyses dont je viens de rendre compte ; mais bientôt je m'aperçus de leur infidélité, ou plutôt de la double propriété qu'ils ont, en décomposant les malate et citrate de chaux, d'occasionner en même temps des précipités dans la solution aqueuse et très-étendue de belle gomme arabique mêlée à celle des sels neutres dont je viens de parler, de déterminer également un précipité abondant dans le moût, dans les cidres, dans les sirops produits par les pommes les plus douces, enfin dans le sucre obtenu du jus des pommes de Rouge-Brière, dans lequel il n'était pas entré un atôme de craie pour sa préparation.

Ce phénomène, assez singulier et que je crois avoir

noté pour la première fois, prouve combien il faut être en garde contre les effets des agents chimiques les mieux accrédités.

Celui-ci, outre la propriété dont je viens de rendre compte, occasionne encore un précipité blanchâtre d'une saveur chaude et un peu amère dans l'infusion des racines de guimauve et de consoude, dans la solution aqueuse du sucre ordinaire et non dans celle du très-beau sucre candi bien cristallisé [1].

Tous ces effets, bien dignes de remarque, seront examinés de nouveau avec toute l'attention qu'ils méritent, et serviront de base à un nouveau travail qui sera rendu public, si nous le croyons de nature à fixer les regards des chimistes, et susceptible d'agrandir le domaine de la belle science qu'ils cultivent.

Troisième Partie.

Comme l'observent avec raison MM. Proust, Parmentier, Cadet de Vaux et autres chimistes et agronomes distingués par leurs profondes connaissances, ce sucre, vraiment européen, soit qu'il provienne du jus

---

[1] Ce phénomène avait déjà été remarqué par M. Vauquelin, lors de ses expériences sur la gomme ordinaire, mais elles n'avaient pas été dirigées sur les sucs sucrés de nos fruits indigènes, dont le mucilage diffère de la gomme proprement dite, qui avait seule fixé l'attention de notre savant compatriote.

de la treille ou du moût du fruit qui tenta Eve, possède le précieux avantage de pouvoir remplacer, dans une infinité de cas, celui qui nous vient des Antilles.

J'ai fait avec ce sucre, à l'instar de l'estimable Cadet de Vaux, une série de préparations soit alimentaires, soit médicamenteuses, afin de former mon opinion sur son emploi.

Je vais en décrire seulement un petit nombre, qui serviront comme de type pour diriger les expériences de ceux qui voudront en faire l'application plus en grand et plus multipliée.

1 kilogramme ou 2 livres de sucre de pommes de première et même de deuxième classe, à 38 degrés, communique à 5 litres ou pintes d'eau-de-vie à 20 degrés une saveur plus moelleuse, plus veloutée et plus sucrée, qu'une pareille quantité de bon sucre blanc ; ce mélange laisse déposer, après quelques jours, une petite quantité de matière mucilagineuse qu'on en sépare par décantation ou au moyen du filtre ; il en résulte une liqueur de pommes qui participe de l'odeur et de la saveur du fruit qui a servi à préparer le sirop ; mais j'ai remarqué qu'on pouvait facilement enlever l'arôme du sucre de pommes en le distillant avec l'alcool à 36 degrés. L'opération est simple : elle consiste à mêler 2 parties de ce sirop (de pommes ou de poires) avec 1 partie d'esprit de vin , et ensuite à distiller ou à retirer au bain-marie la liqueur spiritueuse.

Le sucre, résidu de cette distillation, se mêle également bien à l'eau-de-vie et lui communique une saveur très-sucrée et sans odeur de fruit : le même alcool peut servir jusqu'à trois fois à cette opération. Ainsi saturé de l'arôme malique, il blanchit légèrement avec l'eau et peut perdre lui-même son odeur étrangère et reprendre son premier degré de pureté, en le mêlant avec partie égale d'eau et en y ajoutant par chaque litre 12 grammes de chaux vive, 2 grammes de braise de boulanger, l'une et l'autre bien pulvérisées ; on brasse le tout fortement, et ensuite on distille l'esprit de vin au bain-marie.

Je n'indique cette opération que comme objet de remarque et comme un fait chimique assez étonnant [1] ; car, avec quelques gouttes d'une huile volatile ou par l'addition d'une petite quantité d'écorces de graines ou de fruits aromatiques, on masque parfaitement la saveur et l'odeur de la liqueur des pommes, qui, d'ailleurs, n'a rien que d'agréable ; j'ajoute que cette odeur de fruit, dont se charge l'alcool faible, change presque toujours en peu de temps, et se trouve souvent remplacée par une autre qui a beaucoup d'analogie avec le parfum de la vanille.

C'est en partant de ces principes, constatés par l'expérience, que l'on peut préparer, avec l'eau-de-vie sucrée, dans les proportions qu'on vient d'indiquer, une infinité de liqueurs ordinaires, telles que l'anisette,

---

[1] Je dis étonnant, car, comment se fait-il que le principe aromatique ne soit pas enlevé au sucre de pommes et de poires par la chaleur qu'il éprouve pendant sa confection ? Cet arôme a donc plus d'affinité pour l'acool que pour la substance mucoso-sucrée.

le cassis, le cédrat, le macaroni, l'angélique, le noyau, le vespétro, etc., etc.

Il est bon d'ajouter deux ou trois cuillerées de lait par pinte ou litre de ces liqueurs, avant de les filtrer, afin de les avoir parfaitement clarifiées.

On peut également préparer des fruits à l'eau-de vie et des ratifias avec le sucre de pommes et de poires, en suivant les procédés indiqués en pareil cas, et en mettant un huitième de moins de sucre indigène que de sucre étranger.

J'ai aussi composé avec le sirop de pommes une préparation très-connue et très-usitée, soit comme liqueur de table, soit comme médicament, je veux parler de l'élixir de Garus.

J'ai suivi, pour le faire, la recette décrite dans la dernière édition des Eléments de Pharmacie de Baumé ; le sucre de pommes précoces fut substitué au sucre de l'Inde pour la confection du sirop composé qui fait la base de cette espèce de liqueur ; je lui donnai 30 degrés, et l'alcool aromatique de Garus en avait 34.

Deux parties en poids du premier et une du second, additionnées d'une suffisante quantité d'eau de fleurs d'orange, formèrent cet élixir : on le filtra un mois après sa confection ; plusieurs personnes qui en prennent habituellement remarquèrent avec plaisir que ce médicament, aussi agréable qu'utile, était plus moelleux et de meilleur goût que celui qui avait été préparé avec le sucre étranger, effet que je crois pouvoir attribuer à la substance gommeuse que contiennent plus ou moins les sucres de pommes, et qui, comme on l'a déjà observé, est presque soluble dans l'alcool étendu d'eau. En général, la matière mucoso-sucrée des fruits vieillit les liqueurs promptement; j'ai du vespétro, du noyau, etc., préparés uniquement avec ce sucre ou avec parties égales de ce sucre et de sucre étranger, qui avaient, après quinze jours de préparation, le degré de bonté et de perfection que ces liqueurs n'acquièrent ordinairement qu'après une année de fabrication.

J'ai également préparé diverses espèces de compotes avec le sucre indigène et les pommes de reinettes, les poires de Margot, de Franguiard, d'Hédouin, de Catillac, etc., etc.

15 kilogrammes (30 livres) de ces fruits, pris avant leur dernière maturité, pelés et mondés de leurs pepins, cuits à feu doux avec 4 kilogrammes de sirop de pommes, produisent d'excellentes confitures qui se conservent très-bien dans un endroit sec, et l'emportent beaucoup, pour le goût et pour la qualité, sur celles faites avec la mélasse ordinaire du commerce.

La plupart des sirops pharmaceutiques peuvent être aussi préparés avec le sucre de pommes. C'est ainsi que j'en ai confectionné un certain nombre, tels que ceux de chicorée composé, de pommes purgatif, de nerprun, de roses, etc., auxquels il faut donner la densité de 34 à 35 degrés, et qui se conservent très-bien à une température moyenne; seulement j'ajoutais en plus un quart de sucre indigène, afin d'avoir exactement la même quantité en poids de sirop médicamenteux que si j'eusse opéré avec le sucre ordinaire : cette précaution m'a paru indispensable pour ne pas altérer la vertu de ces remèdes.

Les sirops de capillaire, de gomme arabique, de guimauve, confectionnés par ce procédé, conservent une légère odeur et saveur de fruit qui les fera toujours distinguer de ceux faits avec le sucre étranger, à moins d'employer à leur fabrication le sucre de pommes préparé avec le lait, ou bien celui duquel on aura enlevé l'arôme avec l'alcool, par le moyen qui a été indiqué plus haut.

Les sirops acides, tels que ceux de groseilles, de limon, de vinaigre, etc., faits avec ce nouveau sucre, quelle que soit sa préparation, retiennent une saveur de compotes qu'il m'a été impossible de détruire. Mais si ces médicaments sont inférieurs, pour la vente, à ceux que l'on prépare avec le sucre des Iles, au moins peuvent-ils être employés avantageusement et très-économiquement par l'indigence, dans les maisons de charité et dans les hôpitaux...... Car, d'après l'analyse de la substance mucoso-sucrée que nous proposons pour remplacer le sucre étranger dans ces diverses préparations, il est évident pour tout esprit juste que la légère différence de ces préparations n'existe réellement que dans leur saveur et non dans leurs vertus médicales.

D'ailleurs, le sucre indigène extrait du moût du raisin ou de celui de la pomme, bien préparé, a une saveur plus supportable et plus agréable que les trois quarts des sucres bruts et terrés que le public emploie journellement pour assaisonner ses aliments, ou pour rendre ses médicaments plus supportables au goût......J'ajouterai à cela que l'analyse prouve que toutes les cassonnades blondes ou brunes du commerce contiennent, outre leur principe gommeux, souvent plus d'un huitième de leur poids de matière hétérogène, insoluble dans l'eau, tandis que le sucre provenant de nos fruits s'y dissout complètement.

RÉSUMÉ GÉNÉRAL DES EXPÉRIENCES ET DES FAITS RÉSULTANT DE CE MÉMOIRE.

Il nous a paru indispensable de classer les pommes rustiques et d'en désigner une certaine quantité par leurs noms les plus généralement connus, afin d'être entendu dans les différents pays où l'on voudra établir des fabriques en grand de sucre liquide de pommes et de poires, comme supplément au sucre étranger.

Nous avons décrit bien exactement, dans notre premier mémoire sur cette importante matière, les procédés à suivre pour obtenir très-pure, de nos fruits indigènes, cette substance mucoso-sucrée.

Les nombreuses expériences que nous avons faites avec les pommes plus tardives, nous ont convaincu de plus en plus qu'il n'y avait rien à changer à ces procédés; seulement nous avons fait remarquer que le moût que rendent les pommes de deuxième et de troisième classe était en général moins acide que celui que donnent les pommes précoces, et qu'il fallait par cette raison une moindre quantité de craie pour l'absorber.

Nous croyons encore pouvoir assurer, d'après nos derniers essais, que huit blancs d'œufs, au lieu de douze que nous employâmes dans nos premières expériences, sont plus que suffisants pour bien clarifier le jus que donne un quintal ou 50 kilogrammes de fruits à pepin.

Nous avons également cru être utile en donnant, dans ce second mémoire, un procédé simple et facile d'exécution pour la préparation d'un sucre de pommes incolore ou peu coloré, qui réunit la bonté à la beauté, comme étant très-agréable au goût et à l'œil.

Nous avons fait encore plusieurs expériences en grand avec divers mélanges de pommes intermédiaires et tardives, dont les résultats prouvent jusqu'à l'évidence qu'il n'est pas d'absolue nécessité de faire choix des fruits pour en obtenir du sucre de bonne qualité, mais qu'il suffit seulement d'en assortir les espèces prises dans chaque classe.

Les expériences faites avec l'alcool et la matière sucrée obtenue de toute espèce de fruits, afin d'y déterminer la quantité de gomme ou de mucilage qu'elle contient, prouvent :

1° Que le quintal (50 kilogrammes environ) de sucre de pommes précoces à 38 degrés, contient à-peu-près 2 livres et demi de gomme à l'état pulvérulent ;

2° Que la même quantité de sucre extrait des pommes intermédiaires (la Rouge-Brière exceptée) contient environ 3 livres 3 onces de gomme ;

3° Que les pommes de troisième classe sont encore plus riches en principe gommeux que les deux précédentes, puisqu'elles en rendent 3 à 4 livres et plus par quintal de leur sucre ;

4° Que ce sont les pommes de Rouge-Brière, puis celles de Peau-de-Vache et de Marie-Enfrie, d'après les résultats de nos essais, qui contiennent le plus de gomme entre toutes les espèces qui ont été soumises a nos analyses ;

5° Que les sucres de pommes et de poires, pour être de garde et commerçables, doivent donner 38 à 40 degrés à l'aréomètre pour les sels et acides : cette densité est nécessaire pour que ces substances puissent se conserver sans altération à une température moyenne ;

6° D'après les expériences précitées, le degré aréométrique des moûts de pommes et de poires indique, à peu de chose près, le produit concentré que le fabricant en obtiendra, mais non la quantité de véritable sucre qu'ils contiennent ;

7° Enfin les nombreux essais que nous avons faits par les réactifs sur le muqueux sucré des fruits indigènes, prouvent que cette substance ne contient point, ou presque point, de malate ou citrate de chaux.

La petite quantité de sel neutre que nous avons trouvée dans le sucre produit par les fruits acides, ne peut, dans aucun cas, inspirer d'inquiétude sur son emploi, comme aliment ou comme médicament.

⚹

REMARQUES GÉNÉRALES

SUR LES DEUX MÉMOIRES OU L'ON TRAITE DE LA FABRICATION ET DES USAGES DE LA MATIÈRE MUCOSO-SUCRÉE QUE PRODUISENT LES POMMES ET LES POIRES.

Parmi les réactifs qui ont été proposés pour absorber ou neutraliser les acides malique ou citrique que contiennent les fruits à pepins, aucun ne nous a paru l'emporter sur la craie ou carbonate de chaux.

Les cendres de sarment, celles de bois de pommier, la chârée même, toutes ces substances lessivées et lavées avec le plus grand soin et employées à cette opération, nuancent toujours plus ou moins la matière sucrée, et souvent en altèrent le goût.

La chaux très-pure, même employée en quantité insuffisante pour absorber les acides végétaux, agit encore avec plus d'énergie que les absorbants dont nous venons de parler, et communique aux sirops de pommes la propriété de verdir la teinture de violettes, outre la saveur et l'odeur de la mélasse. Par toutes ces considérations, et vu encore la modicité du prix de la craie, son innocuité sur la substance muqueuse sucrée, son insolubilité comme carbonate de chaux dans les fluides aqueux, le peu de solubilité des sels neutres qu'elle forme avec les acides citrique et malique, toutes ces précieuses qualités, réunies à la facilité de se procurer ce réactif par tous pays, doivent le mettre au premier rang, ou plutôt le faire préférer à tous ceux qui ont été indiqués comme absorbants des acides dans la préparation des sucres de raisin, de pommes et de poires, etc.

De même que la farine est plus ou moins riche en gluten ou matière végéto-animale, en raison des années plus ou moins favorables à la végétation, eu égard encore au sol et au site où vient le blé qui la produit ; de même, et par l'application de ces principes, les fruits à pepins peuvent et doivent varier sensiblement dans la quantité de leurs produits immédiats.

Mais on peut affirmer sans crainte d'induire en erreur l'homme industrieux ou le fabricant qui voudra se livrer à la confection du sucre de pommes, qu'il retirera toujours au moins 10 kilogrammes de cette substance par quintal métrique de ces fruits, pris chacun dans la saison qui leur convient, et le mettra, dans tous les cas, à même de soutenir avec avantage la concurrence qui s'établira nécessairement dans la vente des produits sucrés qu'on retire des raisins, des pommes et autres fruits indigènes.

Dans les deux opuscules que nous avons rédigés sur cette intéressante matière, nous avons fait tous nos efforts pour atteindre le but utile que nous nous proposions ; nos travaux n'ont été qu'une suite de ceux de MM. Proust, Parmentier, Cadet de Vaux et autres chimistes distingués : c'est en suivant la route qu'ils avaient tracée que nous avons eu la satisfaction d'offrir au public et à nos concitoyens l'ensemble de nos recherches sur les fruits qui croissent si abondamment dans la ci-devant province de Normandie. Si nos essais, leurs résultats et nos sacrifices particuliers peuvent servir à perfectionner un art nouveau pour obtenir un supplément à la substance sucrée [qui nous vient avec tant de peine de l'autre partie du globe, nous aurons satisfait le vœu de notre cœur et payé à notre pays une partie de la dette que chacun lui doit pour son bonheur et pour sa prospérité [1].

[1] On a dû remarquer que j'ai dit, dans les conclusions de mon premier mémoire, qu'il fallait prendre des bassines de cuivre rouge,

RAPPORT

FAIT

A LA SOCIÉTÉ DES PHARMACIENS

DE ROUEN,

PAR MM. DUBUC, LEBRET ET ROBERT,

SUR

UN CALCUL OU CONCRÉTION PIERREUSE, DONT DES FRAGMENTS
ONT ÉTÉ PRÉSENTÉS PAR L'UN DE SES MEMBRES,
DANS LA SÉANCE DU 2 JUIN DERNIER.

Messieurs ,

Dans votre séance du 2 juin dernier, vous nous avez
chargés, MM. *Dubuc*, *Lebret* et moi, d'examiner une
masse pierreuse ou calcul, qui a été déposée sur votre

de forme carrée, plus évasées que profondes, pour la confection
du sucre de pommes : les nombreuses expériences que j'ai faites,
et dont j'ai seulement consigné les principales dans le deuxième
mémoire, m'ont mis à même d'observer que la forme ordinaire ou
circulaire de ces vaisseaux convenait également bien à cette fabrication ; seulement, et dans tous les cas, il faut que les bassines ne
soient enfoncées qu'à moitié dans les fourneaux économiques faits
exprès pour cette opération, de manière que la flamme ne dépasse
jamais le niveau de la liqueur soumise à l'évaporation, autrement
le sucre noircirait, prendrait une odeur de mélasse et une saveur

bureau par M. *Lebret*, l'un de nos confrères. Cette matière, d'une forme, d'une composition si singulières, était, à raison de son origine, de nature à piquer la curiosité, et le résultat de nos recherches rendait assez importantes celles qu'on pourrait recueillir sur la manière dont elle a été obtenue.

M. *Delahoussiette*, docteur en médecine à Rouen, a bien voulu nous donner les renseignemens suivants :

M. . . . . , curandier (c'est M. *Delahoussiette* qui parle), âgé de soixante et quelques années, est d'une constitution assez forte et d'un tempérament lymphatique ; sa face annonce un homme qui a souffert long-

de caramel qui lui feraient perdre beaucoup de sa valeur, en diminuant ses qualités.

Plusieurs personnes qui ont fabriqué du sucre avec les fruits à pepins ont éprouvé quelques difficultés pour filtrer le sirop après sa clarification, parce que, disent-elles, le liquide passe trop lentement à travers les blanchets : il est facile de remédier à cet inconvénient, en multipliant les filtres, ou encore mieux, et plus économiquement, en employant pour cette opération de très-grands entonnoirs de bois blanc, ou des cônes parfaitement semblables aux moules que les raffineurs emploient pour faire les pains de sucre. On a soin de faire pratiquer une espèce de bourlet à 3 pouces au-dessus de l'extrémité inférieure de ces moules, afin de pouvoir y fixer le morceau d'étoffe de forme circulaire au travers duquel le liquide doit passer.

Quatre entonnoirs ainsi disposés et contenant chacun 50 litres sont suffisants pour fabriquer 100 kilogrammes (environ 200 livres) de sucre en vingt-quatre heures.

temps, qui souffre encore, et qui est affecté d'une maladie abdominale. Comme le calcul, objet de notre visite, était, disait-on, sorti par l'anus, mes premières idées avaient été que ce pouvait être un calcul intestinal, et, par conséquent, mes premières questions furent dirigées sur le canal digestif. Mais le malade m'assura qu'il n'avait jamais éprouvé ni colique, ni diarrhée, ni constipation, et qu'en général ses fonctions digestives s'étaient toujours bien faites; il nous dit ensuite que, depuis environ quatorze ans, il était souvent sujet à des rétentions d'urine, à des douleurs très-vives en urinant, et qu'il ne pouvait alors rendre son urine que goutte à goutte; que depuis long-temps son urine était trouble et floconneuse, et déposait un sédiment briqueté (ce qui a lieu encore aujourd'hui). Sa femme ajouta que la maladie de son mari étant devenue plus douloureuse il y a plusieurs mois, il avait été obligé de garder le lit; que son état avait été regardé comme désespér par le chirurgien; mais qu'un jour le malade s'étant mis sur le pot de chambre, comme pour aller à la selle, tout-à-coup il avait jeté un grand cri et s'était évanoui; que, dans le même moment, elle avait entendu le bruit de quelque chose qui était tombé au fond du pot de chambre, et qu'à son grand étonnement elle avait trouvé une pierre de la forme et de la grosseur d'un œuf de poule, mais un peu aplatie sur ses faces. Pendant un certain temps, l'urine sortait par l'ouverture que la pierre avait faite. Le chirurgien avait soin de sonder le malade matin et soir; mais il ne laissait pas la sonde à demeure. Cependant il ne sort plus d'urine maintenant que par le canal de l'urètre , et le malade est guéri depuis quatre mois.

Tel est le détail des faits , comme ils m'ont été rapportés par le malade et par sa femme. Comme je n'ai pas visité M. . . . . . . pendant sa maladie , et que je n'ai pas fait l'inspection des parties extérieures qui ont pu être déchirées quand la nature a expulsé le calcul , il ne m'est guère permis de prononcer d'une manière positive sur cet accident peu commun. Réfléchissant néanmoins sur cet particularité , que toutes les souffrances du malade, depuis quatorze ans , se rapportaient à la vessie et en général aux voies urinaires, et qu'il est encore affecté aujourd'hui d'un catarrhe de la vessie, je pense que le calcul est un calcul vésical , mais je n'assurerais pas qu'il soit sorti par l'anus. Je suis au contraire porté à croire , vu la guérison assez prompte de la fistule urinaire , quoique la sonde n'ait pas été établie à demeure dans le canal de l'urètre , que le calcul est sorti par les parties adjacentes au périnée et à l'anus.

Tel est le précis qui nous a été communiqué par M. Delahoussiette.

Le calcul , si on peut lui donner ce nom , à la première inspection nous avait fait naître des doutes sur son origine. En le comparant aux concrétions vésicales, intestinales ou autres , il nous a été impossible de trouver aucune analogie. Quelques idées hypothétiques avaient fait émettre l'opinion que ce pouvait être un calcul ammoniaco-magnésien , et on avait soupçonné encore que ce ne pouvait être autre chose que des excréments durcis.

Cette discordance d'opinions imposait l'obligation de recourir à l'expérience, le seul moyen propre à faire connaître la nature de ce singulier produit.

Les fragments de cette matière, mis sous nos yeux, sont de couleur blanchâtre, d'une odeur très-légèrement animale ; ils ont peu de consistance, s'égrennent facilement sous les doigts ; ils sont très-grenus dans leurs fractures ; il y a peu de cohésion entre leurs molécules. On peut comparer cette substance à la pierre-ponce, sous le rapport seulement des interstices ou lacunes qui existent entre les diverses parties, car elle n'en a nullement la compacité ; mais on pourrait dire que les molécules sont plutôt superposées qu'aggrégées ; elle a très-peu de saveur, craque fortement sous la dent, et use le verre qu'elle dépolit par le frottement. Au simple aspect, on y distingue, à travers une masse blanchâtre, des grains de sable siliceux très-prononcés, colorés, et en aucune de ses parties on ne trouve cette disposition de couches concentriques qu'offrent toutes les concrétions animales.

Comparée à elles, elle a une pesanteur spécifique bien moins considérable.

Chauffée fortement, elle répand une légère odeur ambrée, noircit, mais très-légèrement, et blanchit ensuite par son exposition à l'air.

Douze grains de la matière réduite en poudre fine, introduits dans un tube de verre soudé par un bout et tiré par l'autre à la lampe, ont été soumis à l'action d'un feu assez fort pour faire rougir et presque fondre la partie du tube où reposait la matière. Il s'est dégagé, pendant l'opération, très-peu de vapeurs aqueuses ; le tube, quoique très-long, s'est à peine coloré. Après le refroidissement, le résidu n'avait perdu en poids que trois-quarts de grain ; la couleur était changée ; on distinguait des petits points noirâtres qui annonçaient la carbonisation d'une très-petite quantité de matière animale.

Pareille expérience a été répétée sur 36 grains de la même matière, il y a eu perte de 3 grains et léger dégagement de vapeurs.

Exposée à l'air après avoir été ainsi chauffée et calcinée, la matière blanchit et se ramollit légèrement.

Cinquante-quatre grains de la matière non calcinée ont été mis en digestion dans deux onces d'eau distillée. Au moment de l'immersion il se dégagea beaucoup de bulles d'air. Après vingt-quatre heures, la liqueur surnageant claire, verdissait légèrement la teinture de violettes, et précipitait par l'oxalate d'ammoniaque. Le produit de l'évaporation de ce liquide a donné un magma salin de 3 grains, s'humectant à l'air, d'une saveur salée amère ; l'acide sulfurique en dégage des vapeurs d'acide muriatique. En réunissant cet effet à la précipitation du nitrate d'argent, en flocons blancs qui noircissent à l'air, et à la portion de l'oxalate d'ammoniaque dont il a été question plus haut, on doit croire que la matière contient du muriate de chaux.

L'alcool agit un peu sur la pierre. Sur le résidu qui avait été soumis à l'action de l'eau distillée, on a versé 4 gros d'alcool très-rectifié. L'alcool s'est légèrement coloré, et a présenté tous les caractères d'une teinture légère qui précipitait par l'eau, et dont l'évaporation à siccité a laissé un résidu de 2 grains environ d'une matière qui brûle en exhalant une odeur légèrement ambrée.

Le résidu de la digestion par l'eau et l'alcool a été soumis :

1° A l'action de l'acide nitrique étendu d'eau :

Effervescence très-vive ; un dépôt considérable restait au fond du vase ; on a filtré ; le résidu était plus coloré que la pierre elle-même, présentant tous les caractères du sable siliceux, dont les fragments étaient très-visibles à l'œil nu ; la liqueur surnageant précipitait abondamment par les alcalis purs et carbonatés et par l'oxalate d'ammoniaque ;

2° A l'action de l'acide acétique :

Effervescence très-vive ; dépôt considérable insoluble ; la liqueur filtrée précipite abondamment comme ci-dessus.

Dans les deux expériences citées, le dépôt insoluble se retrouve dans les mêmes proportions.

30 grains de la matière ont donné 21 grains de sable siliceux.

18 grains de cette matière sableuse ont été mis dans une fiole avec potasse purifiée par l'alcool, demi-once et une once d'eau : après ébullition de cinq minutes, une grande partie du sable était dissoute, la liqueur surnageant précipitait par l'acide sulfurique des flocons blancs présentant tous les caractères de la silice ;

6

la précipitation était moins sensible par l'acide muriatique, mais la silice se manifestait par l'évaporation.

En résumant les diverses expériences qui viennent
d'être rapportées, la matière qui a été soumise à notre
examen se compose, pour cent parties, savoir :

Sable siliceux............ 0,75
Carbonate de chaux....... 0,12
Muriate de chaux......... 0,06
Matière résiniforme....... 0,04
Eau.................... 0,03

En réunissant tous les faits observés par les expériences dont il vient d'être rendu compte, il est facile
de reconnaître :

1° Que la matière qui a été examinée ne peut être
comparée, en aucune manière, aux calculs vésicaux,
biliaires, bezoardiques ou autres, en ce que :

Elle n'est point formée de couches concentriques,
comme cela a lieu le plus souvent dans les pierres ou
calculs ordinaires.

Elle n'a point la compacité de ces sortes de concrétions.

Elle n'est nullement comparable, par pesanteur spécifique, aux calculs et aux bezoards.

A l'exception de la légère odeur ambrée qui se ma-
nifeste lorsqu'on la chauffe, de la petite quantité de matière résiniforme qu'elle fournit par la digestion dans
l'alcool, elle ne fournit aucun des produits qui caracté-
risent les concrétions animales ;

2° Que l'origine de cette matière ne présente aucune analogie avec celle des substances animales qui portent le nom de calculs;

3° Que l'agglomération informe des grains, très-évidents à l'œil nu, de sable siliceux au milieu du carbonate de chaux et de la petite quantité de muriate calcaire qu'on y retrouve, n'est et ne peut être considérée que comme le résultat de la dessiccation d'un mélange grossier de ces matières qui auraient été précédemment délayées, et sans aucune matière susceptible de leur donner de la cohésion ;

4° Que si l'analyse prouve évidemment qu'on ne peut la comparer aux calculs intestinaux et à ceux formés de phosphate ammoniaco-magnésien , aucune raison plausible ne peut non plus faire admettre qu'elle puisse appartenir à des excréments desséchés , puisque dans cette hypothèse on devrait du moins retrouver les matériaux ordinaires des substances animales ;

5° Enfin , qu'il serait permis de douter que cette singulière substance puisse, en aucune manière , avoir séjourné dans la vessie ou les intestins, puisqu'elle devrait participer au moins à quelques-unes des particularités qui distinguent ces sortes de productions , et qu'en un mot , la matière à examiner n'a rien , ni dans son extérieur, ni dans ses propriétés physiques , ni dans ses principes constituants, qui puisse justifier l'opinion qui pourrait lui accorder le nom de calcul.

Rouen , le 31 août 1817.

—

La société des Pharmaciens de Rouen, après avoir entendu le rapport ci-dessus,

Délibère :

Qu'une copie collationnée sera adressée à la société de Médecine, Chirurgie et Pharmacie du département de l'Eure , qui veut bien donner à la société des Pharmaciens de Rouen communication de ses travaux, et qu'elle sera invitée à la faire insérer en tout ou partie , si elle le juge convenable, dans son bulletin périodique , la société croyant que la publication des recherches qui ont été faites en son nom peuvent être de quelque utilité.

Signé **ARVERS** , président.

ROBERT, secrétaire.

Pour expédition conforme à transmettre à la société de Médecine , Chirurgie et Pharmacie du département de l'Eure ,

Rouen , le 20 septembre 1817.

Le secrétaire de la société des Pharmaciens de Rouen,

Signé **ROBERT**.

MÉMOIRE

SUR

L'ENCOLLAGE DES ÉTOFFES OU TOILERIES,

AU MOYEN DE DIVERSES ESPÈCES DE PAREMENTS, ETC.,

LU DANS LA SÉANCE DE L'ACADÉMIE, LE 14 AVRIL 1820.

(Extrait des actes de l'Académie royale des Sciences, Belles-Lettres et Arts de Rouen.)

Messieurs,

Parmi les nombreux établissements dont s'enorgueillit à juste titre la belle Normandie, mais spécialement la ville de Rouen et ses environs, il en est qui méritent une attention toute particulière, par l'influence qu'ils exercent sur la santé des ouvriers qu'on y emploie : je veux parler de ces nombreuses fabriques où se confectionnent toutes les étoffes ou toiles connues sous le nom de *Rouennerie*.

C'est une opinion reçue parmi les chefs de ces établissements que la fabrication de leurs marchandises, pour être de bonne qualité, ne peut avoir lieu que dans des localités sombres, fraîches, et à l'aide d'un encollage auquel les ouvriers donnent le nom de *parement*.

Le désir d'être utile à cette classe nombreuse de tisserands et de les exhumer en quelque sorte des bas-fonds souvent mal sains où ils sont forcés de rester une partie

de leur vie, par la nature de leurs travaux, m'a déterminé
à m'occuper :

1° De la composition des parements en usage dans
les ateliers, et des effets qu'ils produisent par leur application sur les fils teints en toutes couleurs, avant la course
de la navette, pour la confection des étoffes ou toileries ;

2° A déterminer ou essayer si, au moyen d'un encollage *hygrométrique,* mais sans action sur les *tissures*, on
pourrait fabriquer les articles de rouennerie, bien con-
ditionnés, ailleurs que dans les caves ou autres endroits
analogues ;

3° A donner différentes recettes économiques, mais
simples, pour la confection d'un encollage hygrométrique
qui se conserve long-temps, et possède en outre toutes
les autres qualités que les tisserands attribuent à un bon
parement.

Je vais traiter en détail chacune de ces propositions,
et faire de mon mieux pour remplir la tâche que je me
suis imposée en entreprenant cet ouvrage.

Je finirai ce travail par des réflexions générales sur la
fabrication des étoffes dans les bas-fonds. Ces réflexions
seront elles-mêmes suivies d'une proposition tendante
à faire faire des essais pour déterminer si, à l'aide de
parements plus ou moins hygrométriques, on ne pourrait
pas confectionner en bonne qualité les articles dits
rouenneries dans des localités établies au-dessus du sol.

Je ne sache pas, Messieurs, que cette partie de l'industrie manufacturière, ou l'encollage des fils avant la
course de la navette, ait été jusqu'à ce jour traitée avec

les soins qu'elle mérite. C'est encore pour l'ouvrier une sorte de secret que la préparation d'un bon parement, aussi en remarque-t-on de plusieurs espèces dans les ateliers ; souvent ils diffèrent, soit par le goût, soit par l'odeur ; les uns sont plus visqueux que les autres ; ceux-ci sont additionnés d'un mucilage végétal, ceux-là de gélatine animale, etc. On conçoit que le mélange de ces substances avec la farine peut modifier l'effet de cet encollage et le rendre plus ou moins propre à la confection des étoffes. En conséquence, en partant de ces diverses données, je vais m'occuper des objets énoncés dans mes propositions, et si de leur solution il pouvait émaner quelque chose d'utile au commerce, à l'industrie et surtout à cette classe de tisserands dont les travaux concourent si puissamment à la prospérité de cette grande ville, j'aurai atteint le but que je m'étais proposé.

Première Proposition ou Question.

Quel but se propose l'ouvrier lorsqu'il enduit d'une couche de colle ou de parement les fils avant et durant la course de la navette pour fabriquer les toiles et les étoffes de toutes couleurs, connues vulgairement sous le nom de rouennerie ?

Nous croyons que cette opération a pour but :

1° De donner à la chaîne ou aux fils qui la composent une sorte de moelleux et d'élasticité, en les pénétrant légèrement et en augmentant leur volume. Ces dispositions, dans l'ensemble de la tissure, permettent aux fils de s'appliquer plus uniformément et plus exactement les uns aux autres par le mécanisme du métier, et donnent aux étoffes des qualités et le *coup-d'œil marchand* qu'elles n'auraient jamais sans un encollage préalable.

2° Le parement sert encore pour rabattre le duvet dont les fils ne sont jamais exempts ; ils contribuent l'un et l'autre, par leur superposition, à donner de l'intensité et de la force au tissu, etc... Ce *paré*, pour être bien fait, exige de l'attention et une sorte d'intelligence de la part de l'ouvrier ; l'encollage qu'on y emploie doit être lisse, bien homogène ou sans grumeaux, ni trop humide, ni trop sec, de manière qu'il puisse se diviser complètement dans les brosses, pour être ensuite appliqué en tous sens sur la partie de la chaîne destinée à être mise à l'œuvre.

Enfin, un parement bien appliqué, disent les tisserands, donne de la force aux fils, empêche qu'ils ne rompent, le *va et vient* des lames et les mouvements du métier se font mieux, la chaîne présente un plan plus uni pour la course de la navette, toutes dispositions qui contribuent singulièrement à la beauté et à la bonne confection des étoffes.

Tels sont, Messieurs, les principaux effets produits par l'encollage sur les chaînes ourdies avant leur conversion en tissus de toutes espèces.

Je vais maintenant vous entretenir de la deuxième et de la troisième proposition.

Deuxième et troisième Questions ou Propositions.

Peut-on espérer, au moyen de parements hygrométriques, fabriquer les toiles et les marchandises désignées sous le nom de rouennerie, ailleurs que dans les caves ou autres localités analogues, et, par ce moyen, éviter aux tisserands les dangers auxquels les expose une résidence trop prolongée dans des lieux sombres, frais et froids ?

La solution de ces deux autres questions serait sans doute, Messieurs, de la plus haute importance, et j'aurais cru rendre un service signalé à mon pays, si j'avais assez de données sur l'efficacité des encollages dont je vais donner la composition, pour affirmer que, par leur emploi, l'ouvrier pourra désormais travailler sur des métiers établis au-dessus du sol : mais je croirais manquer à la prudence, si j'annonçais la bonté d'un moyen dont l'efficacité n'est pas encore démontrée d'une manière affirmative.

Depuis quelque temps on a annoncé, dans divers journaux, une sorte de parement qui semblait réunir toutes les qualités pour atteindre le but philanthropique dont nous nous occupons ; déjà les tisserands devaient, par son emploi, déserter les lieux souterrains pour établir leurs métiers dans des étages plus élevés. Cet encollage se prépare avec la farine qu'on obtient de la semence d'une graminée qui semble originaire des îles Canaries, mais qui est devenu indigène en France. Cette plante est connue des botanistes sous le nom de *phalaris canariensis*, ou *alpiste* ; c'est le *millet long des graineliers*.

Il paraît assez bien démontré, Messieurs, que cette farine possède les précieuses qualités qui lui ont été attribuées par les journaux et par les ouvrages périodiques qui en ont successivement parlé.

J'ai fait essayer à diverses reprises cet encollage préparé avec la farine extraite de cette graine venant directement des Canaries, ou avec celle tirée de la semence de la même plante cultivée aux environs de Rouen : l'une et l'autre ont donné un parement doux au toucher, long, moelleux, qui se divise bien dans les brosses, et s'étend parfaitement sur les fils, auxquels il donne l'uni, la souplesse et la force convenables à une bonne et prompte manipulation des étoffes ; mais à côté de ces utiles qualités, reconnues dans le parement que donne la graine de millet long, viennent s'opposer deux obstacles qui contrarient singulièrement son emploi.

Le premier de ces obstacles résulte du prix trop élevé de la farine de phalaris, comparé à celui de la farine de blé dont se servent assez généralement les *passementiers* pour faire leur encollage..... La première farine, en supposant, année commune, la graine d'alpiste à 40 fr. les 50 kilogrammes, revient, par le déchet qu'elle éprouve au moulin ou sous le pilon, à 60 c. la livre, tandis que celle de froment ne coûte que 4 à 6 sous, et donne, à poids égal, étant bouillie avec l'eau, autant et même plus de parement que celle de millet long ; et comme tout doit être économie dans la manutention des étoffes, l'ouvrier adoptera difficilement l'emploi d'un parement dont le prix tend à élever celui de la marchandise et à diminuer le salaire qui lui est accordé pour la fabriquer.

Le deuxième obstacle qui s'oppose encore à l'emploi

du phalaris dans les ateliers, et le plus difficile à vaincre, tient à la nature même de cette graine ; la farine qu'elle produit donne, par sa cuisson avec l'eau, un parement d'un gris terne, quelquefois jaunâtre, dont l'application nuance désagréablement les étoffes à fond blanc, et nuit à leur vente sans pourtant en détériorer la qualité.

Un autre défaut attribué à ce parement provient de ce que la farine d'alpiste n'est jamais exempte d'une portion de l'écorce de la graine qui la produit. Cette espèce de son, n'étant pas soluble dans l'eau, reste interposée dans l'encollage, forme de petites aspérités sur les fils et en occasionne souvent la rupture par le mouvement du métier ; mais avec du soin et en donnant, disent les ouvriers, quelques coups de brosse de plus au paré, un instant après qu'il est fait, on parvient à le rendre uni et presque exempt de ce corps étranger, qui s'en sépare facilement.

Après avoir examiné et décrit avec soin les propriétés du parement préparé avec la farine de phalaris, je me suis déterminé à faire l'analyse de cette farine, afin de reconnaître à quoi sont dues les qualités hygrométriques, le moelleux et la couleur qu'elle donne à l'encollage qu'on en prépare par sa cuisson avec l'eau, propriétés qui la distinguent essentiellement de la farine de blé et autres matières employées par les tisserands pour la composition de leurs encollages.

Je ne fatiguerai pas l'attention de l'Académie en lui rapportant les essais et les expériences assez nombreuses que j'ai faites pour analyser la farine du *phalaris canariensis :* je crois seulement utile de lui affirmer que cette farine contient de plus que les farines des autres céréales une quantité notable de muriate ou d'hydro-chlorate de chaux [1] et un principe gommo-résineux colorant, d'une saveur amère styptique, et que c'est à ces deux principes qu'on peut attribuer les qualités hygrométriques, le moelleux et la couleur grise terne des encollages qu'elle produit et qui les distinguent si particulièrement de ceux préparés avec la farine de froment ou avec les fécules amilacées.

J'ai également analysé la farine provenant du sorgho ou millet rond, *milium vulgare*, qui donne aussi un bon parement pour les tisserands. Cette farine contient, comme celle du millet long, ou alpiste, du muriate de chaux et un principe colorant. J'ai cru seulement devoir en faire note, pour démontrer son analogie avec celle du phalaris, et indiquer qu'elle peut entrer en concurrence avec cette dernière, pour la confection des encollages, si jamais le prix des farines provenant de ces deux espèces de gramens devenait assez modique pour en permettre l'usage dans les manufactures.

Après avoir découvert, par l'analyse, les principes qui établissent les différences qu'on remarque entre le parement préparé avec les farines du millet long et rond,

---

[1] En attendant que les chimistes soient bien d'accord sur les choses, et par suite sur les dénominations qui appartiennent à chaque composé, j'emploierai indistinctement l'un de ces deux noms pour désigner la combinaison de la chaux avec l'acide muriatique, etc.

et celui fait avec la farine de froment , j'en ai tiré cette conséquence , savoir :

« Qu'en donnant aux parements confectionnés avec
» la farine de blé , ou autres farines blanches , une
» certaine propriété hygrométrique , on parviendrait à
» en obtenir des encollages de même nature que celui
» que donne le *phalaris canariensis* , et sans en avoir
» les défauts ni les inconvénients. »

En conséquence , j'ai préparé et fait préparer, depuis plus d'une année , des parements avec diverses sortes de farines ou fécules , telles que celles de froment, de seigle , de pommes de terre , l'amidon ordinaire , dans lesquels on a ajouté du muriate de chaux et autres matières convenables. Tous ces encollages ont été successivement éprouvés par des ouvriers intelligents , et j'en ai assez suivi l'emploi pour affirmer qu'ils égalent au moins en bonté le parement obtenu du *phalaris canariensis* , et qu'ils réunissent encore au précieux avantage de se conserver long-temps celui de pouvoir être employés aux tissages des étoffes de toutes couleurs , sans nuire à leur qualité.

Voici les recettes de plusieurs des parements ou encollages dont je viens de parler, et dont l'emploi pourra servir à la solution des deux dernières questions insérées en tête de ce mémoire, et qui possèdent en outre la propriété de se garder plus de deux mois sans se gâter :

PAREMENT PRÉPARÉ AVEC LA FARINE DE BLÉ OU DE SEIGLE ET LE MURIATE OU HYDRO-CHLORATE DE CHAUX.

Prenez de l'une ou l'autre de ces farines, bien purgées de leur son, 1 livre ou 1/2 kilogramme ; délayez-la avec soin dans suffisante quantité d'eau pure (il en faut environ 4 litres ou pintes) ; faites cuire à petit feu, mais au bouillon, pendant huit à dix minutes, en agitant continuellement, de peur que le mélange ne brûle ou ne roussisse, ce qui nuirait à la bonté et au moelleux du parement : retirez la chaudière du feu, et ajoutez-y 6 gros, en hiver, et 1 once, en été, d'un sel connu, dans les pharmacies, sous le nom de muriate de chaux, préalablement fondu dans une demi-verrée d'eau ; agitez le tout pour bien incorporer ce sel, puis déposez l'encollage dans un pot de terre ou de grès. Cette dose en produit environ 7 livres marc.

PROPRIÉTÉS DE CE PAREMENT.

Etant ainsi préparé, ce parement est d'un beau blanc, doux au toucher, s'étend très-bien sur les brosses et mieux encore sur les fils ; il donne à la chaîne le moel-leux, la souplesse et les autres qualités qui favorisent le travail de l'ouvrier et la bonne confection de toutes sortes d'étoffes où son emploi est indispensable.

PAREMENT PRÉPARÉ AVEC LA FÉCULE OU FARINE DE POMMES DE TERRE, LE MURIATE DE CHAUX ET LA GOMME ARABIQUE.

Prenez farine de pommes de terre 1 livre, gomme arabique en poudre 10 gros ou 40 grammes ; délayez

l'une et l'autre dans 4 pintes d'eau ; faites cuire avec
les précautions indiquées ci-dessus ; retirez du feu , et
ajoutez-y 6 gros ou 1 once de muriate de chaux ,
suivant la saison ; puis conservez dans un pot de terre
ou de grès.

Ce parement, d'un blanc superbe, possède toutes
les qualités du précédent ; seulement , et quand il n'est
pas bien cuit, il s'en sépare un fluide aqueux , mais
on le rétablit dans toutes ses propriétés, en l'agitant
fortement avant son emploi , ou mieux encore en le
faisant bouillir de nouveau pendant deux à trois minutes.

**PAREMENT PRÉPARÉ AVEC L'AMIDON DE POMMES DE TERRE ,
OU AVEC L'AMIDON ORDINAIRE EXTRAIT DU BLÉ , DU SEIGLE
OU DE L'ORGE, AUQUEL ON AJOUTE, EN PLACE DE GOMME ,
UNE MATIÈRE GÉLATINEUSE ANIMALE.**

On verse environ 2 pintes d'eau bouillante sur 2 onces
ou 64 grammes de râpures de corne de cerf ou d'ivoire
bien divisées , on couvre le vase , on laisse infuser dans
les cendres chaudes l'espace de vingt-quatre heures ,
puis on fait bouillir quinze à vingt minutes et on coule :
ensuite on délaie 1 livre de fécule de pommes de terre ,
ou d'amidon ordinaire , dans 2 litres 1/2 d'eau ; on y
ajoute la décoction de corne de cerf , et on procède à la
confection du parement, en prenant les précautions
convenables ; on retire le vase du feu, on y mêle exactement le muriate de chaux dans les proportions indiquées ci-dessus, et on conserve pour l'usage.

Cet encollage , préparé avec soin , est d'une blancheur

éclatante, et peut servir à la confection de toutes sortes de tissus, mais il convient spécialement pour les blancs complets ou pour les étoffes où le blanc domine.

On peut mettre, en place de corne de cerf ou d'ivoire, 1 once de belle colle forte, ou colle claire dite d'Alsace, préalablement fondue dans 3 verrées d'eau; on obtient aussi, par cette méthode, un beau et bon parement.

Ici, Messieurs, il est essentiel de faire observer aux consommateurs que l'addition de corps étrangers aux farines et fécules n'augmente pas sensiblement le prix des parements[1]. Il est encore bon de noter, avant de passer au résumé de cet ouvrage, que l'amidon ordinaire, celui de pommes de terre, même la farine de seigle, produisent bien seuls, par leur décoction avec l'eau, une sorte d'encollage, mais que cet encollage, trop siccatif, disent les ouvriers, est loin d'avoir le moelleux et les qualités de ceux dont nous venons de donner la composition.

Il résulte du travail que j'ai l'honneur de soumettre à l'Académie :

1ᵈ Que le parement grisâtre, et quelquefois jaunâtre,

---

[1] Les 10 gros de gomme arabique valent à-peu-près 10 c., la râpure ou la colle claire environ chacune 8 c., le sel 10 c., la farine de pommes de terre 15 c. D'après ces données exactes, il est aisé d'en conclure que le parement, préparé avec la farine dite de santé, ne reviendra pas à plus cher que celui confectionné avec la belle farine de blé, en supposant, année commune, cette dernière à 5 ou 6 sous la livre.

que donnent les farines provenant de la graine de millet long et rond , quoiqu'étant de bonne qualité , ne peut guère servir qu'à l'encollage des étoffes à fond rembruni , puisqu'il est prouvé que ce parement nuance désagréablement les tissus à fond blanc , et nuit à leur prix marchand ;

2° Que ce même parement , outre le défaut qu'il a de ternir les marchandises à fond blanc , revient à un prix trop élevé pour en permettre l'usage journalier aux tisserands ;

3° Qu'on obtient à un prix modéré, de la belle farine de froment , en l'additionnant de muriate de chaux , un parement qui ne le cède, ni en qualité, ni en bonté , à celui que donne la farine du *phalaris canariensis.* Ce parement offre en outre le précieux avantage de pouvoir servir à l'encollage des toiles ou étoffes de toutes couleurs ;

4° Que la fécule de pommes de terre peut également servir à la préparation d'un parement encore plus économique que celui obtenu de la farine de blé , et de bonne qualité , surtout si on l'additionne d'une substance gommeuse ou gélatineuse animale et d'hydro-chlorate de chaux ; que cet encollage pourra en outre suppléer, en temps de disette, à celui que donnent la farine de froment et les autres farines nutritives ou alimentaires destinées spécialement à la nourriture des hommes.

Après avoir décrit l'effet de l'encollage sur les fils destinés à la fabrication des marchandises connues sous le nom de rouennerie , et indiqué plusieurs procédés

pour composer des parements hygrométriques et analogues à celui que donne la farine du *phalaris canariensis*, il reste à déterminer si ces sortes d'encollages
maintiennent assez long-temps la fraîcheur, la souplesse
et le moelleux à la chaîne pour permettre à l'ouvrier de
travailler ailleurs que dans les caves, et y confectionner
des étoffes de bonne qualité et aussi marchandes que
celles fabriquées sous terre.

Si l'on ajoutait une parfaite croyance à ce qui a été
publié depuis quelques années dans le bulletin de la
société royale d'Encouragement pour l'industrie nationale, et par suite dans d'autres ouvrages périodiques,
cette question serait résolue, puisque le parement ou
encollage que donnait la farine du *phalaris canariensis*
possédait toutes ces précieuses qualités, et que son
emploi laisserait désormais aux tisserands la faculté
d'établir leurs métiers dans toutes sortes de localités....

Au mois de septembre dernier, on publia aussi dans
le nº 3 du *Mémorial d'agriculture et d'industrie* du département de la Seine-Inférieure, « que le parement
» préparé avec la graine du phalaris ne se desséchant
» pas aussi subitement que celui de la farine de blé,
» le tisserand qui l'emploie sera libre d'habiter un
» atelier plus salubre, en y travaillant avec plus de
» perfection et de profit..... » On ajoute : « Les essais
» entrepris en grand dans les manufactures d'Erfurt et
» dans les états prussiens en général, ont confirmé la
» supériorité de la colle de farine de Canaries pour les
» tissus fins ; on croit pouvoir l'attribuer à une plus

» grande affinité hygrométrique pour l'eau , compara-
» tivement à la farine de froment. »

J'avouerai que tant d'autorités m'avaient presque
convaincu de l'efficacité de ce parement ; mais , accou-
tumé à méditer sur l'importance et les avantages d'un
assez grand nombre de découvertes d'abord vantées
comme infaillibles, et dont les résultats n'ont que trop
souvent trompé l'espérance de ceux qui les ont mises
en pratique , je me déterminai à en faire faire les essais
que j'ai rapportés dans ce mémoire, essais qui démontrent
que l'encollage du phalaris , outre son prix trop élevé ,
ne peut servir que pour la confection des étoffes à fonds
rembrunis , etc. ; mais , comme je l'ai dit plus haut ,
reste à déterminer si les parements que j'ai indiqués
donneront les qualités convenables aux fils de toutes
couleurs qui composent les chaînes pour être fabriquées
avantageusement ailleurs que dans les bas-fonds. D'excellents fabricants que j'ai consultés à ce sujet semblent
pour la négative ; ils fondent leur opinion sur ce que les
fils qui composent les chaînes, par leur séjour dans des
lieux sombres , frais et d'une température presque
toujours égale , s'y gonflent, deviennent plus poreux ,
d'où il résulte que l'encollage les pénètre plus également, que le duvet s'en rabat mieux , et que la tissure
qui en résulte est plus serrée , plus unie , toutes qualités
qu'on chercherait en vain si l'ouvrier travaillait dans
des lieux secs ou trop froids, et qui concourent en outre,
par leur ensemble, à la beauté et à la qualité des
marchandises.

Je conviens qu'une longue pratique vient déposer en

faveur de l'opinion des fabricants ; mais qui ne sait combien les vieilles habitudes ont d'empire sur nos pensées et sur nos actions? Il paraît donc sage, pour arriver à la solution d'une question aussi importante, surtout dans nos contrées où une immense population est condamnée, par état, à vivre dans des lieux souvent mal sains, de faire des expériences comparatives, afin de vérifier « si les toileries fabriquées au-dessus du » sol et avec les parements hygrométriques que nous » avons proposés sont d'une aussi bonne qualité et » aussi marchandes que celles confectionnées dans les » caves et autres lieux souterrains par la méthode » ordinaire. »

NOTE GÉNÉRALE ET CONCLUSION SUR L'ENSEMBLE DE CE MÉMOIRE.

Les expériences comparatives dont on vient de parler ont été faites par une commission prise dans le sein de l'Académie [1]. Il est demeuré constant, par suite de ces expériences consignées dans un rapport du 9 août 1820 :

« Que les toileries encollées avec les parements dans » lesquels il entre du muriate de chaux se dessèchent » moins vite que celles fabriquées avec la colle ordi- » naire , faite de simple farine , et qu'ils donnent en

[1] Cette commission, nommée dans la séance du 5 mai 1820 , était composée de MM. Pavie , Marquis et Dubuc, qui se sont adjoint , pour faire ces expériences, M. Yvart , filateur et fabricant très-instruit, demeurant à Darnétal.

» outre aux marchandises plus d'onctuosité et plus de
» main que cette dernière, propriétés qui permettent à
» l'ouvrier de travailler avec succès dans les localités
» élevées au-dessus du sol. »

Dans le même rapport, deux des membres de cette commission croient à la possibilité d'obtenir de la graine du *phalaris canariensis* une farine entièrement purgée de corps étrangers, et assez blanche pour en faire, à prix modéré, un parement exempt des inconvénients notés dans ce mémoire. S'ils réussissent, ce sera un nouveau service qu'ils rendront en donnant un moyen de plus aux tisserands pour travailler hors les bas-fonds, etc.

Au témoignage de la commission, on peut ajouter celui de M. Dubuc, qui a fait expérimenter en particulier ses encollages pendant plus de quinze mois par des fabricants et ouvriers intelligents, et dans diverses localités, avec un succès constant.

Il est encore resté prouvé, par suite de nombreux essais, que les parements additionnés de muriate de chaux n'altèrent en aucune manière les couleurs petit teint et autres, même à la longue, qualités qui permettent de les employer indistinctement à la fabrication de toutes sortes d'étoffes, mais particulièrement sur les fonds blancs, auxquels ils donnent un lustre et un coup-d'œil qu'on chercherait en vain par l'encollage ordinaire.

Telles sont les observations et déclarations de divers manufacturiers (dont on donnerait les noms au besoin) qui ont été à même d'apprécier ces parements en les mettant en pratique sur des métiers situés non-seulement au-dessus du sol, mais encore dans des endroits arides.

Il résulte donc de toutes ces expériences :

« Que les encollages ou parements, additionnés
» d'hydro-chlorate de chaux, bien préparés, permettent
» aux tisserands de travailler sur des métiers établis
» dans toutes sortes de localités, et d'y fabriquer des
» marchandises, qui ne le cèdent, ni en qualité, ni en
» bonté, à celles confectionnées dans les bas-fonds et
» autres lieux frais dont le séjour est souvent nuisible
» à la santé des ouvriers. »

Tel était le but que se proposait l'auteur en entreprenant son ouvrage sur les parements. Trop heureux d'avoir pu employer utilement ses faibles connaissances en donnant au public de nouveaux procédés qui sont tout à-la-fois utiles aux ouvriers, au commerce et à l'industrie!

NOTICE
SUR DIVERS OXIDES

ET SUR

DEUX PIÈCES MÉTALLIQUES

FORMÉES PAR L'EFFET DE L'INCENDIE

DU

CLOCHER DE LA CATHÉDRALE DE ROUEN,

ARRIVÉ LE 15 SEPTEMBRE 1822.

(Extrait des actes de l'Académie royale des Sciences, Belles-Lettres et Arts
de Rouen.)

Messieurs,

On éteint les incendies, on se défend des inondations,
on prévoit les effets de la gelée, on peut encore jusqu'à
certain point se mettre en garde contre l'impétuosité
des vents : mais la plus exacte prévoyance est presque
toujours nulle contre deux autres météores dont les ravages sont incalculables, la foudre et la grêle, surtout
quand la foudre embrâse des monuments dont l'élévation extraordinaire empêche toute force humaine d'y
porter du secours et d'en arrêter les effets destructeurs.

Ce court préambule m'amène naturellement, Messieurs, à vous entretenir un instant de la destruction de
l'édifice majestueux qu'on remarquait encore naguère

au sein de cette vaste cité, et il n'est aucun de nous qui ne se rappelle avec effroi le fatal événement qui faillit détruire pour jamais, le 15 septembre dernier, un des plus beaux monuments (la Cathédrale) de la vieille Neustrie, et peut-être un des quartiers le plus populeux comme le plus riche de la ville de Rouen.

Ce fut vers les cinq heures et un quart du matin, par un temps chaud et humide, que la foudre, que précéda un coup de tonnerre et dont la détonation ne fut pas très-forte quoique simultanée, embrâsa le principal clocher de l'église métropolitaine située en cette ville, et quelques heures d'un feu violent et soutenu suffirent pour opérer la destruction de ce chef-d'œuvre d'architecture.

Les différents métaux dont le clocher et la flèche étaient revêtus, ainsi que le plomb et l'étain qui servaient aux toits voisins du foyer volcanique, éprouvèrent, par l'action de ce feu, des effets si singuliers ou prirent des formes si variées et si extraordinaires, que plusieurs de ces débris, soit en état d'oxide, soit dans l'état métallique, font aujourd'hui l'admiration et sont gardés avec une sorte de respect par un assez grand nombre de nos concitoyens.

J'ai cru, Messieurs, dans cette circonstance, que les observations physiques et chimiques recueillies sur ces substances minérales étaient de nature à offrir un certain degré d'intérêt, spécialement pour la docimasie, la métallurgie et pour ceux qui s'occupent de préparer en grand l'oxidation des métaux pour l'usage des arts. Ces motifs m'ont déterminé à rédiger les notices suivantes.

Je vous prie de vouloir bien en entendre la lecture avec votre indulgence ordinaire.

Quelques jours après l'événement du 15 septembre, je m'étais déjà procuré un assez grand nombre de notions sur certaines anomalies que présentaient les métaux qui furent exposés à l'effet du feu produit par la foudre. Mais une autre circonstance favorisa mes recherches à cet égard. Nommé le 22 octobre dernier, par M. le baron de Vanssay, préfet de ce département, membre d'une commission [1] chargée par ce magistrat d'apprécier la valeur vénale des nombreux débris provenant de cet incendie, j'ai pu faire, sur le lieu même du désastre, toutes les observations et les remarques relatives à ces notices, et leur donner par ce moyen toute l'exactitude dont elles sont susceptibles.

Ire REMARQUE.

SUR LE FER ET SUR SON OXIDE.

Bon nombre de grosses barres de fer éprouvèrent, par leur position, pendant plus de quarante-huit heures, toute l'intensité d'un feu violent en se trouvant exposées dans le foyer principal de cet incendie, d'où elles ne furent retirées que dix à douze jours après l'évé-

---

[1] Cette commission était composée de M. Maillard, conseiller de préfecture ; de MM. Delafosse et Jouannin, architectes à Rouen, et de moi.

nement , et se trouvèrent recouvertes d'oxide d'un rouge
éclatant et tel qu'on n'en rencontre jamais , ni dans la
nature , ni dans les arts , ni dans les laboratoires de
chimie métallurgique.

On sait que le fer, en s'oxidant, est susceptible de
prendre diverses nuances , que le tritoxide de ce métal
(colcothar) est d'un rouge violet sombre ; mais jamais
le colcothar n'acquiert , par l'action du feu des fourneaux ordinaires, le beau rouge carmin que nous ob-
servâmes sur les pièces de fer forgé retirées du grand
foyer de cet incendie.

Maintenant , à quoi cet effet est-il dû ? Est-ce à l'action prolongée du feu sur le métal, ou bien ce métal
lui-même aurait-il changé de nature , ce qui n'est guère
probable , pendant plus de trois siècles qu'il fut exposé
aux diverses influences météoriques ? Ou bien encore ,
cette faculté du fer, de prendre en s'oxidant un si beau
rouge carminé , lui aurait-elle été communiquée par la
foudre à l'instant où elle embrâsa le clocher ?

On connaît assez bien les phénomènes que produit
la foudre en tombant sur les corps qui brûlent avec
flamme ; mais ses effets sont loin d'être aussi bien connus
sur les matières minérales qu'elle frappe et seulement
susceptibles d'ignition. L'action de la pile voltaïque sur
divers métaux vient à l'appui de cette dernière assertion, et peut-être que le fer exposé à l'air et à une hauteur prodigieuse pendant des siècles , et par conséquent
aux influences du fluide électrique , finit-il par y acquérir de nouvelles propriétés qui peuvent contribuer à

donner à son tritoxide la belle nuance carminée que
nous avons signalée dans cette notice.

—

IIe REMARQUE.

PLOMB ET ÉTAIN OXIDÉS.

Une masse énorme de plomb et d'étain, mêlée de
débris calcaires, siliceux et d'ardoises, fut également
convertie en état d'oxide d'une couleur noire superbe
par l'effet de cet incendie. On sait encore que le plomb
et l'étain, soit mêlés, soit pris isolément ou additionnés
de soufre, de charbon, etc., sont susceptibles, en s'oxidant, de prendre toutes sortes de nuances, selon leurs
degrés d'oxidation ; mais j'avoue n'avoir jamais vu de
minerai plombifère et stannifère d'un noir aussi brillant
que celui provenant de cet incendie. L'examen chimique
que je fis de ce minerai, pour en apprécier la valeur,
me prouva qu'il était composé d'environ six parties de
plomb, d'une d'étain et de neuf parties de silice, chaux
et autres matières terreuses provenant des décombres
de l'édifice.

Ici, comme dans l'oxidation du fer, à quoi peut-on
attribuer la belle nuance noire de ce minerai ? Est-elle
due simplement au mélange fortuit de la chaux et de
la silice provenant du mortier employé à l'édifice ? Ou
bien ces belles couleurs de rouge carmin et de noir de
jayet, que prirent dans cette circonstance les oxides de
fer et de plomb, ne seraient-elles pas dues au résultat

de la décomposition lente , mais successive , de l'eau qui tomba en abondance dans le foyer de l'incendie , pendant presque toute la journée du 15 septembre ?

J'abandonne toutes ces questions sur l'oxidation du fer et du plomb à résoudre à plus savant que moi ; j'ai cru seulement devoir signaler ces anomalies ou oxides nouveaux à ceux qui s'occupent des phénomènes météoriques , de l'oxidation des métaux pour les arts , etc.

—

IIIᵉ REMARQUE.

MÉTAUX VAPORISÉS, ETC.

La force et la violence du feu furent telles, dans cet incendie, que des parcelles de plomb assez volumineuses et le plomb lui-même en état d'oxide noir et rougeâtre (litharge), furent emportés à plus de mille pieds de distance du foyer principal de l'incendie ; un habitant, M. Lebert, négociant, voisin de la Cathédrale, a recueilli plusieurs kilogrammes de ces débris métalliques, dans sa cour et dans les gouttières de sa maison, et je dois à son obligeance les deux espèces d'oxides que j'ai l'honneur d'exposer aujourd'hui aux regards de l'Académie.

La vaporisation des métaux par la violence du feu est connue ; mais, ici, il faut remarquer que ces parcelles métalliques se sont trouvées enlevées à une distance extraordinaire, eu égard à leur pesanteur naturelle. J'ajouterai que les pluies ayant charrié l'oxide de plomb tombé dans les gouttières, dans un réservoir où buvaient diverses espèces d'animaux, ces animaux furent empoisonnés par l'usage continué pendant quelques jours de ce breuvage délétère, et qu'ils éprouvèrent, avant de mourir, tous les accidents qu'occasionnent ordinairement les préparations saturnines sur l'économie animale [1].

Cette troisième notice sur l'incendie du 15 septembre semble ne présenter rien d'essentiellement remarquable. Néanmoins, les faits qui s'y trouvent consignés, et dont l'exactitude est hors de doute, pourront, dans certain cas, servir à prouver de plus en plus le danger d'habiter de trop près les usines où l'on prépare en grand les oxides dont les effets ont une funeste influence sur l'économie animale, tels que ceux de cuivre, de plomb, d'arsenic, etc., qui sont assez facilement vaporisés par l'action du feu, et finissent, en raison de leur pesanteur, par retomber dans les lieux voisins de ces usines.

---

[1] M. Lebert, négociant, rue du Change, à Rouen, a perdu, par l'usage de cette eau empoisonnée par les oxides stannifère et plombifère, des poules, des canards et un chien. On m'a assuré qu'il était arrivé d'autres accidents et à des distances encore plus éloignées du foyer de cet incendie, également occasionnés par ces oxides; mais je n'en ai pas la certitude. Je n'affirme donc que ceux arrivés chez M. Lebert.

IVᵉ ET Vᵉ REMARQUES.

MÉTAUX AYANT PRIS DES FORMES GÉOMÉTRIQUEMENT INDÉFINISSABLES ET EN PARTIES OXIDÉES.

Une cloche (métal composé de cuivre et d'étain) a été fondue par l'effet de cet incendie. Il résulta de cette fusion des cristallisations et des agglomérations des plus bizarres , tant par leurs formes que par les couleurs variées des oxides dont ces pièces étaient recouvertes. Je dépose sous vos yeux une de ces productions cuivreuses et stannifères, afin de mettre l'Académie dans le cas de juger par elle-même combien ces formes sont étranges, et combien il serait difficile, pour ne pas dire impossible, à l'artiste le plus habile, de composer une pièce métallique en bronze en partie oxidé , semblable à celle qui fait l'objet de cette notice.

Cette pièce , outre ses formes singulières , présente encore, à son extérieur, diverses nuances, telles que le gris cendré , le bleu azuré , etc. Sa couleur intérieure est le blanc mat. Elle n'est plus sonore ; enfin, ce n'est plus du bronze, mais une composition nouvelle, formée durant l'incendie.

Enfin , Messieurs , j'expose aussi à vos regards une espèce de stalactite ou composition plombifère et stannifère , produite également par l'effet de ce grand incendie.

Cette autre pièce métallique, dont la longueur est d'environ 8 pouces sur autant de contour, semble vraiment indéfinissable, tant par sa forme que par son

étonnante structure... C'est un corps caverneux disposé
en colonnes détachées où l'on voit des globules, de
nombreuses aspérités, des filaments, des mamelons, etc.
Les couleurs en sont également variées. Ici elle présente
un brillant argentin, ailleurs la lividité du plomb. Re-
marquez encore, Messieurs, que les métaux qui la
composent semblent plutôt superposés que fondus ensemble pour former un seul tout. Peut-être, et cela me
paraît assez probable, que cette disposition n'est due
qu'au refroidissement successif et subit que les gouttes
métalliques éprouvèrent par l'effet de l'eau qui tomba
dans le fort de l'incendie. Ce qui viendrait à l'appui de
cette assertion, c'est que les basaltes, disent les naturalistes modernes, ne doivent leurs formes si diverses
et leurs rugosités qu'au fluide aqueux dont les laves se
trouvent interposées pendant l'éruption des volcans.
Dans cette circonstance, l'eau, en se vaporisant, soulève
et dilate les matières encore en fusion, et donne, à la
lave comme aux métaux, toutes sortes de formes et
d'aspects.

Je terminerai ces notices par les réflexions suivantes :

Que de grands feux souterrains, que des volcans
produisent, par leurs éruptions ou par toutes autres
causes inaccessibles à nos sens, des laves, des basaltes,
même des stalactites métalliques, terreuses, etc., de
toutes sortes de couleurs, avec des formes variées à
l'infini et géométriquement indéfinissables, rien que de
naturel dans ces nombreuses productions, et l'imagination cesse d'en être étonnée quand on réfléchit à la

durée des temps employés à leur formation et aux grands
moteurs qui les produisent ; mais ici , tout a été détruit
et créé en quelques heures ! Métaux fondus, métaux
oxidés , formation d'oxide de fer d'un nouveau genre,
formation d'un minerai stannifère et plombifère, mêlé
de chaux et de silice, d'une couleur *sui generis* (noir
jayet), de grenailles de plomb et plomb mêlé d'étain
oxidés en noir et en rouge, transportés à plus de 300
mètres de distance du foyer de l'incendie ; enfin ,
création de masses métalliques de formes géométriquement indéfinissables. Voilà , en peu de mots, le résumé
physique et chimique des effets que produisit, sur les
métaux cités dans ces notices, l'incendie qui consuma ,
le 15 septembre 1822 , un des plus beaux monuments
de l'architecture gothique que possédait la ville de
Rouen.

Messieurs, ces notices pourront donner lieu à de
nouvelles recherches sur l'oxidation des métaux en
général , et être utiles, par la suite, dans les arts nombreux qui emploient les matières métalliques oxidées
sous toutes sortes de nuances ; mais , ne dussent-elles
servir qu'à constater les effets de la foudre et d'un
grand feu sur certains métaux , et encore à rappeler
un grand événement , ces motifs seuls eussent été plus
que suffisants pour me déterminer à les offrir à l'Académie.

NOTICES OU MÉMOIRE

SUR DIVERSES PROPRIÉTÉS

DU

CHLORURE DE CALCIUM

ET DU MURIATE DE CHAUX ORDINAIRE

EMPLOYÉS A LA CONSERVATION DES CHAIRS MORTES, DE CERTAINS VÉGÉTAUX, ETC., ETC.;

LU EN LA SÉANCE DU 19 DÉCEMBRE 1823.

(Extrait des actes de l'Académie royale des Sciences, Belles-Lettres et Arts de Rouen.)

Messieurs ,

Les notices que je vais avoir l'honneur de lire à l'Académie sur le chlorure de calcium et le muriate de chaux ordinaires, considérés comme agents conservateurs des matières animales et végétales, ou comme antiseptique dans certains cas, n'offriront peut-être qu'un faible intérêt, puisque déjà divers ouvrages périodiques ont publié quelques articles sur le même sujet. Néanmoins les essais et les expériences variées que j'ai faites à cet égard me paraissent plus étendues que toutes celles que j'ai vues rapportées dans certains journaux, et les résultats que j'en ai obtenus sont, je crois, assez utiles pour faire le sujet du travail que voici. D'ailleurs ce travail est court, et la compagnie ne perdra que quelques mo-

8

ments en voulant bien m'entendre avec son indulgence ordinaire.

Avant d'entrer en matière, j'ai cru devoir exposer à vos regards et à votre inspection diverses pièces, au nombre de six, conservées depuis long-temps, au moyen des deux substances salines dont les propriétés antiseptiques font le principal objet de ce mémoire.

On sait, d'après les belles expériences de M. Hildebrand, rapportées dans les *Annales de Chimie française*, en 1810, n° 219, et en 1813, n° 264, que la viande fraîche se conserve, sans se putréfier ni se décomposer, dans plusieurs substances gazeuses ou aériformes, telles que les gaz acides sulfureux et fluorique, le gaz oxigéné, etc. Notre savant M. Chaussier avait aussi, et antérieurement au chimiste allemand, fait voir, dans un beau travail qu'il communiqua à ce sujet à l'Institut de France, il y a plus de vingt ans, que les dépouilles solides et charneuses des animaux pouvaient être conservées par le muriate sur-oxigéné de mercure, sel connu depuis sous le nom de deuto-chlorure de mercure.

On n'ignorait pas non plus, depuis bien long-temps, que l'eau ordinaire, saturée de sulfate acide d'alumine, alun du commerce, et l'alcool à 32 degrés, pouvaient également servir à la conservation des chairs mortes; mais l'expérience avait appris que souvent certaines matières animales s'altéraient par leur immersion prolongée dans ces deux fluides, et devenaient méconnaissables, surtout celles traitées par la solution alumineuse. A ces inconvénients il faut ajouter que le prix élevé de l'es-

prit de vin est encore un obstacle à son emploi, surtout
dans les cabinets d'histoire naturelle ou dans les laboratoires d'anatomie, pour la conservation des fortes
pièces. Ainsi ces deux matières, l'alcool et l'alun,
n'atteignent qu'imparfaitement le but qu'on se propose
dans cette circonstance.

Enfin, on a remarqué de tout temps, dans les grands
ateliers de salaison, que le sel commun ou sel ordinaire, qui contient environ un quinzième de son poids
de muriate calcaire, était plus pénétrant et convenait
mieux pour la salaison et conservation des viandes et des
poissons, en général, que le sel marin pur.

Ce fut par suite de toutes ces notions que je formai,
il y a plus de dix ans, le projet de faire des expériences
avec toutes sortes de matières salines pour la conservation, à peu de frais, des dépouilles des animaux. Parmi
ces matières, la solution aqueuse du chlorure de calcium, ou muriate de chaux calciné, atteint complètement ce but. Les résultats des expériences suivantes
fixeront, je crois, toutes les incertitudes à cet égard. Le
même moyen a réussi également pour la conservation de
quelques végétaux.

Ici, il est bon de noter que tous mes essais ont eu
lieu avec une solution aqueuse et récente de ce sel,
marquant entre 14 et 16 degrés au pèse-sels. Ces degrés
de densité dans ce fluide sont ceux qui m'ont toujours
réussi dans les six expériences capitales que je vais
rapporter, pour préparer cette liqueur, que je nom-
merai désormais liqueur antiseptique. On fait dissoudre
60 grammes, environ 5 onces, de chlorure de calcium

bien sec, dans un litre d'eau froide. Quand ce sel est complètement fondu, on filtre. Ce fluide salin, ainsi préparé, doit être aussi limpide que l'eau distillée. On pourrait également faire la liqueur antiseptique avec le muriate ou hydrochlorate de chaux ordinaire, mais j'ai remarqué que les matières animales s'y conservaient moins bien que dans la solution de chlorure[1].

Première Expérience.

En 1812, je plongeai dans la liqueur antiseptique dont je viens de donner la composition, environ un demi-kilogramme de chair de bœuf frais, gras et maigre ; la viande était recouverte de quelques pouces de fluide salin. Le tout fut abandonné dans un bocal de verre simplement bouché d'un liége, et exposé pendant plus de deux ans aux différentes températures des saisons. Pendant ce laps de temps, la viande conserva sa forme primitive et ne donna aucun signe de putréfaction ; seulement quelques grumeaux de graisse s'en détachèrent et nageaient sur le fluide, mais il ne s'en exhalait aucune odeur sensible.

[1] J'avouerai que j'ignore à quoi tient cette singulière anomalie ; mais le fait est certain à l'égard de la conservation des matières animales.... Cependant on pourrait, je crois, attribuer cet effet à l'eau qui est plus oxigénée dans le premier cas que dans le second, puisque le chlore s'empare d'une portion de l'hydrogène du fluide aqueux pour devenir acide hydrochlorique. C'est au moins l'explication qui paraît la plus exacte dans cette circonstance et pour se rendre raison de l'effet varié des deux fluides salins.

Deuxième Expérience.

Au mois de juin 1816, je mis huit vipéraux entiers dans le même fluide. Depuis plus de sept ans que ces petits reptiles sont dans la liqueur antiseptique, ils s'y sont conservés entiers, avec leur forme et leur couleur primitive, et sans avoir jamais donné aucun signe de putridité, quoiqu'ayant été exposés aux variations de l'atmosphère.

Je les expose à vos regards.

Troisième Expérience.

Le 1er mai 1821, je déposai dans la liqueur antiseptique une côtelette de mouton entière, c'est-à-dire, os, chair et graisse; cette côtelette s'y est également bien conservée jusqu'à ce jour. Je l'ai fait voir périodiquement à plusieurs de nos confrères, et l'aurais aussi exposée à vos regards, si je n'avais craint la rupture du vase très-fragile qui la contient; mais on peut la voir chez moi.

Quatrième Expérience.

J'ai plongé différentes fois, dans la liqueur antiseptique, des chairs et du poisson qui donnaient des signes non équivoques de putridité, et j'ai toujours remarqué que la fermentation alcalescente de ces matières était tout-à-coup arrêtée par une simple immersion dans le fluide conservateur.

Cinquième Expérience

Le 1er décembre 1821 , je mis des pommes de reinette grise et des pommes d'api très-colorées dans le fluide antiseptique. J'avais soin d'observer de temps en temps les altérations et les changements que devaient naturellement éprouver ces fruits immergés dans ce fluide. Après environ quarante jours , je remarquai que les pommes d'api étaient tout-à-fait décolorées ; j'observai , en outre , que la partie des pommes qui n'avait pas été entièrement recouverte de la liqueur saline était gâtée ou blette , tandis que les pommes dont l'immersion était complète conservaient leur forme et leur dureté primitive.

Ces fruits , ainsi saturés de la liqueur de chlorure , se conservent long-temps en bon état dans l'air ambiant ; ils ont en outre la propriété de s'humecter ou de se dessécher plus ou moins, en raison de l'état de l'atmosphère , et pourraient en quelque sorte servir d'hygromètre et de baromètre , effets que j'ai toujours été à même de remarquer dans les changements de temps sur la pomme d'api que je mets sous les yeux de l'Académie, et que je conserve depuis plus de deux ans suspendue à un fil ou corde de boyau dans un bocal de verre , recouvert d'un simple liége [1].

[1] Quand le temps décline à la pluie , on voit la pomme s'humecter sensiblement et le fil qui la supporte s'allonger..... Le baromètre remonte-t-il , la corde se contracte , et le fruit paraît sec à l'extérieur, de manière qu'avec de l'habitude , une pomme d'api,

Sixième Expérience.

Les résultats de cette expérience sont vraiment étonnants ; on va voir que le chlorure de calcium, outre ses effets antiseptiques à l'égard des matières animales et sur certains végétaux, possède encore la singulière propriété d'arrêter la fermentation spiritueuse.

Si dans 30 litres de fluide sucré (à 10 degrés) soit avec du miel, soit avec du sucre brut, ou toute autre substance mucoso-sucrée et en pleine fermentation, on ajoute seulement 32 grammes de chlorure de calcium, on arrête tout-à-coup le mouvement tumultueux et fermentatif dans ce fluide, effet que j'ai vérifié nombre de fois durant une année que je me suis spécialement occupé d'expériences sur la fermentation spiritueuse, de la fermentation acide, et des matières végétales propres à exciter à peu de frais le mouvement fermentatif sur toutes sortes d'extraits sucrés et gommeux que donnent certains fruits.

Tels sont, Messieurs, les principaux résultats d'expériences faites avec soin, par le moyen du chlorure de calcium, sur diverses substances animales et végétales. Je pourrais bien m'étendre longuement sur chacun d'eux, mais ici les faits parlent d'eux-mêmes, et tout

ou toute autre pomme dure, saturée du fluide antiseptique et artistement arrangée dans un cylindre de verre, pourrait, à la rigueur, annoncer la pluie ou le beau temps, ou au moins un changement prochain dans l'état de l'atmosphère.

commentaire à cet égard devient presque inutile. Seulement, et sans redondance, on peut affirmer, par suite de ces expériences, que le chlorure de chaux, dissous dans l'eau, offre l'agent le plus énergique qu'on puisse employer, et à peu de frais, pour conserver les chairs mortes et certains végétaux, propriétés qui doivent le faire préférer à l'alun, à l'alcool, dans les laboratoires d'anatomie et dans les cabinets d'histoire naturelle, pour la conservation des dépouilles des animaux, etc. Peut-être même la médecine pourra-t-elle un jour faire l'emploi du chlorure de calcium comme antiseptique, soit dans certaines maladies internes, contagieuses, soit au traitement des plaies gangréneuses, puisque, d'après les résultats obtenus des expériences n°s 4 et 6 ci-dessus, cette matière saline arrête le mouvement fermentatif des chairs et de certains produits végétaux. Au reste, mon opinion à cet égard peut être erronnée, mais, dans tous les cas, je la livre aux gens de l'art, pour être appréciée à sa juste valeur, persuadé d'ailleurs qu'ils n'y verront de ma part que le désir d'être utile à l'humanité.

Je terminerai ce mémoire sur les propriétés du chlorure et du muriate calcaire par des observations sur divers produits marins que donne le règne végétal.

Les plantes marines et celles qui croissent sur le littoral des mers, ont, en général, la propriété de se conserver plus long-temps en bon état que les plantes récoltées dans l'intérieur des terres. Les premières résistent des années entières à l'action combinée des éléments, sans éprouver de changements notables dans leur ensemble, tandis que les autres fermentent et s'y détruisent assez promptement. Je crois pouvoir assurer que l'espèce d'inaltérabilité des végétaux marins n'a lieu qu'en raison du muriate calcaire, de l'iode et peut-être d'un peu de sel commun dont ils sont empreints. Je vais citer plusieurs exemples qui tendent à prouver la vérité de cette assertion.

EXEMPLES.

J'expose à vos regards de l'absinthe marine, *artemisia maritima*, L., que j'ai dans mes magasins depuis plus de quinze années, et par son inspection on peut observer que ce végétal conserve encore son odeur et sa forme primitive, tandis que l'absinthe ordinaire des officines, *artemisia absinthium*, L., quoique très-aromatique, se détruit en deux ou trois ans.

Je fis part de cette observation, il y a plusieurs années, à M. le professeur Chaussier, alors président du jury médical de Rouen, et l'engageai à faire faire, par un des récipiendaires pharmaciens, de l'eau distillée et de l'extrait avec cette absinthe marine.

J'expose également un flacon de cette eau aux regards de la compagnie, et, quoique préparé depuis plus de six ans, ce fluide conserve son goût et son odeur, sans dépôt aucun ; tandis que les eaux aromatiques ordinaires, préparées avec la mélisse, les menthes, les fleurs d'oranger, etc., se gâtent ou se détériorent, dans l'espace d'un an à dix-huit mois.

J'ai analysé l'absinthe marine, et j'y ai reconnu,

outre le sel commun, une quantité assez notable de muriate de chaux et quelques traces d'iode.

Je conserve également en bon état, depuis plus de six années, les trois espèces de fucus que je mets sous les yeux de l'Académie. Ces algues ou varecks ont été exposés en plein air pendant plus de quinze mois ; et, comme l'absinthe marine, ils sont empreints d'hydrochlorate de chaux, de sel marin, et contiennent en outre un peu d'iode dans un état particulier de combinaison [1].

La mousse de mer, ou le *fucus helminthocorton*, se conserve également plusieurs années sans éprouver de changements notables dans son ensemble. Cette substance est également empreinte des sels conservateurs dont on vient de parler ; mais je n'y ai reconnu aucune trace d'iode.

Enfin, j'expose encore à vos regards de la farine tirée de la graine d'alpiste, *phalaris canariensis*, L., préparée depuis plus de quatre ans, et, quoique cette farine ait été exposée à toutes sortes de températures pendant ce laps de temps, elle conserve aujourd'hui les propriétés que je lui reconnus quand j'en fis l'analyse et l'emploi pour les encollages de certains tissus, en 1819. Elle contient aussi du muriate de chaux.

Il résulte de ces dernières expériences et des recher-

---

[1] Ces trois espèces de fucus ont été ramassées à Fécamp en 1816. Ce sont les *fucus vesiculosus quercus*, le *nodosus* et le *laureus* ; et depuis huit ans ces plantes marines conservent toutes leurs propriétés, et ne sont nullement attaquées par les insectes.

ches qui ont été antérieurement faites sur les algues et varecks, que les plantes marines, en général, ne doivent leur espèce d'inaltérabilité à l'air et leur longue conservation contre les ravages des insectes, qu'aux matières salines dont elles sont empreintes ; que la farine d'alpiste ne doit aussi ses propriétés un peu hygrométriques, et sa conservation, qu'au muriate de chaux qu'elle contient dans un état de combinaison particulier. Ces observations, que j'offre encore à l'Académie, sur plusieurs plantes marines et sur la farine de *phalaris*, ne sont pas, je crois, dénuées de quelque intérèt ; d'ailleurs, elles font naturellement suite aux notices précédentes sur l'emploi du chlorure de calcium et du muriate de chaux appliqués à la conservation des matières animales, base principale de ce mémoire.

Messieurs, plusieurs fois, les années précédentes, je vous ai entretenus des propriétés étonnantes du chlorure de calcium. Je crois avoir eu le premier la bonne et utile idée d'en faire l'emploi à la préparation d'un encollage ou parement, assez hygrométrique, qui n'a aucune action sur les étoffes, et dont l'usage permet aux tisserands, en les exhumant des caves malsaines, de travailler dans toutes les localités.

Depuis, j'ai appliqué ce même sel, comme *électro-organique*, à l'accroissement de diverses plantes, tant herbacées que ligneuses, et l'Académie a été à même d'apprécier les merveilleux effets de ce *stimulus végétatif*, par l'inspection des végétaux presque géants que j'ai exposés plusieurs fois à ses regards. Ces applications, j'ose dire heureuses, de l'agent chimique dont je viens de parler dans ces deux circonstances, trouvèrent, dans le temps, quelques contradicteurs, peu nombreux à la vérité ; mais postérieurement, l'expérience, dans l'un comme dans l'autre cas, a prouvé que je ne dis rien de hasardé ni d'incertain dans les trois mémoires dont vous avez successivement ordonné l'impression, les années précédentes, dans les précis analytiques de vos travaux.

Les notices que je vous offre aujourd'hui sur d'autres propriétés du chlorure calcaire et du muriate ou hydro-chlorate de chaux ordinaire, n'ont pas toutes le mérite de la nouveauté ; mais, telles qu'elles sont, je les crois encore de nature à être utiles aux arts et aux sciences : ces motifs seuls m'ont déterminé à les présenter à l'Académie.

NOTICES

CHIMICO-OENOLOGIQUES

ou

MÉMOIRE

sur

LA PRÉPARATION DES CIDRES ET POIRÉS,

SUR LEURS QUALITÉS RESPECTIVES,

LEUR PRIX MARCHAND, ETC.

(Extrait des actes de la séance publique de la société centrale d'Agriculture
du département de la Seine-Inférieure , année 1824.)

Messieurs,

Depuis un demi-siècle on a publié successivement
divers écrits sur la nature et sur les propriétés des cidres,
et en outre bon nombre de procédés concernant leur
fabrication, leur amélioration, etc. ; néanmoins, parmi
ces derniers , le procédé ordinaire pour faire ces boissons
est encore le seul qui soit généralement suivi, et tout
semble prouver qu'on atteindrait complètement le but
qu'on se propose , si les brasseurs et les cultivateurs
employaient, pour la confection des cidres, tous les
soins et toutes les précautions que leur préparation exige.
Mais, il faut bien l'avouer, cette opération reste sou-

mise, dans plusieurs contrées, à une sorte de routine souvent inhabile, et à des préjugés qui nuiront encore long-temps au perfectionnement des liqueurs alimentaires fermentées qu'on extrait des fruits à pepins, des genres *malus* et *pyrus*.

Par ces motifs, et par d'autres qui seront exposés dans l'ensemble de cet ouvrage, j'ai cru qu'un travail sur les cidres, basé en grande partie d'après des notions chimiques, et rédigé par suite d'une longue expérience, offrirait quelque chose de neuf et d'utile pour leur amélioration et pour leur conservation, et serait, en outre, accueilli avec intérêt par une société dont les travaux se rapportent spécialement vers l'agriculture et ses produits en général. Je me suis donc déterminé à vous présenter ce travail, en vous priant, Messieurs, d'en entendre la lecture avec votre indulgence ordinaire ; il est un peu long, mais la nature du sujet exige des développements de plus d'un genre pour répondre au titre que je lui ai donné.

On sait que les cidres, préparés avec soin, et surtout quand ils sont bien fermentés, donnent une boisson alimentaire aussi salubre qu'agréable au goût, et dont l'usage s'étend et s'étendra de plus en plus chez les diverses nations, vu la facilité et le peu de frais qu'exige la culture des arbres précieux qui portent les différentes variétés de pommes à cidre ; mais il est aussi prouvé que le vin de pommes, le *pomaceum vinum* des anciens, varie, comme le vin ordinaire, en qualité et en spirituosité, en raison des contrées, des terroirs et des sites où croissent les pommiers et la vigne. Cependant la fabrication des cidres, pour les obtenir de bonne et première qualité, n'en est pas moins soumise à des règles invariables, quelle que soit la nature ou les espèces de fruits qui servent à les préparer, et, en s'écartant de ces règles, on nuit tout à-la-fois à ses intérêts, à ceux de la propriété, et, par suite, à la prospérité d'une des branches les plus importantes de notre économie rurale, dans les départements de l'ouest et du nord de la France.

Partant des principes que l'on vient d'exposer, et pour se faire une idée plus nette sur la qualité et sur le prix marchand des cidres en général, nous avons cru devoir faire une division méthodique des fruits divers qui servent à préparer ce fluide, en raison de leurs espèces, de leur précocité et enfin de leurs qualités respectives. Cette division de fruits à pepins devenait en quelque sorte indispensable pour atteindre notre but, et en outre pour servir à l'intelligence des cultivateurs et des brasseurs auxquels cet ouvrage est spéciale-ment destiné; en conséquence, nous ferons trois grandes classes des fruits à cidre. Cette division est d'ailleurs assez généralement adoptée en Normandie, sous le titre de pommes de première, de deuxième et de troisième fleurs.

Ici nous devons faire observer que les divers noms qui servent à désigner les pommes et les poires rustiques dans les campagnes sont incalculables, et varient presqu'en raison des cantons où ces fruits croissent; mais, au moyen de la classification que nous allons indiquer, on pourra toujours s'entendre sur la nature et sur la qualité des cidres fermentés ou doux, et juger, en raison de leur spirituosité et de leur densité, à quelle classe de pommes ils appartiennent. A cet effet, nous indiquerons ailleurs un procédé chimique, simple, au moyen duquel on reconnaîtra si un cidre provient de la première, de la seconde ou de la troisième classe de pommes.

PREMIÈRE CLASSE, OU POMMES PRÉCOCES, DITES DE PREMIÈRE FLEUR.

Dans la première classe on comprend les pommes tendres ou hâtives; on les connaît, aux environs de Rouen, sous les noms de pommes d'Orange, à cause de leur belle couleur jaune-rougeâtre, de pommes de Doux-l'Evêque, de pommes de Beurel, de Girard, de Blanc-Mollet, de Gros-Bois, etc. On les cueille ordinairement du 10 au 20 septembre. Ces fruits, dont on connaît, dans nos campagnes, au-delà de douze espèces, peuvent être brassés presqu'au moment de leur récolte; néanmoins, et surtout quand l'année n'est pas très-chaude, on a coutume de les laisser exposés en petits tas, sur l'herbe et à l'air, pendant plusieurs jours, avant de les piler. Certains fermiers prétendent, et nous sommes assez de leur avis, qu'ils obtiennent, par cette méthode, un cidre plus fort et plus coloré que si ces mêmes fruits étaient immédiatement brassés après leur récolte.

Le moût ou jus qu'ils rendent, quoiqu'assez sucré, est néanmoins sensiblement acide, et ne marque, année commune, à l'aréomètre ou pèse-sels, que 4 à 5 degrés. Le cidre brassé avec ces sortes de pommes fermente et

se clarifie bien ; il est agréable au goût, mais peu alcoo
lique, et ne donne guère, en le supposant pur, qu'environ
un quinzième de son volume d'eau-de-vie au titre ordinaire. Il a le défaut, surtout quand il est additionné
d'eau, ainsi que le poiré, de devenir dur ou acescent au
goût en peu de temps. Aussi est-on dans l'usage de les
consommer les premiers, ou de les distiller pour en
retirer l'alcool, surtout le poiré, qui en rend une assez
grande quantité quand il est pur.

DEUXIÈME CLASSE, OU POMMES INTERMÉDIAIRES, DITES DE DEUXIÈME FLEUR.

La deuxième classe des fruits à cidre se compose des
pommes dites intermédiaires, et dont la pesanteur spécifique est supérieure à celle des pommes précoces. On
les désigne dans les campagnes sous les noms de Rouge-
Brière, de Fresquin-Blanc, de Douce-Morelle, de Gros-
Bois, de Doux-Rellé, de Saint-Philbert, de Blangy, etc.
On n'en fait la cueillette que vers le milieu du mois
d'octobre, et elles ne sont bonnes à brasser que vingt à
trente jours après avoir été récoltées. Le moût qu'elles
rendent, étant mûres convenablement, est moins acide
en général que celui des pommes de première fleur,
mais il marque jusqu'à 7 degrés. Ce jus donne un
excellent cidre, très-supérieur en qualité au premier,
et contient en outre jusqu'à un dixième de son volume
de bonne eau-de-vie. Il n'est pas ordinairement très-
coloré, mais sa belle couleur ambrée dure long-temps,
et rend cette boisson agréable à l'œil. Son goût est

d'ailleurs très-délicat, et c'est là, je crois bien, le cas de lui faire l'heureuse application de ces deux beaux vers du Virgile français, extraits du *Poëme des Jardins* :

> Du pommier neustrien ainsi le jus brillant
> Prodigue aux moissonneurs son nectar pétillant.

Ce même cidre, bien fermenté, puis tiré au clair fin, est le meilleur parmi toutes les espèces de cidre qu'on puisse employer pour être mis en bouteille, où il acquiert une qualité supérieure à celui conservé dans de grandes futailles. Mais on ajoute encore à sa qualité naturelle et à sa longue conservation, en l'additionnant seulement de 2 à 3 gros de sucre candi blanc par chaque litre. J'en ai conservé, préparé de cette manière, au-delà de trois années, et dont le goût était exquis après ce laps de temps.

Ici nous devons encore faire observer que le cidre, comme le vin, éprouve, avant son entière vinification, deux degrés de fermentation : l'une tumultueuse, la première, qui dure quatre à cinq jours et qui s'opère immédiatement après l'extraction du moût ; l'autre qui a lieu plus lentement, et durant laquelle le moût finit par perdre sa densité et presque toute la saveur sucrée qui lui est naturelle. C'est spécialement par l'effet de cette autre fermentation que le cidre et le poiré laissent déposer, peu-à-peu, leur dernière lie mêlée d'une matière glutineuse ou végéto-animale. C'est aussi après ces dépôts successifs que le cidre devient limpide et propre à être mis en bouteilles ou dans des petits barils bien cerclés en fer, puis déposés dans un lieu frais et obscur, pour les y conserver en bon état ; en prenant ces précautions, on évite la rupture des vases et tous les accidents qui ont lieu ordinairement quand on met du cidre en bouteilles avant la fin de cette seconde fermentation [1].

TROISIÈME CLASSE, OU POMMES TARDIVES, DITES DE TROISIÈME FLEUR.

Cette classe fournit les fruits les plus précieux pour la fabrication des cidres ; on les distingue en outre des autres fruits à cause de leur densité et de leur pesanteur spécifique, supérieures à ceux dont nous venons de parler.

La pomme de Peau-de-Vache, dont on connaît deux espèces également bonnes, la Rouge-Dure, la Bedane, la Marie-Enfric ou de Roquet, la pomme de Fer, la

---

[1] Le cidre, enfermé hermétiquement avant son entière fermentation et clarification, fermente de nouveau, quoique privé d'air, devient trouble et finit par casser les vases où il est déposé, vu l'acide carbonique qui s'en dégage et qui fait continuellement effort contre les parois desdits vases. Mais ces accidents n'ont plus lieu en prenant le cidre, pour le mettre en bouteilles, dans l'état que nous venons d'indiquer.

C'est encore dans cet état, et non avant, qu'on peut y ajouter un peu de sucre candi blanc (2 à 3 gros par litre), surtout si l'on emploie du cidre coupé, qui est presque toujours préférable dans cette circonstance au cidre pur. J'entends par cidre coupé le jus de la pomme, mêlé et fermenté avec environ le tiers de son volume de bonne eau ordinaire.

Germaine, la Bouteille, le Long-Bois, etc., appartiennent à cette série ; la récolte ne s'en fait guère que vers les premiers jours de novembre, et, autant que faire se peut, après les premières gelées blanches[1] ; puis on les met en tas dans des greniers, ou sous des hangars, où elles s'échauffent, suent et finissent par mûrir. On reconnaît que les pommes sont faites (c'est l'expression en usage) ou bonnes à piler, par une couleur jaunâtre, par de petites taches qui leur viennent à la peau, par une odeur particulière, azotée, mais piquante, qui en émane, enfin par une sorte de ramollissement dans la substance charnue de ces fruits. Prises dans cet état de maturité, les pommes tardives rendent un moût ou jus dont la densité aréométrique varie depuis 9 jusqu'à 12 degrés ; celui des pommes dures, excrues dans le pays de Caux et aux environs de Rouen, marque, année commune, entre 8 et 9 degrés. Les mêmes espèces de fruits, récoltées

[1] Des fermiers et des agronomes instruits prétendent que les pommes dures gagnent en bonté et en qualité étant ramassées à la suite d'une petite gelée. Le cidre qu'elles rendent alors, disent-ils, retient, long-temps après qu'il a bouilli (fermenté), un excédant de principe sucré qui contribue à sa longue conservation et lui donne en outre un goût plus moelleux et plus délicat..... Ce qu'il y a de certain, chimiquement parlant, c'est que toutes les boissons fermentées, quelle qu'en soit l'origine, ne deviennent dures au goût et acescentes qu'après avoir perdu, par suite du mouvement fermentatif, tout le principe sucré ou mucoso-sucré qui en fait la base. Ceci explique aussi pourquoi le sucre candi contribue à la conservation du cidre mis en bouteilles, etc.

dans le Roumois, pays à grand fonds situé sur la rive gauche de la Seine, donnent un suc dont la densité dépasse souvent 10 degrés. Enfin, des pommes tardives que je fis venir en décembre 1809, du Cottentin et du pays d'Auge, autres contrées de la Normandie, rendirent un moût très-sucré qui marquait jusqu'à 12 degrés.

8 livres marc ou environ 4 kilogrammes de ce moût rendaient plus d'un demi-kilogramme (1 livre) de sirop ou sucre liquide d'une excellente qualité et marquant 40 degrés, c'est-à-dire au moins aussi épais que la mélasse ordinaire du commerce.

Les cidres que fournit cette classe de fruits sont, en général, supérieurs en qualité aux précédents, mais ils sont moins agréables au goût et moins délicats que ceux obtenus des pommes intermédiaires.

Ils donnent jusqu'à un huitième de leur volume d'eau-de-vie de 19 à 20 degrés ; aussi se conservent-ils long-temps en bon état. J'en ai gardé moi-même, sur sa seconde lie, dans une cave voûtée, pendant plus de cinq ans, renfermé dans des muids bien pleins cerclés en fer, et qui n'avait, après ce laps de temps, que l'heureux défaut d'être trop capiteux. Ce cidre avait été brassé avec parties égales de pommes de Peau-de-Vache et de Bedane, excrues à Pôville, commune sise à quelques lieues de Rouen.

Cet exposé, Messieurs, sur les qualités relatives des fruits à pepins pris dans plusieurs contrées de la ci-devant Normandie, et sur la différence respective des boissons qu'ils fournissent, m'amène assez naturellement à vous soumettre quelques réflexions au sujet d'un nouveau procédé pour faire le cidre, pratiqué à l'île de Guernesey et ailleurs.

Ce procédé, que nous devons aux recherches de notre laborieux et savant confrère, M. Auguste Le Prévost, se trouve imprimé dans divers journaux, mais spécialement, en octobre 1823, dans un des cahiers que la société centrale d'Agriculture de Rouen fait publier annuellement d'après sa séance publique. Néanmoins, pour rendre mes observations sur ce procédé plus sensibles, je vais le rapporter ici succinctement, renvoyant, pour le surplus, le lecteur aux ouvrages où il est décrit avec plus de détails.

PROCÉDÉ EN USAGE A L'ILE DE GUERNESEY ET AILLEURS, POUR FAIRE UN EXCELLENT CIDRE.

« On brasse les pommes à la manière accoutumée, » puis on en met le jus dans des tonneaux. On épie le » moment où la liqueur commence à bouillir ; aussitôt » qu'il est arrivé, on s'empresse de le transvaser dans » un autre tonneau. On a soin de laisser de côté la lie » et l'écume, qu'on passe à la chausse ; il en sort une » liqueur très-limpide et fort enivrante qu'on met à » part. On continue deux fois la même opération, » lorsque la fermentation recommence dans le fluide ; » ensuite on verse, sur 100 pots de cidre fermenté, » 1 pot de la liqueur limpide sortie de la chausse, et » on bondonne hermétiquement. Le cidre obtenu par » cette méthode est d'une limpidité parfaite et d'un » goût exquis, et peut se garder jusqu'à dix ans »

Nous ferons d'abord deux observations sur ce procédé, indépendamment de celles qui vont suivre.

La première est relative à la liqueur enivrante qui sort de la chausse : ici on a de la peine à concevoir comment ce fluide est si limpide et si enivrant, puisqu'il n'a encore éprouvé que les premiers rudiments de la fermentation spiritueuse.

La deuxième paraît encore plus sérieuse, la voici : Si la liqueur sortie de la chausse bonifie le cidre, pourquoi, au lieu d'en mettre 1 mesure sur 100 mesures, n'y mêle-t on pas tout le produit obtenu par la filtration ? Cette addition ne tendrait qu'à augmenter la qualité de toute la masse du cidre préparé par cette méthode.

Voici maintenant d'autres remarques et d'autres considérations, faites tant sur ce procédé que sur tous ceux connus en Normandie pour préparer les cidres, et dont le but tend à leur amélioration.

Pour faire l'excellent cidre dont parle M. Aug. Le Prévost, les Anglais et le peuple basque emploient-ils indistinctement toutes sortes de pommes, précoces, tardives, etc. ? Nous ne le croyons pas. Première question.

Ne mêlent-ils pas au moût de pommes, avant, durant ou après sa fermentation, une certaine quantité de sucre brut, 1 kilogramme par muid, par exemple, ou de quelqu'autre matière sucrée analogue ? Seconde question.

On sait, surtout depuis que la fermentation alcoolique a été étudiée chimiquement, que l'addition d'un principe sucré, ou de sucre candi, suivant l'état du fluide à fermenter ou fermentescible, contribue en général, surtout dans les années froides et pluvieuses, à donner de la bonté et du corps aux liqueurs vineuses tirées des fruits, quelles qu'en soient l'espèce et l'origine.

Enfin, pour préparer cet excellent cidre, n'emploie-t-on pas, à sa fermentation, une température toujours à-peu-près égale, celle de 9 à 10 degrés, échelle de Réaumur, qui est la température ordinaire des caves voûtées? Troisième question.

Ici nous pouvons affirmer que le degré de chaleur que nous venons d'indiquer est plus convenable à la préparation du cidre en général. Nous en acquîmes la certitude en 1809, et, postérieurement, en employant plus de 300 muids de moûts de pommes de toutes espèces à faire du sirop et de nombreuses expériences sur leur fermentation. Nous remarquâmes que ces fluides éprouvaient, à 10 degrés de chaleur atmosphérique, une fermentation régulière et non interrompue. Nous remarquâmes encore qu'une chaleur plus élevée nuisait à la bonté des cidres dont la fermentation avait lieu trop brusquement ; enfin, il nous fut encore prouvé que le jus de pommes ne donne qu'une mauvaise boisson, trouble, épaisse, etc., quand sa fermentation se trouve interrompue par une cause quelconque, mais spécialement par un refroidissement subit de l'atmosphère.

En résumé, il nous semble que le procédé anglais pour faire le cidre, et tel qu'il nous a été présenté par

notre honorable confrère M. A. Le Prévost, n'a rien
en lui-même qui puisse tout-à-fait justifier les heureux
résultats qu'on lui attribue ; et tout porte à croire que ,
si nos voisins obtiennent du cidre si supérieur en qualité
aux cidres fabriqués par le procédé ordinaire , cela n'a
lieu que par le choix ou par l'assortiment qu'ils font de
quelques espèces particulières de pommes qui croissent
dans l'île de Guernesey, ou, ce qui est plus présumable,
en y ajoutant un principe sucré ou gommeux pendant
ou après sa fermentation , etc. Mais, en définitive, c'est
à l'expérience qu'il appartient de prononcer sur le
mérite de ce procédé , et sur la valeur de quelques
autres , publiés depuis plusieurs années sur le même
sujet. Nous croyons encore que la solution des trois
questions qu'il nous a suggérées , et que nous livrons
à la méditation des agronomes et des cultivateurs,
pourrait fixer l'opinion à son égard , et servir en outre
de base à un traité sur la composition, sur l'amélioration des cidres et autres fluides alimentaires fermentés
que donnent les fruits à pepins , les fruits à noyau , etc.

J'avoue ici, Messieurs , que je regrette beaucoup que
ma position ne me permette pas de faire les essais qu'exige
la solution de ces questions : je me livrerais avec d'autant plus de confiance à ce nouveau travail , que je
suis convaincu d'avance que j'en obtiendrais d'utiles
résultats. Ces essais et autres tentatives sur la même
matière ne sont ni difficiles ni très-dispendieux à faire ;
mais toujours faut-il, pour s'y livrer avec succès , avoir
sous la main une infinité de choses qu'on parvient assez
difficilement à réunir dans le centre d'une grande ville,

et qui se trouvent naturellement sur une forte exploitation rurale où croissent d'ailleurs les différentes espèces de fruits à cidre et les poires rustiques propres à ces sortes d'expériences.

Je vais ajouter aux notices précédentes d'autres considérations sur le même sujet. Je conviens qu'elles n'ont pas toutes le mérite de la nouveauté : mais, telles que je vais les présenter, je les crois encore de nature à figurer utilement dans un travail sur les cidres et même sur toutes les boissons fermentées.

En principe général, pour obtenir de bonnes boissons de fruits à pepins, il faut les bien assortir, et surtout les piler dans un état de maturité convenable ; car il est prouvé qu'on fait rarement d'excellent cidre avec une seule espèce de pomme. Un exemple va appuyer cette assertion : le jus de la pomme de Peau-de-Vache, employé seul, fermente mal et donne un cidre épais qui reste long-temps trouble, tandis que si on brasse 4 mesures de ce fruit avec 2 mesures de pommes de Bedane, alors on obtient un moût qui fermente très-bien et un cidre de première qualité ; d'une autre part, si les fruits sont brassés avant leur maturité, alors le principe mucoso-sucré, qui en fait la base étant mûrs, ne s'y trouve pas encore assez développé....... Pris trop mûrs, ce même principe en est en partie détruit par un commencement de fermentation qui s'est opéré dans le fruit même. Ainsi, dans l'un comme dans l'autre cas, on manque en partie son but, et les cidres participent en défectuosité du mauvais choix ou de l'état des pommes employées à leur confection. Néanmoins il vaut mieux brasser les pommes et les poires un peu avant leur entière maturité, que d'attendre qu'elles soient trop *faites*. L'expérience prouve encore cette dernière assertion. Il résulte donc de ce court exposé, dont nous garantissons chimiquement l'exactitude, qu'il est de la plus haute importance de n'employer, pour faire les vins de pommes et de poires, que des fruits bien assortis et dans un état de maturité convenable. Nous avons décrit ailleurs les signes caractéristiques qui servent à faire reconnaître le moment où les fruits sont bons à piler.

Une autre cause nuit aussi à la qualité du cidre ; elle résulte en général du peu de soin et de propreté qu'on met à la récolte et à la conservation des pommes. Souvent elles se trouvent enduites ou mêlées de matières terreuses ; lorsqu'on les met au pressoir, ces terres forment, avec l'acide du fruit, des sels dont la présence s'oppose à la fermentation et à la clarification des boissons. J'ai vu et analysé des cidres et des poirés dont la couleur était louche et le goût amer, parce qu'ils tenaient en dissolution ou en suspension des malates et autres sels à base terreuse, provenant uniquement des causes que nous venons d'indiquer, car ils avaient été brassés dans des pressoirs construits tout en bois.

DE L'EAU QU'IL CONVIENT D'EMPLOYER A BRASSER LES CIDRES ET AUTRES BOISSONS, OU POUR LES COUPER, ETC.

On peut bien faire du cidre pur, ce qui est assez rare, surtout aux environs des grandes villes ; mais on sait

que celui qui sert habituellement aux usages de la vie
est toujours additionné d'eau , et que la qualité de l'eau
influe singulièrement, par son mélange , sur la bonté
des boissons. Par ce motif, nous croyons utile de signaler
ici la qualité que doit avoir ce fluide pour servir à brasser
ou à couper les cidres , les poirés , les bières , etc.

L'eau de mare qui n'est pas salie par la fréquentation
des animaux, celle provenant d'une rivière ou d'une
bonne source , même l'eau de citerne , si elle est claire
et inodore, conviennent parfaitement pour brasser et
couper les cidres et autres boissons. Les eaux de puits
ou peu aérées, celles qui contiennent du sulfate de
chaux (sélénite) ou autres matières salines en dissolution, et généralement toutes celles qui sont troubles ,
qui portent odeur, qui ont un goût ferrugineux [1], et
qui dissolvent mal le savon ordinaire, ne conviennent
pas dans cette circonstance , et nuisent essentiellement à
la qualité et même à la salubrité des cidres. Les effets
de certaines eaux impures sur le moût des fruits , dont
elles arrêtent souvent la fermentation , ont lieu par des
attractions chimiques qui sont loin d'être bien connues ;
mais il suffit qu'ils existent pour mettre les fermiers et

[1] Ce sont spécialement les eaux ferrugineuses qui nuisent le
plus à la qualité des cidres ; les boissons qui en contiennent se
tuent à l'air, ou deviennent brunâtres. Ce dernier effet se produit
aussi sur des cidres préparés avec des pommes excrues sur des
terrains rougeâtres , ocreux , etc. On ne connaît pas encore de
moyens pour éviter ces accidents quand ils tiennent à la nature
des fruits.

les brasseurs en garde contre leur emploi dans la fabrication des fluides alimentaires, quelle qu'en soit la nature.

POMMES GATÉES, POURRIES, GELÉES, DÉTÉRIORÉES, ETC.

On nuit encore singulièrement à la qualité des cidres en brassant souvent pêle-mêle, surtout vers l'arrière-saison (janvier et février), les pommes saines et les pommes pourries ou trop mûres. Nous avons fait remarquer ailleurs que les fruits à pepins perdent de leur qualité naturelle par un excès de maturité, et que le principe saccharin-muqueux s'en détruit par la vétusté. Ici, dans les fruits pourris, ce même principe n'existe plus. Je m'en suis assuré nombre de fois en opérant sur des pommes gâtées. Le jus assez abondant qu'elles rendent dans cet état, est presque dépourvu de la densité et de la saveur douce et sucrée qui en font la base, étant pris sains ; il en est de même des pommes et des poires : après avoir été profondément gelées, elles éprouvent, par l'effet d'un froid de 3 à 5 degrés, des changements notables dans leurs principes constituants que rien ne peut rétablir. On ne sait encore à quoi attribuer cette espèce de métamorphose, mais toujours est-il certain que les fruits à pepins, employés pourris, gelés ou trop mûrs, ne donnent plus qu'un suc aqueux, insipide et des boissons de médiocre qualité, dont l'odeur et le goût sont presque toujours désagréables. On éviterait facilement ces défauts au cidre, défauts qui en détériorent la qualité et le prix marchand, en n'employant, pour le brasser, que des fruits mûrs à propos, conservés et choisis avec soin.

SUR LES AUGES OU PRESSOIR EN PIERRE OU EN BOIS SERVANT A BRASSER LES CIDRES.

Les auges ou tours des pressoirs en pierre, à moins qu'ils ne soient de granit, dans lesquels on prépare les cidres, sont aussi de nature à fixer l'attention des agronomes et des brasseurs jaloux de n'offrir au public que des boissons très-pures. Les pressoirs construits tout en bois dur paraissent encore les meilleurs pour fabriquer le vin de pommes; ils ne sont pas attaqués, comme les premiers, par les acides dont ne sont jamais exempts les fruits à pepins, surtout les fruits précoces et certaines espèces de poires rustiques [1]. J'ai été à même de vérifier

---

[1] Les pommes des deuxième et troisième classes, étant mûres, agissent moins que les fruits précoces sur le calcaire des pressoirs, vu qu'elles recèlent moins d'acide libre que ces derniers; mais, dans tous les cas, on doit préférer les machines montées tout en bois dur pour brasser les cidres et les poirés. Ici, nous devons encore faire observer que les moulins à bras qui servent à écraser les pommes, et dont la noix est en fer, donnent souvent un cidre qui brunit à l'air, parce qu'il tient en dissolution quelques atômes d'acétate de fer, etc.; mais cette boisson est salubre. Il est également très-important de mettre le moût à fermenter dans des tonneaux bien rincés et sans odeur; car le cidre, comme le vin, y contracte un goût et une odeur qui nuisent pour toujours à sa qualité. Si l'eau ordinaire, froide ou chaude, ne suffit pas pour enlever la mauvaise odeur aux futailles, on se servira alors d'une poignée ou deux d'un mélange de braise écrasée, de chaux en

que des cidres , qu'on disait altérés par la malveillance ,
ne devaient leur propriété de précipiter par les réactifs
chimiques qu'aux malates et aux citrates de chaux ,
provenant uniquement de l'action des acides végétaux
sur les piles et sur les auges en pierre dont les pressoirs
étaient construits. On conçoit que la faible portion de
ces matières hétérogènes , mêlée aux boissons , nuise
peu à leur salubrité ; mais toujours est-il vrai de dire
qu'elles en sont plus ou moins altérées.

SUR LA COLORATION DES CIDRES. — MOYEN ÉCONOMIQUE POUR LEUR DONNER DE LA COULEUR. — CIDRES POTABLES. — CIDRES ALTÉRÉS PAR LE PLOMB ; PROCÉDÉS POUR Y DÉCOUVRIR FACILEMENT CE MÉTAL.

Plusieurs espèces de pommes , surtout celles provenant d'un jeune plant, ou celles excrues dans des val-
lées , ou encore sur des terrains mal orientés , donnent
des cidres pâles ou presqu'incolores. Ce défaut nuit à
leur prix marchand et non à leur qualité naturelle :
mais on aime mieux un cidre coloré ; en conséquence ,
on colore cette boisson avec diverses matières ; les uns
emploient à cet effet de l'orseille , du tournesol , de la
cochenille ; d'autres font usage de safranum, de cachou,
de caramel , etc.; mais , sans avoir recours à toutes ces
substances, la plupart exotiques, et dont l'innocuité n'est

poudre , de chaque partie égale , et de quantité suffisante d'eau
bouillante. Ce moyen de rincer les fûts réussit presque toujours
surtout quand le bois n'en est pas carié

pas bien démontrée, on peut atteindre le même but en se servant tout simplement de la fleur de coquelicot ordinaire (*papaver rhœas*, L.), plante qui croît avec trop d'abondance dans nos guérets et dans les terres cultivées. Deux onces ou 64 grammes de cette fleur bien séchée [1] et grossièrement écrasée, suffisent pour donner une nuance agréable à un muid de cidre ordinaire. Je ne connais point de fleurs ou d'autres matières provenant de nos végétaux indigènes, qui puissent, dans cette circonstance, suppléer avec autant de succès et d'économie les pétales de coquelicot, que je propose comme succédanée des divers ingrédients que je viens de citer pour la coloration des cidres et autres liqueurs analogues. J'ajoute qu'il y a plus de trente ans que j'en ai conseillé l'emploi aux fermiers et aux brasseurs, et toujours à la grande satisfaction de ceux qui en ont fait usage.

Le cidre fait avec soin, et surtout bien fermenté, a peu de rapport avec ce fluide trop sucré, épais et sombre en couleur, qu'on vend à Paris, et peut-être ailleurs, sous le nom de cidre d'Isigny, de Normandie, etc.; au

---

[1] Cette fleur exige des soins pour être bien séchée. On y parvient en l'exposant, en couches minces, à l'ardeur du soleil, ou mieux sur l'âtre d'un four, immédiatement après la cuite du pain. Quand la fleur est assez sèche pour s'écraser sous les doigts, alors on la renferme dans des sacs ou dans des boîtes qu'on dépose dans un lieu sec et à l'abri du contact de l'air, de la lumière et de l'humidité; car elle est très-hygrométrique, et se décolore promptement par l'action combinée des éléments qu'on vient de citer, etc.

contraire, le cidre, pour être potable, doit être limpide, clair, ordinairement de couleur ambrée, agréable et piquant au goût, sans mauvaise odeur, et d'une pesanteur spécifique presque égale à celle de l'eau ordinaire.

Les cidres purs, ou ceux brassés avec de l'eau, et qui n'offrent pas ces dernières qualités, ont été mal préparés, ou proviennent de fruits mal assortis, gâtés ou gelés, et leur usage peut quelquefois nuire aux fonctions de l'estomac, surtout chez les personnes d'une faible complexion.

Le cidre, comme le vin qui tourne à l'aigre, peut être adouci en y mêlant un oxide de plomb ; heureusement ce cas est rare, surtout depuis que le danger en est connu, et que la loi punit sévèrement ceux qui font usage de ce dangereux moyen ; mais, en supposant le cidre frelaté, ainsi que le vin, par l'addition du plomb, soit par la cupidité, soit par la malveillance, on peut aisément y découvrir la présence de ce métal par les deux procédés suivants :

Premier Procédé

Dans une verrée du cidre ou du vin soupçonné, on instille cinq à six gouttes d'acide sulfurique concentré (huile de vitriol). Si ces fluides contiennent un oxide de plomb ou de la céruse, l'acide s'unit sur-le-champ à cet oxide, et il se précipite un sel blanc au fond du verre (c'est du sulfate de plomb) ; tandis que si le cidre ou le vin éprouvé est pur, il ne s'y forme aucun nuage ni précipité par l'addition du réactif indiqué ; seulement **leur** couleur en est sensiblement avivée.

Deuxième Procédé.

Dans un verre de cidre ou de vin qu'on veut également éprouver, on ajoutera quelques gouttes de sulfure de potasse , ou mieux de sulfure hydrogéné d'ammoniaque. (On trouve ces réactifs chez les pharmaciens.) Si le fluide contient de l'acétate de plomb ou quelque autre préparation saturnine en dissolution , il prendra à l'instant une couleur noirâtre, souvent très-foncée ; dans le cas contraire, la couleur du cidre ou du vin essayés devient seulement un peu laiteuse quelques minutes après l'essai. Ici , il est bon de noter que certains cidres, préparés avec des pommes excrues sur des terrains ferrugineux , ou même ocreux , brunissent légèrement par l'addition des sulfures alcalins , mais ils ne deviennent jamais noirâtres comme ceux qui sont adoucis par le plomb ou ses oxides.

Ces deux moyens, que nous avons extraits des meilleurs traités de chimie , et plusieurs autres que nous pourrions également indiquer, mais qui exigent des connaissances chimiques pour leur application , peuvent aussi servir à vérifier la pureté, non-seulement de la bière , des eaux-de-vie et autres fluides alimentaires , mais même celle des bouillons , tisanes , etc., et leur précision est telle , qu'on peut découvrir, par leur moyen , les plus petites quantités d'oxides de plomb dans les liqueurs soupçonnées d'en contenir.

SUR LE PRIX MARCHAND DES CIDRES, CONSIDÉRÉS EN RAISON DE LEUR PURETÉ, ETC.

Nous croyons aussi, après avoir décrit la qualité que doit avoir le cidre pour être potable, et indiqué des moyens simples pour en reconnaître la sophistication par le plomb, qu'un article rédigé succinctement dans le but d'éclairer les acheteurs sur le prix marchand, ou mieux sur la valeur réelle des cidres, eu égard à leur pureté, peut encore figurer utilement dans ce travail. En effet, tout le monde sait que les cidres livrés au commerce et aux propriétaires sont presque toujours additionnés d'eau. Ici, ni l'aréomètre, ni le goût, ne peuvent qu'imparfaitement déterminer dans quelle proportion s'y trouve mêlé le fluide aqueux ; il faut donc, pour atteindre ce but, avoir recours à des procédés analytiques. Nous allons les indiquer; mais, pour bien entendre la valeur de ces procédés, il faut se rappeler, et nous l'avons établi ailleurs, que le moût ou suc des pommes rustiques varie en densité (épaisseur), en raison de la précocité des fruits, de leur espèce, de leur maturité, etc. Par les mêmes motifs, on a démontré aussi que les boissons qui en proviennent donnent plus ou moins d'alcool (eau-de-vie). En partant de ces principes, deux moyens s'offrent assez naturellement pour pouvoir déterminer, à très-peu près, la pureté des cidres doux et celle des cidres bien fermentés ou faits.

Le premier consiste à comparer la pesanteur spécifique de ces boissons avec celle de l'eau ordinaire : par exemple, si un cidre doux ou qui n'a pas encore fermenté, provenant de pommes intermédiaires, ne marque que 3 degrés à l'aréomètre ou pèse-acide, on peut être certain, dans ce cas, qu'il contient près de la moitié de son volume d'eau. S'il donne entre 4 à 5 degrés au même instrument, il n'en contiendra qu'environ un tiers ou un quart de son volume. Cet effet s'explique de cette manière : le moût que donnent les pommes intermédiaires marque 6 degrés, année commune ; ainsi, supposons-le à 6 degrés ; mais ajoutons-y son volume égal d'eau : alors il ne marque plus que 3 degrés. (C'est ce mélange qui constitue, après sa fermentation, ce qu'on appelle le petit cidre ou boisson ordinaire en Normandie.)

Opère-t-on sur des pommes tardives récoltées aux environs de Rouen, alors on se rappellera que leur moût donne au moins 8 degrés. Ainsi, si le cidre doux qui en provient ne marque, en l'achetant, que 4 ou 6 degrés, il contiendra moitié ou un quart de son volume d'eau, etc., etc.

Ainsi, par un moyen purement mécanique, l'acheteur peut, en un moment, avec un aréomètre, connaître, à très-peu près, le degré de pureté du cidre doux qui lui est livré.

Deuxièmement, tous les cidres, après leur fermentation, purs ou mêlés d'eau, perdent, par le mouvement fermentatif, leur densité naturelle, et leur pesanteur spécifique se rapproche alors de celle de l'eau ordinaire ; mais on conçoit, d'après ce qui a été déjà observé ailleurs, qu'ils sont plus ou moins alcooliques, en raison de leur degré de pureté, car l'eau qu'on y ajoute ne donne pas d'alcool. Alors, veut-on savoir quelle est la quantité d'eau qu'un cidre recèle, même quelle que soit la classe de pommes dont il provient, on examine d'abord si le cidre qu'on éprouve est bien fermenté au moyen du goût et de l'aréomètre (tout cidre bien fermenté marque environ un degré au pèse-acide); puis on en met huit mesures dans un petit alambic, ensuite on en distille juste un huitième ou une mesure par un feu doux. Le fluide spiritueux étant refroidi, on juge de la pureté du cidre éprouvé par le degré aréométrique de l'eau-de-vie qu'il a produit; ainsi, l'eau-de-vie obtenue du cidre pur fabriqué avec de bonnes pommes précoces devra marquer, au pèse-liqueur de Baumé, entre 14 et 15 degrés.

Celle extraite de la même quantité de cidre également pur, provenant de pommes dites intermédiaires, doit toujours marquer, au même instrument, 16 à 17 degrés.

Enfin, le cidre pur obtenu des pommes tardives, distillé dans les mêmes proportions, c'est-à-dire une mesure sur huit, donnera une eau-de-vie de 19 à 20 degrés.

De manière que tous les degrés moyens entre ceux que nous venons de noter indiqueront la plus ou la moins grande pureté des cidres soumis à l'épreuve. Donc, en supposant le cidre provenant de la troisième classe de pommes, additionné, en le brassant, d'un tiers de son volume d'eau, alors l'eau-de-vie qu'il produirait par le procédé indiqué ne marquerait que 16 à 17 degrés ; celle des fruits intermédiaires ne donnerait, dans la même circonstance, qu'une eau-de-vie de 14 à 15 degrés.

Nous croyons que ces deux exemples, ajoutés au procédé principal, doivent suffire pour pouvoir déterminer le degré de pureté des cidres en général qui se vendent dans le commerce, ou destinés pour l'usage de la vie. Ici, nous devons dire que nous avons aussi employé, pour reconnaître la spirituosité des cidres, le procédé indiqué par le chimiste Brandt ; mais nous y avons renoncé par le peu d'exactitude qu'il présentait, comparativement à celui que nous indiquons.

Nombre de fois j'ai été consulté par des propriétaires sur la pureté du cidre qu'ils recevaient en paiement de leurs fermiers, et toujours j'ai pris pour base de mes décisions, souvent arbitrales, les résultats que j'obtenais en éprouvant cette boisson par les moyens que je viens de rapporter. Néanmoins, je ne dois pas dissimuler que ces différentes opérations exigent de l'expérience et de l'habitude pour ne pas errer dans ces sortes d'essais, et, par suite, dans les jugements qui en peuvent résulter. Mais toujours est-il certain qu'on peut déterminer très-approximativement la pureté du cidre, et même celle du poiré, par les épreuves presque mécaniques que nous avons décrites.

Avant le résumé de cet ouvrage, je dois faire observer que j'ai dit peu de chose à l'égard des poirés dans mes notices sur les fluides spiritueux que donnent les fruits à pepins, vu que le poiré n'est guère employé comme boisson alimentaire [1], et que, dans les contrées où la récolte des poires rustiques est abondante, telles que dans le Vexin-Normand, par exemple, le poiré qu'on en fait est ordinairement brûlé (distillé), pour être converti en eau-de-vie, dont il rend environ un neuvième de son volume. Il sert aussi à faire du vinaigre pour l'usage des fabriques, etc.

RÉSUMÉ GÉNÉRAL DE CE TRAVAIL.

Nous croyons qu'il résulte des différentes notices et des observations qui font l'ensemble de ce mémoire sur les cidres et poirés :

1° Que les cidres, même en les supposant préparés avec soin, doivent varier en qualité et en spirituosité,

---

[1] Les poires comme les pommes rustiques offrent entr'elles un grand nombre de variétés. Les unes sont âpres et donnent un poiré très-alcoolique, mais acerbe ; d'autres, plus sucrées, fournissent une boisson plus agréable au goût que la précédente, et dont on se sert pour l'usage de la vie. On prépare encore une boisson très-capiteuse, nommée *cidresse*, avec ces derniers fruits et des pommes, à parties égales. En général les poirés sont plus spiritueux que les cidres, et il n'est pas rare d'en obtenir jusqu'à un huitième de leur volume d'eau-de-vie à 20 degrés ; mais cet alcool, par sa saveur, ne peut soutenir la concurrence avec celui que donne le vin ordinaire ; cependant, on fait usage de cette eau-de-vie et de l'eau-de-vie de cidre sans inconvénient, dans les campagnes, comme boisson de table, et dans les arts, pour préparer les vernis, etc.

en raison des espèces de pommes employées à les fabriquer ;

2° Que le degré de température le plus convenable à la fermentation du moût que rendent les fruits à pepins est de 9 à 11 degrés au plus au-dessus de 0, échelle de Réaumur ;

3° Que les cidres purs, fabriqués par le procédé ordinaire, surtout ceux faits avec les pommes de deuxième et de troisième classes, prises bien saines, peuvent se garder en bon état au-delà de six années ;

4° Qu'on peut, par des moyens chimiques et mécaniques assez simples, déterminer, à très-peu près, la pureté des cidres, et, par suite, en évaluer le prix marchand ;

5° Qu'il est de rigueur de n'employer que de bonne eau à la fabrication des cidres ou pour les **couper**, puisqu'il est démontré que les eaux impures **nuisent** essentiellement à la qualité de ces boissons ;

6° Enfin, que la fabrication des cidres et des poirés est soumise, comme celle du vin, à des règles et à des principes dont on ne peut s'écarter sans nuire à la qualité naturelle de ces fluides.

Nous terminerons ce mémoire sur les boissons alimentaires que donnent les fruits nombreux du genre *malus* et *pyrus*, par la notice suivante, et dont l'objet se rapporte encore à cette utile branche de notre économie rurale.

On demande depuis long-temps un bon livre sur la fabrication et sur la conservation des cidres et des poirés. Pénétré de l'importance d'un pareil traité, j'avais ébauché un ouvrage à ce sujet, auquel je devais donner le nom de *Manuel du fermier pour la préparation et la conservation des cidres*; les matériaux en sont assez nombreux : mais, en voulant les coordonner, je me suis bientôt aperçu de leur insuffisance, et que j'étais encore loin de pouvoir atteindre, dans la rédaction de cet ouvrage, la perfection dont il est susceptible ; je l'ai donc en partie abandonné, en restant bien convaincu qu'un pareil traité était au-dessus de mes forces, et tout porte à croire qu'un ouvrage complet sur le vin de pommes ne peut avoir lieu que par la réunion ou au moins par le concours d'agronomes pris dans les différentes contrées où croissent les fruits à pepins et déjà très au courant de la fabrication et de la manipulation des cidres et des poirés. J'ajoute que, si jamais cette utile réunion était formée légalement, je lui communiquerais volontiers tous les documents que j'ai recueillis depuis long-temps sur cette importante matière, documents qui n'ont pu faire partie de ces notices, vu les minutieux détails dont ils se composent.

Les mémoires que je publiai en 1809, sur l'extraction et la fabrication des sirops de pommes et sur leurs usages domestiques; un autre mémoire concernant la fermentation et la classification des cidres, qui fut également imprimé dans divers journaux de 1818, et postérieurement, avec des additions, dans le huitième cahier des travaux de la société d'Agriculture de Rouen, année 1822; enfin cet ouvrage lui-même, qui diffère, je crois, surtout dans sa partie chimique, de tout ce qui a été publié jusqu'à ce jour sur le même sujet, offrent déjà une collection d'écrits dans lesquels on pourrait trouver des éléments utiles à la rédaction d'un bon traité sur la fabrication et sur tout ce qui a rapport à la vinification et à la conservation des boissons qu'on extrait des pommes et des poires rustiques.

Messieurs, je désire que cet ouvrage, sur une des branches les plus importantes de notre économie rurale dans les départements de l'Ouest et du Nord de la France, atteigne le but d'utilité publique que je me suis proposé en le rédigeant. Je sais qu'il est incomplet, mais j'espère néanmoins qu'il sera vu favorablement par une société dont les travaux, toujours désintéressés, tendent au perfectionnement des procédés industriels et agricoles de notre beau pays.

Rouen, 23 juin 1824.

Dubuc.

Nota. Ce mémoire se trouve également imprimé dans le *Précis analytique des travaux de l'Académie royale de Rouen*, pour l'année 1824. Celui-ci contient quelques détails de plus que le premier, mais qui ne changent rien au fond de l'ouvrage.

MÉMOIRE

SUR LA CULTURE

OU

FABRICATION INDIGÈNE DU SALPÊTRE

(NITRATE DE POTASSE),

AU MOYEN DE VÉGÉTAUX, ET SANS ADDITION DE MATIÈRES
ANIMALES, ETC.[1],

COMMUNIQUÉ A L'ACADÉMIE, EN AVRIL 1825, PAR M. DUBUC.

Messieurs,

C'est avec une sorte de réserve que j'invite aujour-
d'hui l'Académie à m'accorder son attention pour lui
communiquer un travail, peut-être trop long, que j'ai
fait depuis quelques années sur la fabrication du salpêtre
ou nitrate de potasse, en employant à sa confection
des plantes indigènes dont la culture exige peu de soin,
ou qui croissent la plupart spontanément sur toutes
sortes de terrains.

---

[1] NOTA. On a évité, autant que faire se peut, dans la rédaction de cet ouvrage, l'emploi de quelques mots nouveaux, tels que
ceux d'oxigène, d'oxides, de deutoxides, d'azote, de protoxides,
de potassium, de calcium, etc., afin de le mettre plus à la portée
des agronomes qui ne sont pas chimistes et qui voudraient se livrer
à la culture indigène du salpêtre.

J'avoue que ce travail m'a été spécialement suggéré en lisant l'instruction sur les salpêtrières artificielles, rédigée, en 1820, par le comité consultatif institué près la direction générale des poudres et salpêtres de France, ouvrage qui fut communiqué dans le temps, par le ministère de la guerre, aux sociétés savantes du royaume, et par les préfets, à ceux de leurs administrés dont les connaissances ou l'état ont quelqu'analogie avec l'art du salpêtrier. A cet effet, et pour seconder l'intention du gouvernement, M. le baron Malouet, alors préfet à Rouen, consultant plutôt mon zèle que mes connaissances dans ce nouveau genre d'industrie, m'écrivit, le 8 juillet 1820, pour m'engager à m'occupér de la fabrication d'un sel dont la récolte, en France, est bien loin d'égaler la consommation qu'on y en fait.

Je dois néanmoins dire ici que, si le nitre ne servait uniquement qu'à préparer la poudre dite de guerre, j'aurais, je crois, renoncé à la culture de cet autre élément de destruction; mais, depuis que les arts industriels ont pris un essor général chez toutes les nations, le salpêtre et l'acide nitrique qu'il produit leur sont tellement utiles, qu'on ne peut trop, sous ce dernier rapport, se hâter de multiplier en France les fabriques pour la confection artificielle d'une matière dont l'emploi est devenu la base de ces vastes et dispendieux ateliers où se font l'acide sulfurique ou huile de vitriol, l'acide nitrique, l'eau-forte et tous les sels qui servent à la teinture, aux affineurs d'or et d'argent, aux pharmaciens, etc.

Tels sont les puissants motifs qui m'ont porté à

tenter divers essais sur la fabrication du salpêtre , et de faire voir en outre qu'on peut établir à peu de frais et avantageusement, dans nos campagnes , des nitrières , comme cela se pratique de temps presque immémorial en Suisse, en Prusse, etc. , et les alimenter, au besoin, avec diverses plantes indigènes.

Avant d'entrer en matière, il nous paraît utile de dire un mot sur l'application que vient de faire le chimiste anglais Perkins, de l'eau vaporisée pour remplacer la poudre à canon dans plusieurs circonstances, mais spécialement pour lancer les projectiles de guerre. Cette légère digression au travail principal n'est point inutile dans cette circonstance , car la découverte ou plutôt l'application de la vapeur d'eau à l'armée , dans les mines , etc. , tend à diminuer de beaucoup la consommation du nitre , un des ingrédients de la poudre ordinaire. On sait maintenant que l'eau , cet élément universel , peut se raréfier, étant échauffée, au-delà de seize cents fois son volume. C'est en raison de cette étonnante dilatation et de la pression qui en résulte, que le trop savant Perkins a formé son artillerie hydrofuge , sans emploi de la poudre à canon. C'est encore sur le même principe que sont construites ces belles machines à vapeur, dont la force , dit-on , peut égaler celle de 200 chevaux et plus. On ignore encore jusqu'à quel point cette nouvelle invention de destruction , d'une part , et d'utilité publique de l'autre, pourra influer sur la consommation du salpêtre dans les arsenaux , dans l'art du mineur , etc. : mais, ce qu'on peut assurer, c'est que jamais la vapeur aqueuse , ni le calorique, ni l'air raréfié, ne pourront remplacer, dans les arts artificiels, le nitrate de potasse ni l'esprit de nitre, tous deux indispensables à leur prospérité. Par ces motifs, on peut donc entreprendre avec sécurité la culture indigène du salpêtre, surtout dans les exploitations agricoles; et ceux qui se livreront à ce nouveau genre d'industrie y trouveront un bénéfice assuré, tant par le prix assez élevé de cette matière, que par la facilité d'en trouver la vente.

L'établissement des nitrières rurales en France est peu connu, et l'art d'y convertir en salpêtre les matières végétales et animales, offre encore une lacune immense à combler, car nous n'avons aucun traité complet sur cette importante branche d'industrie nationale, tout à-la-fois urbaine et agricole. Néanmoins, la nature fait du nitre partout, et nous pouvons faire du nitre partout. Le problème à résoudre aujourd'hui consiste donc à fabriquer dans notre pays, sur notre propre sol, le salpêtre, à prix modéré, avec toute sorte de matériaux indigènes, et en assez grande quantité pour subvenir à la consommation qu'en fait la France, seul moyen de cesser d'être tributaire de l'étranger, à qui nous sommes obligés, par la force des circonstances, d'acheter à grands frais l'excédant d'un sel indispensable aux besoins du gouvernement et des arts, puisque les salpêtrières royales ne peuvent fournir, dans leur exploitation, assez de nitre pour la consommation du pays.

C'est là le but que s'est proposé d'atteindre le ministre de la guerre en faisant publier, en 1820, son instruction sur l'établissement des nitrières rurales, dans les départements où ce nouveau genre d'industrie est permis, d'après la loi du 10 mars 1819... Tâchons de seconder ses vues.

D'après les chimistes modernes, les matières animales et le blé, à cause de son gluten, sont les substances regardées, jusqu'à ce jour, comme les plus convenables à la production du salpêtre, parce qu'elles donnent, en se décomposant, beaucoup de gaz azote. Cet azote s'unit à l'oxigène de l'air ambiant, forme l'acide nitrique et enfin le salpêtre, par la combinaison de cet acide avec la potasse, ou alcali, qu'on lui présente.

Voilà succinctement sur quoi est fondée la théorie de la nitrification de la partie charneuse des animaux, mêlée et putréfiée à la longue avec des terres appropriées à la production du salpêtre ; et on a calculé (voir l'instruction précitée, page 16) qu'il faudrait au moins la chair de deux bœufs ou de deux forts chevaux pour obtenir environ 200 kilogrammes de bon nitre, car ici il est essentiel de noter que ni le suif, ni la graisse, ne peuvent servir à faire du salpêtre, comme n'étant pas azotés, et que le maigre de viande seul convient particulièrement à cette opération.

On a aussi osé proposer le blé ordinaire, comme étant animalisé, pour en faire du salpêtre ; mais, à moins que cette précieuse graine ne soit gâtée, peut-on raisonnablement tenir à cette idée, surtout dans un pays aussi populeux que le nôtre ? Cela répugne à croire.

Enfin, on peut encore alimenter les salpêtrières arti-ficielles avec toutes sortes de fumiers ; mais les fumiers sont trop précieux dans nos contrées de grande agriculture, pour en détourner la destination , et , par ce motif , je doute fort que les fermiers consentent à les employer à faire du nitre.

Ainsi , ces trois moyens d'alimenter des nitrières rurales paraissent peu praticables en Normandie , ou bien le salpêtre y reviendrait à un prix trop élevé pour pouvoir soutenir la concurrence commerciale avec celui qui nous vient des Indes.

Ce fut donc par suite de ces diverses considérations que je conçus le projet de tenter différentes expériences pour faire du salpêtre à prix modéré, en employant simplement à sa confection certains végétaux indigènes azotés. Ces expériences capitales sont au nombre de trois, et les plantes qui ont servi à ces essais environ au nombre de huit, sans y comprendre leurs congénères, dont on parlera plus tard.

Voici ces expériences :

On a pris , pour faire la première expérience ,

1° Le grand raifort sauvage , *raphanus rusticanus vel cochlearia armoracia*, L. ;

2° La grande passerage, *lepidium latifolium* , L.;

Pour la deuxième expérience ,

3° Les pavots noirs et blancs, *papav. alb. et nigr.*, L.;

4° Pommes de terre ordinaires, *solanum tub.*, L.;

5° Nicotiane ordinaire, *nicotiana tabacum*, L. ;

6° Stramonium ou la pomme dite Epineuse, *datura stramonium*, L. ;

Pour la troisième expérience,

Le chou ordinaire, mais mieux le chou dit à faucher, que les botanistes désignent, je crois, sous le nom de *brassica oleracea acaulis*..... chou rameux. J'ai donné, pour cet essai, la préférence au *brassica* rameux, par des motifs que je dirai ailleurs ; mais on pourrait également employer, à la nitrification, toutes les autres espèces de chou [1].

On a pris, pour ces essais, les végétaux dans un grand état d'accroissement, c'est-à-dire plus d'à moitié fleuris, excepté le chou, qu'on cueille quand ses feuilles sont tout-à-fait développées..... L'assortiment de terre dans lequel ces plantes, tiges et fanes, ont été mêlées pour en faire du salpêtre, était composé de plâtras, de vieux ciment, de chaque 35 kilogrammes, de terre de jardin assez poreuse et un peu siliceuse 80 kilogrammes, en tout 150 kilogrammes (environ 300 livres marc). Ces matières étaient presque dans l'état pulvérulent et en outre passées à la claie pour mieux en opérer le mélange. Chaque couche a été faite sur de vieilles planches et sous un hangar ouvert au sud-ouest, clos à l'est, pour éviter un trop grand courant d'air, et

---

[1] Je ne sache pas qu'on ait employé seules, jusqu'à ce jour, les différentes plantes que je viens de citer pour en faire la base de nitrières artificielles. On croyait d'ailleurs que leur rôle était complexe dans cette opération, ou bien qu'elles ne fournissaient, étant prises isolément, que des quantités insignifiantes de salpêtre. (Voir, à ce sujet, l'instruction publiée en 1820, page 19, et autres ouvrages qui ont traité des salpêtrières artificielles.)

11

arrosée périodiquement avec de l'eau de citerne ou de pluie.

Après ces notions préliminaires, jugées indispensables pour servir à guider ceux qui voudraient établir des salpêtrières dans nos contrées, et contribuer, par ce moyen, à la prospérité du pays, en y créant une nouvelle branche d'industrie, je vais décrire avec soin, et le plus succinctement possible, chacune des trois opérations qui font la base principale de ce travail.

Iʳᵉ COUCHE,

FAITE AVEC DEUX PLANTES CRUCIFÈRES[1].

En juillet 1820, je formai une couche ou amas nitrifère, d'environ 18 pouces de hauteur sur 2 pieds 1/2 de longueur, avec 50 kilogrammes de tiges et fanes de grand-raifort et de passerage. Ces plantes, hachées sur place, furent ensuite bien mêlées, par lits successifs, dans 150 kilogrammes de l'assortiment de terre dont on a parlé, en commençant et finissant cette couche par une épaisseur d'environ 4 pouces de matières terreuses. J'avais soin d'arroser suffisamment chaque lit de terre,

---

[1] Non-seulement on peut faire du salpêtre avec les végétaux déjà nommés, mais on augmentera le produit de ce sel en ajoutant aux couches nitrifères toutes sortes de débris de matières animales qu'on aura sous la main, et en arrosant ces couches avec de l'eau provenant de l'égout des fumiers, ou le purin, ou, à défaut, avec un autre fluide animalisé dont nous donnerons la composition ailleurs.

pour donner à l'ensemble le degré d'humidité le plus convenable à la prompte incubation du salpêtre ; d'ailleurs, ce mélange, naturellement poreux, offre toutes les conditions pour une bonne et rapide nitrification...... On l'abandonna pendant deux mois sans y toucher, mais il s'affaissa un peu ; la terre, de jaunâtre qu'elle était d'abord, se colora en brun, et laissait dégager alors une légère odeur azotée fade.

Le 1er octobre suivant, on retourna cette couche au louchet, et on l'arrosa convenablement..... Les plante n'en étaient qu'en partie décomposées ; l'odeur du gaz nitreux y dominait, signe certain de la formation de l'acide nitrique dans cet amas terreux végétal. Au mois d'avril 1821, lors du quatrième remuage et arrosage (car on fut quatre mois, à cause de l'hiver, sans y toucher), on y remarqua une quantité d'insectes ou petits vers du genre *acarus casei*, mais dont l'existence n'y dura guère que dix à douze jours. Après quinze mois de travail, je fis l'épreuve de cette couche en lessivant 2 kilogrammes de son terreau, qui ne donna qu'environ 12 grammes ou 3 gros de salpêtre brut ; mais la lessive épaisse, chargée d'extractif, que j'obtins de ce terreau, et l'odeur particulière qui s'en exhalait, me firent juger qu'il n'était pas encore assez mûri. On continua donc de le remuer et de l'arroser périodiquement (environ de trois en trois mois) jusqu'en septembre 1822. Enfin, le 1er octobre suivant, la couche présentait la fraîcheur, l'aspect et la saveur des terres naturellement salpêtrées qu'on retire des caves et autres bas-fonds analogues, pour en extraire le nitre.

Ainsi, la parfaite nitrification de cette couche paraissant arrivée à son terme, je dus en extraire le salpêtre. En conséquence, je lessivai le tiers en poids du terreau qui la composait (environ 110 livres). J'employai, à cet effet, le procédé ordinaire des salpêtriers, et j'en obtins, au moyen de la potasse, plus de 24 onces de salpêtre brut, quantité qu'on peut évaluer à-peu-près à 20 onces ou 620 grammes de nitre pur.

Donc cent livres marc des deux plantes employées à cet essai donnent en deux ans, au moyen du procédé indiqué, et en y comprenant le nitre resté dans l'eau de lavage absorbée par les terres, au moins deux kilogrammes et demi ou plus de cinq livres de bon salpêtre; et tout, dans cet essai, porte à croire que si j'avais opéré sur une masse six fois plus forte, par conséquent sur 600 livres de raifort, mêlées au moins à 2,000 livres de terre, le produit salin aurait été d'un sixième de plus, parce que les fortes masses laissent moins échapper de leur intérieur les gaz nitrifères que les médiocres (cela s'explique assez de soi-même), chose importante à noter, surtout dans une exploitation de ce genre faite en grand.

IIᵉ COUCHE,

FAITE AVEC DES PLANTES SOLANÉES ET DES PAVOTS.

Le 1ᵉʳ août 1820, j'établis cette autre couche avec 100 livres ou 50 kilogrammes des végétaux suivants, pris environ chacun à parties égales; savoir :

pavots blancs et noirs, pommes de terre, nicotiane et stramonium ou pomme épineuse. Toutes ces plantes, également bien hachées, furent aussi mêlées lits par lits, en prenant les mêmes précautions indiquées pour la formation de la première couche, avec 150 kilogrammes de la terre assortie et arrosée convenablement.

J'examinai avec soin les progrès de cette autre couche. Durant les premiers mois il n'en émanait aucune odeur sensible ; mais, vers la fin du troisième, surtout le soir, on y remarquait l'odeur du gaz azote. On n'en fit le remuage et l'arrosage que quatre mois après sa formation, car, jusques-là, elle avait conservé assez de fraîcheur pour le travail nitrifère. Pendant cette première période, la terre se colora en brun, et prit une sorte de retrait qui n'avait pas eu lieu dans l'essai précédent; on y remarqua aussi, mais plus tard, bon nombre d'insectes velus. C'est spécialement quand les amas à salpêtre deviennent noirâtres et prennent l'odeur du terreau des jardiniers, que les vers s'y multiplient avec plus d'abondance. On en fit le remuage et l'arrosage six fois pendant deux ans, temps que nous croyons suffisant à l'entière nitrification de cette autre couche.

En octobre 1822, j'en lessivai aussi le tiers en poids, toujours par la méthode des salpêtriers ; j'en obtins, au moyen de la potasse, au-delà de 500 grammes, plus d'une livre de bon salpêtre, ce qui donnerait, pour 100 livres des plantes employées à cet essai, en y comprenant le nitre resté en solution dans l'eau de lavage, absorbée par les terres en vertu de leur affinité capil-

laire pour ce fluide , environ 2 kilogrammes de nitrate de potasse pur, quantité plus faible, à la vérité,
que celle produite par 100 livres de raifort et de passerage (premier essai), mais encore assez considérable
et assez productive pour servir seule de base aux
nitrières rurales.

Je dois faire observer, à l'occasion de cette expérience, qu'il y a plus de vingt-cinq ans (en l'an ix de la
république), dans un travail sur l'opium, imprimé
dans les *Annales de Chimie*, je disais que les feuilles et
capsules vertes des pavots écrasées laissaient dégager, en
fermentant, une odeur azotée nitreuse. Postérieurement , j'ai fait la même remarque à l'égard des plantes
solanées , du tabac vert , etc.

Ces petites remarques , et, subséquemment, l'analyse
de ces mêmes plantes par des chimistes distingués qui
y découvrirent quelques principes analogues à ceux que
donnent les matières animales , m'ont naturellement
conduit à les employer seules, et avec une sorte de confiance , pour en faire du salpêtre , et les résultats qui
précèdent prouvent d'une manière non équivoque que
ces conjectures à leur égard étaient fondées.

Je crois que la pomme de terre elle-même pourrait
également servir avec succès à préparer le salpêtre,
surtout en prenant cette racine quand elle commence à
germer fortement, car alors il en émane du gaz azote ,
effet que j'ai observé plusieurs fois sur des tas de toutes
sortes de batates , surtout vers le printemps ; et tout
porte à croire que ces tubercules produiraient plus

de salpêtre que les tiges et fanes des solanées, des pavots, etc.

Ainsi ou pourrait retirer de l'ensemble du même végétal tous les matériaux qui composent le nitrate de potasse..... La racine donnerait l'acide nitrique; les tiges et les fanes, brûlées après l'accroissement du tubercule, fourniraient dans leurs cendres l'alcali pour absorber cet acide et le convertir en vrai salpêtre. Tel est l'immense avantage qu'on a droit d'attendre d'une plante dont la culture peut avoir lieu dans toutes sortes de terrains, sous la zône tempérée, et qui nous est offerte par la nature avec une libéralité sans égale, car aucun végétal connu n'est aussi multiple que la pomme de terre ordinaire et ses congénères.

IIIᵉ COUCHE NITRIFÈRE,

FAITE SIMPLEMENT AVEC DES TIGES ET FEUILLES DE CHOU.

Le 10 août 1820, je fis cette troisième couche, en employant le même procédé que celui indiqué à la préparation de la première couche, avec 50 kilogrammes de chou rameux ou à faucher, et 150 kilogrammes de terre.

Le temps était chaud, et, peu de jours après sa formation, elle se gonfla sensiblement : il en émanait une vapeur ammoniacale que je n'avais pas remarquée dans les deux premiers essais ; mais bientôt cette couche s'affaissa et devint noirâtre... Vers la fin de novembre suivant, on en fit le remuage et l'arrosage complet. Déjà on y voyait çà et là quelques petits vers. On la travailla de nouveau au 1er d'avril 1821 ; alors, les insectes y étaient nombreux, et elle répandait en outre une odeur d'urine putréfiée insupportable. On en continua le remuage et l'arrosage, de quatre en quatre mois. Après dix-huit mois, le terreau s'était décoloré, mais il conservait encore de l'odeur ; il fallut plus de deux ans et demi pour l'entière nitrification de cette couche, effet qu'on peut attribuer à la nature du chou, qui semble plus animalisé que les autres plantes dites azotées, etc.

Au mois de mars 1823, je lessivai également le tiers en poids du terreau provenant de ce troisième essai, et j'en obtins environ seize onces de nitre brut.... La masse totale de ce terreau aurait donc fourni, en y comprenant le sel resté dans l'eau de lessivage imbibée par les terres, à-peu-près 1 kilogramme et 1/2 ou plus de 3 livres de bon salpêtre.

J'avais lieu d'espérer de cette expérience une récolte en nitre plus abondante, mais je crois pouvoir affirmer que cela a tenu :

1° A ce qu'on a remué trop souvent la couche, qui laissait dégager en pure perte, pendant cette opération, le gaz nitrifère ;

2° En ce qu'il fallait employer 4 à 500 livres de terre sur 100 livres de chou, au lieu de 300 livres, pour mieux en absorber les vapeurs qui émanent du mélange ;

3° Enfin , qu'il faut au moins trois ans pour l'entière nitrification des plantes dites oléracées , prises parmi les nombreuses variétés du chou.

Ce qui vient à l'appui de mon assertion , c'est qu'ayant lessivé , après trois années , un autre tiers du terreau restant de cette couche , j'en obtins 18 onces de salpêtre au lieu de 16, produites par le premier lavage. Enfin , la situation de cette couche , plus exposée au soleil et au vent que les deux premières, a pu nuire à la production du salpêtre ; car, si l'on en juge par analogie , la nitrification se fait mieux à l'ombre et dans les bas-fonds que dans les lieux trop exposés aux rayons solaires et au grand air..... Exemples : les caves voûtées , les celliers , les grottes, les écuries, etc., où l'incubation et la formation du salpêtre a lieu , à une chaleur tempérée et presque dans l'obscurité , prouvent cette assertion. D'ailleurs , en prenant la nature pour exemple dans les opérations nitrifères , on est toujours sûr de réussir ; car, en général , ce que les arts découvrent en petit , existe en grand dans le vaste laboratoire de la nature.

Après avoir décrit avec soin les procédés dont je me suis servi pour fabriquer du salpêtre par le seul concours de végétaux indigènes , et en outre indiqué très-à-peu-près le poids de nitre obtenu de chaque essai , je vais faire une notice sur chacune de ces opérations. Ces notices leur serviront non-seulement de corollaire , mais feront voir en outre, dans leur ensemble, combien il serait facile et peu dispendieux d'établir des nitrières dans les plus minces exploitations rurales, et sans nuire aux produits naturels ou ordinaires des terres agraires.

NOTICE SUR LA PREMIÈRE COUCHE.

Cette couche a été faite avec 100 livres marc de raifort et de passerage, mêlées seulement à 300 livres de terre dont on a donné la composition ; mais, dans les lieux où l'on ne pourrait réunir les trois matériaux dont ce mélange terreux est composé, on y suppléera avec succès, d'après Thouvenel, Berzelius, etc., par un assortiment de deux parties de terre de labour un peu siliceuse et une partie de marne calcaire ou de toute autre matière crétacée ; on peut y ajouter jusqu'à un dixième de charrée, ou mieux, de cendre ordinaire sortant de l'âtre. Ce dernier mélange, préalablement passé à la claie, est aussi très-propre à servir à la nitrification des substances végétales et animales.

J'ai aussi quelques raisons pour croire qu'il faut employer au moins 200 kilogrammes de ces terres assorties, au lieu de 300 livres, sur 50 kilogrammes de plantes crucifères et solanées, pour en obtenir tout le salpêtre qu'elles peuvent produire. J'ai encore remarqué, dans le cours de ces expériences, qu'il fallait d'abord à-peu-près 30 litres d'eau pour donner, à 150 kilogrammes de terre sèche, la fraîcheur convenable au travail nitrifère, et 20 litres pour les arrosages subséquents ; car il paraît certain que trop d'humidité, comme trop de sécheresse, nuit également à la formation du nitre.

J'ai employé deux plantes crucifères à cet essai, mais le raifort seul atteindrait le même but. On pourrait également se servir, pour alimenter les nitrières, de végétaux congénères du raifort et qui croissent presque partout, tels que la sanve des champs, *synapis arvensis*, espèce de fléau des terres cultivées, dont l'accroissement est si rapide et la multiplication si grande, que souvent cette plante étouffe le bon grain ; la roquette, dont il y a deux espèces très-animalisées ; l'érésimum vulgaire, du colza, feuilles et racines, enfin toutes les espèces de chou.

Je terminerai cette première notice par les deux observations suivantes :

Le raifort sauvage, qui croît particulièrement dans les terrains humides et bien orientés, donne jusqu'à trois coupes par années, et ses racines, qui sont également bonnes à faire du salpêtre, acquièrent presque tout leur développement en deux ans. Cette plante est extrêmement vivace, et se reproduit d'elle-même dans le même terrain, soit par sa graine, soit en y replantant au printemps des petits morceaux de racine, qui donnent de fortes pousses, après quelques mois qu'ils sont mis en terre. J'en ai un champ qui se régénère ainsi et que j'exploite depuis vingt-quatre ans, et c'est spécialement à cette plante et à la grande passerage que l'on doit donner la préférence sur toutes celles de la famille des crucifères pour faire du salpêtre. J'ajouterai, et par simple analogie, que les raves et les radis doivent également convenir à la formation du nitrate de potasse.

Tout porte aussi à croire que la graine des plantes crucifères, comme étant fortement animalisées, donnerait également beaucoup de salpêtre, et si l'expérience confirmait ma conjecture à leur égard, l'agriculture trouverait une nouvelle source de prospérité dans la consommation nitrifère des semences de colza, de rabette, des synapis, etc., graines dont la valeur vénale couvre à peine aujourd'hui les frais que leur culture exige.

NOTICE SUR LA DEUXIÈME COUCHE.

Comme nous l'avons dit ailleurs, les motifs qui nous déterminèrent à faire l'emploi des plantes solanées et papavéracées, furent que ces végétaux fournissent, en se décomposant, de l'azote ou radical nitrique en assez grande quantité pour en faire espérer une récolte de nitre assez notable et à un prix peu élevé, vu la facilité qu'on aura dans tous pays de se les procurer.

La morelle ordinaire, *solanum nigrum*, L. ;
Le coquelicot des champs, *papaver rheas;*
La belladone, *atropa belladona ;*
La jusquiame noire et blanche, *hyoscyamus vulgaris ,*

Peuvent également servir à alimenter les nitrières rurales, d'autant plus que ces plantes, surtout les deux premières (la morelle et le coquelicot), croissent presque partout sans culture, et avec une telle abondance, que souvent elles envahissent les terres arables les mieux cultivées.

Dans toutes les circonstances où cela pourra se pratiquer, on rendra encore les amas nitrifères plus productifs en salpêtre, en les arrosant de temps en temps, mais avec modération, avec le purin (eau de fumier), ou à défaut avec un autre fluide animalisé dont nous allons donner la composition. Ce fluide peut se préparer partout et en tout temps, et se conserve bien, soit exposé à l'air, soit en vase clos.

PURIN OU FLUIDE ANIMALISÉ POUR ARROSER LES COUCHES OU AMAS NITRIFÈRES.

Prenez :

Crottin de cheval ou de mouton, 20 kilogrammes ;

Chaux ordinaire délitée, c'est-à-dire en poudre, 2 kilogrammes ;

Eau de pluie, de mare ou de rivière, 200 litres.

On met ces trois matières dans une futaille, défoncée par un bout, ou dans tout autre vase ; on agite fortement le tout deux à trois fois, le premier et le second jour, avec un râble en bois. Bientôt, si la température est seulement entre 8 à 10 degrés, la fermentation aura lieu dans ce mélange, et, en quelques jours, le fluide deviendra noirâtre, un peu visqueux, et prendra une odeur assez forte sans être trop désagréable : *C'est le purin.* Non-seulement ce compôt concourt puissamment à la nitrification des végétaux, quelle qu'en soit l'espèce, mais on a la preuve que c'est un puissant stimulant végétatif, surtout à l'égard des plantes textiles (lin et chanvre) et oléracées, colza, chou et autres plantes potagères.

NOTICE SUR LA TROISIÈME COUCHE.

En résumant succinctement nos observations sur cette couche, il en résulte qu'elle n'a pas tout-à-fait répondu aux espérances que nous avions droit d'en attendre, car 100 livres marc de chou devaient produire au-delà de 4 livres de salpêtre. Mais, comme nous l'avons déjà observé, cela tient à deux causes principales : la première, qu'il fallait employer 4 à 500 livres de terre pour faire l'expérience, au lieu de 300 livres ; la deuxième, en ce que cette couche fut remuée et arrosée trop souvent : circonstances qui durent nuire à l'incubation et à la formation du nitre. Ainsi nous croyons qu'il faut employer au moins 200 kilogrammes de terre assortie sur 50 kilogrammes de chou, et n'arroser et remuer cet amas nitrifère que de six mois en six mois, afin d'en tirer en salpêtre tout le parti possible. Nous pensons encore qu'on doit préférer, dans les nitrières rurales, le chou rameux à ses congénères, 1° parce qu'il est bisannuel ; 2° en ce qu'il fournit souvent au-delà de trois récoltes par an ; 3° parce qu'il se plaît sur toutes sortes de terrains. On le coupe quand ses feuilles sont développées à un pouce au-dessus du collet de la racine. Bientôt d'autres feuilles succèdent aux premières, et leur quantité est telle, qu'on peut assurer que dix perches de terre, chargées de ce brassica, en produiraient chaque année de quoi récolter plus de 600 livres de salpêtre.

La feuille de chou, quelle qu'en soit l'espèce, étant desséchée à l'ardeur du soleil, ou à défaut par une température de 25 à 30 degrés, se conserve longtemps sans être attaquée des insectes, et donne par son incinération une cendre riche en alcali. Ainsi une plante facile à cultiver et des plus communes peut fournir, comme la pomme de terre, tous les éléments qui composent le salpêtre. On a aussi observé que le chou, avant ou après sa dessiccation, était un bon fourrage, surtout pour la race bovine.

RÉSUMÉ ET CONCLUSION DE CE TRAVAIL.

Les trois expériences capitales qui en font la base démontrent jusqu'à l'évidence, malgré l'opinion contraire presque accréditée, qu'on peut obtenir à peu de frais du salpêtre sans le concours de substances animales proprement dites, ni de fumier, si utiles à la grande agriculture, en employant tout simplement, pour alimenter les nitrières, dix à douze espèces de plantes qui croissent partout, ou dont la culture exige peu de soins. Ici, nous croyons devoir répéter, dans l'intérêt de ceux qui se livreront à la fabrication du sel de nitre, que, parmi les végétaux cités pour cette opération, il convient de donner la préférence, 1° au chou rameux dont il y a plusieurs variétés ; 2° au grand raifort sauvage, feuilles et racines ; 3° à la pomme de terre bien fleurie ; 4° au *synapis arvensis* ou sauve, toute la plante déjà en fleur ; 5° au coquelicot et à toutes les sortes de pavots; 6° à la morelle ordinaire, *solanum nigrum*, prise moitié en graine.

Nous dirons encore que c'est spécialement aux riches propriétaires et aux pharmaciens à donner l'exemple de l'établissement de salpêtrières artificielles dans les campagnes, soit avec des plantes seules, soit, quand les circonstances le permettront, en y mêlant toutes sortes de matières animales, telles que l'urine, la poudrette, le sang, le poisson gâté, etc. [1]. Les pharmaciens, en ajoutant cette nouvelle branche d'industrie à leur sédentaire état, en tireront un parti d'autant plus lucratif qu'ils possèdent en général toutes les connaissances qu'exige l'art du salpêtrier.

Je viens de dire que c'était spécialement aux riches propriétaires et aux pharmaciens à s'occuper les premiers de la formation des nitrières indigènes dans nos contrées où il n'y pas de salpêtrières royales établies. Je vais donner quelques développements à cette proposition, afin d'en faire mieux sentir la nécessité.

Aux champs, c'est toujours par l'exemple et de proche en proche que les bonnes méthodes se propagent; le fils fait ce que son père lui a montré à faire, et il ne sort guère de cette routine que quand il a vu et qu'il est sûr, en outre, de ne pas compromettre ses capitaux dans une opération qui lui est inconnue; et celle de faire du salpêtre de toutes pièces, quoique assez simple en elle-même, lui paraîtrait encore trop compliquée et peut-être trop éventuelle pour oser l'entreprendre de prime-abord... Mais que faut-il sur une grande exploitation rurale, et

---

[1] En Prusse, dit le bon Bernardin de Saint-Pierre (*Études de la nature*), on emploie jusqu'à la tête des oiseaux à faire du salpêtre, car dans ce pays, comme en Suisse, rien n'est perdu. On pourrait peut-être ajouter avec des plantes terrestres quelques plantes marines naturellement animalisées, telles que les varecks, les algues, etc., pour en faire du salpêtre. Je ne sache pas que ces essais aient été faits, mais on a lieu de croire qu'ils offriraient d'heureux résultats.

même sur une petite, pour y établir une nitrière? Tout s'y trouve presque naturellement : terres, purin, plantes, crottin et fumier au besoin. Voilà les principaux éléments qu'on y rencontre et qui servent partout de base à la culture et à la formation du salpêtre. Les larmiers des écuries, des bergeries, auxquels on donnerait trois à quatre pieds de saillie plus qu'ils n'ont ordinairement, offriraient déjà, à peu de frais, des hangars très-convenables, par leur situation, à ce genre de fabrique, et sous lesquels on pourrait récolter chaque année plusieurs milliers de salpêtre [1].

Mais, dira-t-on, et j'avoue que cet argument est de quelque poids, les terres une fois salpêtrées, il faudra en retirer le salpêtre. Cette opération n'est pas aussi simple que la première; elle exigera de nouvelles dépenses, et même quelques connaissances en chimie, pour être bien faite. Nous répondrons à tout cela qu'il existe dans le département nombre d'ateliers de teinturerie, où l'on trouve presque tous les vases et ustensiles

---

[1] On formerait ces couches sur le sol même, après l'avoir réduit en aire. Il faudrait donner à chaque couche trois à quatre pieds d'élévation et autant en largeur. On en soutiendrait l'éboulement avec des claies ordinaires qu'on pourrait retirer à volonté, lors du remuage et de l'arrosage de ces amas nitrifères. Les abris sous lesquels seraient établies les nitrières doivent être fermés de broussailles par les deux bouts, pour éviter le trop grand courant d'air, et exposés, autant que faire se pourrait, au sud-ouest. Les travaux assez limités que cette opération exige auraient lieu dans les moments qui ne sont pas réclamés pour ceux de l'agriculture, et il s'en trouve souvent.

convenables à cette extraction ; j'ajoute en outre que les pharmaciens se chargeraient volontiers de la lixiviation des terres salines. D'ailleurs, si les nitrières rurales venaient à se multiplier dans nos contrées, on verrait bientôt s'y former, comme en Prusse, de grandes usines pour extraire et raffiner le salpêtre qu'elles produiraient. Ainsi, et d'après ces considérations, les fermiers tireraient toujours un avantage réel des salpêtrières artificielles liées aux diverses exploitations agricoles.

Je terminerai cet ouvrage par une courte notice sur l'extraction de l'alcali nécessaire aux salpêtriers.

Toutes les plantes insolites (excepté les plantes marines, dont l'alcali ne peut servir à faire du nitre ordinaire), et qui envahissent souvent les bonnes terres, telles que les ronces, les bruyères, les fougères, la vergerette âcre[1], le dangereux chardon, la sanve, fléau des champs, les orties, les tiges de colza, etc., étant desséchées à l'air, puis brûlées rapidement, donnent une cendre riche en alcali, bonne à faire du salpêtre. La combustion de ces végétaux s'opère ordinairement à plein-vent, dans un creux pratiqué le long d'un tertre ou contre un fossé

---

[1] La vergerette âcre, *erigeron canadense*, L., se sème d'elle-même. Cette plante est annuelle, mais elle donne deux fortes coupes par an ; elle croît avec abondance dans les terrains sableux les plus incultes, et fournit beaucoup d'alcali ; et, sous ce dernier rapport, on pourrait en charger les mauvaises terres et en tirer quelque avantage. J'ajoute que cette plante n'est pas broutée à cause de son âcreté, ce qui en assure la récolte, qui doit avoir lieu quand elle est en pleine fleur ; on la coupe à un pouce au-dessus du collet de la racine.

éloigné d'habitations. La cendre, en étant bien recuite, se conserve dans des barils déposés dans un lieu sec et recouverts d'une planche.

C'est ainsi qu'agissent, en Prusse, en Suisse et ailleurs, de simples villageois, qui savent retirer chaque année un bénéfice certain des nitrières qu'ils ajoutent à leurs exploitations rurales.

Messieurs, mon but, dans ce travail, était de prouver qu'on peut alimenter avec succès les nitrières artificielles au moyen de certains végétaux, sans néanmoins en exclure l'emploi des matières animales ni du blé gâté, et je crois l'avoir atteint d'une manière non-équivoque.

J'ai aussi donné la composition d'un fluide animalisé, facile et peu dispendieux à préparer, et dont l'usage doit concourir puissamment à la formation du salpêtre dans les amas nitrifères, quels qu'en soient la nature et les ingrédients dont ils sont formés.

Enfin, j'ai encore proposé, outre les végétaux azotés, pour faire du salpêtre, d'employer, à la même opéraration, la pomme de terre et les graines des plantes crucifères, et tout porte à croire que ces deux matières répondraient, vu la nature de leurs éléments, aux espérances qu'on a droit d'en attendre dans cette circonstance; mais je n'ose en garantir le succès, car je n'affirme jamais que ce que l'expérience m'a appris.

J'aurais bien voulu donner moins d'extension à ce petit manuel nitrifère; mais, pour le rendre plus utile et le mettre à la portée de tout le monde, j'ai dû entrer dans des développements de plus d'un genre et souvent même dans des détails minutieux que les circonstances exigeaient ; car, ici, il ne faut pas oublier qu'il s'agit de créer, dans nos fertiles campagnes, un art nouveau, et qu'il faut, pour y réussir, en faire voir l'avantage sous le rapport agricole, industriel et commercial, et je crois avoir encore atteint ce triple but dans cet ouvrage.

Tel est, Messieurs, l'ensemble d'un travail long et laborieux, entrepris dans le seul but d'être utile, et qui m'a été suggéré par l'instruction publiée par le gouvernement en 1820, concernant la fabrication indigène du salpêtre en France. (Voir la lettre imprimée à la suite de ce mémoire.)

Plus tard, je rendrai compte à l'Académie des nouvelles expériences nitrifères que j'ai tentées et que je fais encore avec des végétaux non azotés, sur des algues, des écailles d'huîtres, et enfin sur les fruits ou racines de la pomme de terre, et je crois déjà pouvoir assurer que les résultats en seront utiles à l'art du salpêtrier.

COPIE DE LA LETTRE ÉCRITE A M. DUBUC PÈRE, LE 8 JUILLET 1820, PAR M. MALOUET, PRÉFET A ROUEN.

Monsieur, la loi du 10 mars 1819 a rendu libre la fabrication du salpêtre sur tous les points de la France qui ne sont pas compris dans les arrondissements des salpêtrières royales. La formation et l'extraction de ce sel utile, sous tant de rapports, sont ainsi devenues un objet d'industrie privée dans ce département ; tout particulier peut les y entreprendre, en se munissant d'une licence qu'il obtiendra moyennant le droit fixe de 20 fr., et qui le dispensera de la patente.

Ce nouveau système, établi pour nous procurer, avec le temps, sur notre propre sol, et sans aucune intervention de l'autorité, une substance dont le gouvernement s'était long-temps réservé l'exploitation exclusive, ne produira les effets qu'on a droit d'en attendre qu'autant que l'on fera connaître et que l'on propagera les meilleures méthodes de former et de récolter le salpêtre; et il est surtout à désirer que les moyens de l'obtenir comme en Suède, en Suisse, etc., par des nitrières en petit, liées aux exploitations rurales, se répandent dans les campagnes où ils offrent des avantages réels. En faisant rédiger une nouvelle instruction sur la fabrication du salpêtre, S. Exc. le ministre de la guerre s'est proposé non-seulement d'être utile aux salpêtriers royaux, mais encore d'atteindre le but intéressant que *je viens d'indiquer.*

J'ai l'honneur de vous adresser ci-joint un exemplaire de cette instruction....... J'ai pensé que le zèle dont vous êtes animé pour tout ce qui concerne le bien public vous porterait à faire apprécier aux personnes avec lesquelles vous êtes en relation les avantages que promettent à l'industrie les dispositions adoptées par le gouvernement.

J'ai l'honneur, etc

Comte MALOUET.

TRAITÉ

SUR

LES PAREMENTS ET ENCOLLAGES

DES TISSERANDS.

AVANT-PROPOS.

Le titre donné à cet ouvrage indique déjà quel en est le but principal ; néanmoins l'auteur croit nécessaire d'expliquer succinctement les différents motifs qui l'ont déterminé à le faire imprimer : d'ailleurs cet exposé mettra le lecteur plus à même d'en apprécier l'ensemble comme l'utilité.

En 1820, M. Dubuc présenta à l'Académie de Rouen un mémoire qui fut imprimé la même année dans le recueil des travaux de cette compagnie ; ce travail avait pour titre : « *De l'Encollage des étoffes* » *ou toileries, au moyen de diverses espèces de* » *parements, etc.*

Son but était, au moyen de ces nouveaux parements, de procurer aux tisserands la faculté de travailler de leur état ailleurs que dans les caves et

autres bas-fonds, frais, froids, mal éclairés et généralement malsains.

Ce fut ce mémoire que M. Dubuc envoya, en 1827,
avec quelques corrections et additions, à l'Institut
royal de France... Ce mémoire, qui a valu à l'auteur,
en 1829, le prix Monthyon, de la part de ce corps
illustre, formera la première partie de l'ouvrage qu'il
va offrir au public.

En 1822, il s'occupa encore du même objet, en
faisant, sur l'invitation de l'Académie de Rouen, de
nombreux essais pour obtenir des parements de deux
espèces de graines de riz exotique qu'on voit dans le
commerce. Cet autre ouvrage est peu connu des
fabricants : néanmoins on y trouve diverses recettes
pour faire, avec cette graine, ou la farine médullaire qu'elle produit, des encollages excellents, d'un
blanc superbe, très-adhésifs, dont l'usage permet
aussi aux tisserands d'établir leurs métiers au-dessus
du sol, et même de travailler à ciel ouvert, comme
cela se pratique aux Indes et à la Chine, par les
ouvriers passementiers.

Ce second ouvrage, avec de nouvelles additions,
fera également partie du traité sur les parements.

Un troisième objet a dû encore fixer notre attention
dans ce traité. Nous avons cru qu'il était indispensable d'y bien déterminer la nature et la composition
du muriate de chaux sec à employer pour obtenir des

encollages toujours identiques dans leurs effets et sans action réelle sur les tissus de toutes espèces.

Nous avons donc indiqué la meilleure méthode pour préparer ce sel, ainsi que ses principales propriétés chimiques, de manière qu'on pourra toujours le distinguer du nitrate calcaire, du chlorure de chaux, ou poudre de *blanchiment*, et autres sels terreux, dont l'emploi est nuisible à la bonté des encollages.

Enfin, ce travail sera terminé par une courte notice *chimico-géorgique* sur l'emploi du muriate de chaux liquide ou à l'état sec, en agronomie. Nous croyons que cette notice sera lue avec intérêt par tous ceux qui s'occupent de la plus belle et la plus utile des sciences.... l'agriculture.

Nous eussions pu donner une plus grande extension à ce traité, puisqu'il n'existe aucun ouvrage complet, que nous sachions, en ce genre : mais, d'autre part, nous le croyons suffisamment étendu dans ses différentes parties, pour atteindre l'objet exprimé par l'épigraphe mise en tête de ce volume ; de l'autre, afin de ne pas en rendre le prix trop élevé : cette dernière considération s'explique d'elle-même.

Ainsi, et d'après ce qui précède, ce traité sera divisé en trois sections principales, et terminé par une dissertation sur le sel muriatique calcaire, considéré comme engrais des terres, ou comme stimulant végétatif, etc., etc.

AVERTISSEMENT.

L'auteur croit devoir insérer en tête de son ouvrage les deux pièces suivantes; ces titres sont la meilleure garantie qu'il puisse offrir au public, concernant l'utilité de son travail sur les parements et sur l'efficacité des procédés qu'il renferme.

INSTITUT DE FRANCE.

ACADÉMIE ROYALE DES SCIENCES.

LETTRE

DE M. LE BARON FOURIER,

SECRÉTAIRE PERPÉTUEL DE L'ACADÉMIE.

Paris, le 10 juin 1829.

Le Secrétaire Perpétuel de l'Académie,

A M. DUBUC,

ANCIEN PHARMACIEN A ROUEN, MEMBRE DE L'ACADÉMIE
DE CETTE VILLE, ETC.

Monsieur,

J'ai l'honneur de vous prévenir que, dans sa séance publique annuelle de lundi prochain, 15 juin, l'Académie royale des Sciences fera la distribution des prix qu'elle a donnés cette année; je vous invite à vous trouver à cette séance pour recevoir la médaille d'or du prix fondé par M. le baron de Monthyon, en faveur de celui qui aura découvert les moyens de rendre un art ou un métier moins insalubre, et qui vous sera solennellement décernée.

Je saisis avec empressement, Monsieur, cette occasion de vous offrir mes félicitations personnelles, en vous témoignant tout l'intérêt que l'Académie prend à vos travaux et à vos succès.

La présente lettre vous servira de billet d'entrée, afin que vous puissiez être placé convenablement.

Agréez, Monsieur, l'assurance de ma considération très-distinguée,

Bon FOURIER.

PRIX

FONDÉ PAR M. DE MONTHYON,

EN FAVEUR DE CELUI QUI AURA DÉCOUVERT LES MOYENS DE RENDRE UN ART OU UN MÉTIER MOINS INSALUBRE.

L'Académie a reçu six pièces pour le concours de ce prix, dont trois ont le même objet ; savoir : de rendre l'art du tisserand moins insalubre, en donnant à l'ouvrier qui le pratique le moyen de travailler, non plus dans les caves que l'humidité d'une atmosphère stagnante et le défaut de lumière rendent si malsaines, mais dans les lieux secs que le soleil éclaire et où l'air se renouvelle.

Le travail le plus ancien sur cet objet est celui de M. Dubuc, pharmacien à Rouen. Il fut publié en 1820, et en 1827 l'auteur l'adressa à l'Académie. La commission, en le mentionnant honorablement, ne pensa point que la question fût assez éclairée pour que ce travail pût être couronné ; elle proposa de différer jusqu'à l'année suivante, afin de se procurer tous les renseignements nécessaires sur la composition des meilleurs parements employés dans nos manufactures. Le parement de M. Dubuc est très-simple et peu coûteux à préparer ; il est très-blanc, ce qui permet de l'employer pous tisser toutes sortes de toiles. En outre, ses avantages sont constatés par des certificats d'un assez grand nombre de tisserands, par M. Houtou La Billardière, qui a professé, à Rouen, la chimie appliquée aux arts ; par M. Gréau, manufacturier à Troyes, qui l'a employé avec succès dans son établissement ; enfin, par une circulaire du préfet de la Seine-Inférieure, qui en recommande l'usage à ses administrés.

En conséquence, l'Académie, sur la proposition de sa commission, a décerné à M. Dubuc un prix de trois mille francs (avec une médaille en or), pour avoir répandu, le premier, l'usage d'un parement économique, et qui contribue beaucoup à rendre l'art du tisserand plus salubre.

TRAITÉ

SUR

LES PAREMENTS ET ENCOLLAGES

DONT L'EMPLOI PERMET AUX TISSERANDS DE TRAVAILLER AILLEURS QUE DANS LES CAVES ET AUTRES BAS-FONDS NON-ÉCLAIRÉS ET GÉNÉRALEMENT MALSAINS.

PREMIÈRE SECTION [1].

Parmi les nombreux établissements dont s'enorgueillit à juste titre la belle Normandie, mais spécialement la ville de Rouen et ses environs, il en est qui méritent une attention particulière par l'influence qu'ils exercent sur la santé des ouvriers qu'on y emploie; je veux parler de ces nombreuses fabriques où se confectionnent toutes les étoffes ou toiles connues dans le commerce sous le nom de *rouenneries*.

C'est une opinion reçue parmi les chefs de ces établissements que la fabrication de leurs marchandises, pour être de bonne qualité, ne peut avoir lieu que dans des localités sombres, fraîches, et à l'aide d'un

[1] Cette section est extraite, en grande partie, du mémoire imprimé, en 1820, dans les actes de l'Académie de Rouen, mais avec des changements notables que le temps et l'expérience ont suggérés à l'auteur de ce mémoire.

encollage composé ordinairement de farine et d'eau, auquel les ouvriers donnent le nom de parement.

Le désir d'être utile à cette classe nombreuse de tisserands, et de les exhumer en quelque sorte des bas-fonds souvent malsains où ils sont forcés de rester une partie de leur vie par la nature de leurs travaux, m'a déterminé à m'occuper :

1° De la composition des parements en usage dans les ateliers, et des effets qu'ils produisent par leur application sur les fils blancs et sur les fils teints en toute couleur, avant la course de la navette, pour la confection des étoffes ou toileries ;

2° A déterminer ou essayer si, au moyen d'un encollage légèrement hygrométrique, mais sans action sur les tissures, on pourrait fabriquer les articles de rouennerie (et toutes autres espèces d'étoffes), bien conditionnées, ailleurs que dans les caves ou autres endroits analogues ;

3° A donner différentes recettes économiques, mais simples, pour la confection d'un encollage frais qui se conserve long-temps, et possède en outre toutes les autres qualités que les tisserands attribuent à un bon parement, ou *parou* [1].

Je vais traiter en détail chacune de ces propositions, et faire de mon mieux pour remplir la tâche que je me suis imposée en entreprenant cet ouvrage.

---

[1] Dans quelques contrées, on désigne l'encollage des étoffes sous le nom de *parou*.

Je finirai ce travail par des réflexions générales sur la fabrication des étoffes dans les bas-fonds. Ces réflexions seront elles-mêmes suivies d'expériences, dont le résultat prouve jusqu'à l'évidence qu'on peut confectionner en bonne qualité les articles dits rouenneries, au-dessus du sol, avec les nouveaux parements.

Je ne sache pas que cette partie de l'industrie manufacturière, ou l'encollage des fils et des chaînes avant la course de la navette, ait été jusqu'à ce jour traitée avec les soins qu'elle mérite. C'est encore pour l'ouvrier une sorte de secret que la préparation d'un bon parement; aussi en remarque-t-on de plusieurs espèces dans les ateliers. Souvent ils diffèrent, soit par le goût, soit par l'odeur, la couleur, etc. ; les uns sont plus visqueux que les autres; ceux-ci sont additionnés d'un mucilage végétal, ceux-là de gélatine animale, d'autres de suif, de sel ordinaire, etc. La base de tous ces encollages est toujours la farine des céréales, et parfois leur amidon.

On conçoit que le mélange de ces différentes substances avec la farine peut modifier l'effet de ces encollages, et les rendre plus ou moins propres et parfois dangereux à la confection des étoffes. En conséquence, en partant de ces divers renseignements, je vais m'occuper des objets énoncés dans mes propositions, et si de leur solution il pouvait émaner quelque chose d'utile au commerce, à l'industrie, et surtout à cette classe de tisserands dont les travaux concourent si puissamment à la prospérité de cette grande ville et des contrées qui l'avoisinent, j'aurai atteint le but que je m'étais proposé.

Première Proposition ou Question.

Que veut l'ouvrier lorsqu'il enduit d'une couche de colle ou de parement les fils avant et durant la course de la navette, pour fabriquer les toiles et les étoffes de toutes couleurs connues vulgairement sous le nom de rouenneries ?

Nous croyons que cette opération a pour but :

1° De donner à la chaîne ou aux fils qui la composent une sorte de moelleux et d'élasticité, en les pénétrant légèrement et en augmentant leur volume. Ces dispositions, dans l'ensemble de la tissure, permettent aux fils de s'appliquer plus uniformément et plus exactement les uns aux autres par le mécanisme du métier, et donnent aux étoffes des qualités et le *coup-d'œil marchand* qu'elles n'auraient jamais sans un encollage préalable.

2° Le parement sert encore pour rabattre le duvet, dont les fils ne sont jamais exempts ; ils contribuent, l'un et l'autre, par leur superposition, à donner de l'intensité et de la force aux tissus, etc.... Ce *paré* (expression de tisserand), pour être bien fait, exige de l'attention et une sorte d'intelligence de la part de l'ouvrier ; l'encollage qu'on y emploie doit être lisse, bien homogène, ou sans grumeaux, ni trop humide, ni trop sec, de manière qu'il puisse se diviser complètement dans les brosses, pour être ensuite appliqué en tous sens sur la partie de la chaîne destinée à être mise à l'œuvre.

Enfin, un parement bien appliqué, disent les tisserands, donne de la force aux fils, empêche qu'ils ne se rompent, le *va et vient* des lames et les mouvements du métier se font mieux, la chaîne présente un plan plus uni pour la course de la navette, toutes dispositions qui contribuent singulièrement à la beauté, à la qualité et à la bonne confection des tissus, quelle qu'en soit la base.

Tels sont les principaux effets produits par l'encollage sur les chaînes ourdies avant leur conversion, sur le métier, en marchandises de toute nature.

Je vais maintenant traiter de la deuxième et de la troisième proposition.

Deuxième et troisième Questions ou Propositions.

Peut-on espérer, au moyen de parements légèrement hygrométriques, fabriquer les toiles et les marchandises désignées sous le nom de rouenneries ailleurs que dans les caves ou autres localités analogues, et, par ce moyen, éviter aux tisserands les dangers auxquels les expose une résidence trop prolongée dans des lieux sombres, frais, froids et humides, et où ils acquièrent souvent des infirmités dans un âge encore peu avancé [1]?

La solution de ces deux autres questions serait, sans doute, de la plus haute importance, et j'aurais cru rendre un service signalé à mon pays et à l'humanité, si

---

[1] On a de nombreux exemples que le tisserand qui travaille dans les caves est vieux à cinquante ans.

13

j'avais assez de données sur l'efficacité des encollages
dont je vais indiquer la composition , pour affirmer que,
par leur emploi , l'ouvrier pourra désormais travailler
sur des métiers établis au-dessus du sol ; mais je croirais
manquer à la prudence, si j'annonçais la bonté d'un
moyen dont l'efficacité n'est pas encore démontrée d'une
manière affirmative.

Depuis quelque temps[1] on a annoncé, dans divers
journaux , une sorte de parement qui semblait réunir
toutes les qualités pour atteindre le but philanthropique
dont nous nous occupons ; déjà les tisserands devaient,
par son emploi , déserter les lieux souterrains, pour
établir leurs métiers dans des étages plus élevés. Cet
encollage se prépare avec la farine qu'on obtient de la
semence d'un gramen qui semble originaire des îles
Canaries. Maintenant cette plante est indigène en
France , et connue des botanistes sous le nom de *phalaris canariensis*, ou alpiste ; c'est le millet long des
grainetiers.

Il paraît assez bien démontré que cette farine possède
les précieux effets qui lui ont été attribués par les journaux et par les ouvrages périodiques qui en ont successivement rendu compte.

J'ai fait essayer à diverses reprises l'encollage préparé
avec la farine extraite de cette graine venant directement des Canaries, ou avec celle tirée de la semence
de la même plante, que j'ai cultivée aux environs

---

[1] En 1820 , époque où ce mémoire fut imprimé dans le précis
des travaux de l'Académie de Rouen.

de Rouen : l'une et l'autre ont donné un parement doux au toucher, long, moelleux, qui se divise bien sous les brosses et s'étend parfaitement sur les fils, auxquels ils donne l'uni, la souplesse et la force couvenables à une bonne et prompte manipulation des étoffes ; mais, à côté de ces utiles qualités reconnues dans le parement que donne la graine de millet long, viennent s'opposer deux obstacles qui contrarient singulièrement son emploi par les tisserands.

Le premier de ces obstacles résulte du prix trop élevé de la farine de phalaris, comparé à celui de la farine de blé ou de seigle dont se servent assez généralement les passementiers pour faire leur encollage.... La première farine, en supposant, année commune, la graine d'alpiste à 30 fr. les 50 kilogrammes, revient, par la soustraction de la balle et du cariopse épais qui la recouvrent, et par le déchet qu'elle éprouve au moulin ou sous le pilon, à 50 cent. la livre au moins, tandis que celle de froment ne coûte guère, année commune, que 4 à 5 sous, et donne, à poids égal, étant bouillie avec l'eau, autant et même plus de parement que celle de millet long ; et comme tout doit être économie dans la manutention des étoffes, l'ouvrier adoptera difficilement l'emploi d'un parement dont le prix tend à élever celui de la marchandise et à diminuer le salaire qui lui est accordé pour la fabriquer.

Le deuxième obstacle qui s'oppose encore à l'usage du phalaris dans les ateliers, et le plus difficile à vaincre, tient à la nature même de cette graine ; la farine qu'elle produit donne, par sa cuisson avec l'eau, un parement d'un gris terne, quelquefois jaunâtre, dont l'application nuance désagréablement les étoffes à fond blanc, et nuit à leur vente, sans pourtant en détériorer la qualité.

Un autre défaut attribué à ce parement, provient de ce que la farine d'alpiste n'est jamais exempte d'une portion de l'écorce de la graine qui la produit. Cette espèce de son n'étant pas soluble dans l'eau, reste interposé dans l'encollage, forme de petites aspérités sur les fils, et en occasionne souvent la rupture par le mouvement du métier [1]; mais avec du soin, et en donnant, disent les ouvriers, quelques coups de brosse de plus au paré, un instant après qu'il est fait, on parvient à le rendre uni et presque exempt de ce corps étranger, qui s'en sépare assez facilement.

Après avoir examiné et décrit avec soin les propriétés du parement préparé avec la farine du phalaris, je me suis déterminé à faire l'analyse de cette farine, afin de reconnaître à quoi sont dues les qualités hygrométriques, le moelleux et la couleur qu'elle donne à l'encollage qu'on en prépare par sa cuisson avec l'eau, propriétés qui la distinguent essentiellement de la farine de blé et autres matières employées par les tisserands pour la composition de leurs encollages.

Je ne rapporterai pas les essais et les expériences assez nombreuses que j'ai faites pour analyser la farine du

---

[1] Les graines d'alpiste et de sorgo sont recouvertes, outre la balle, d'un péricarpe ou cariospe ligneux, noirâtre, qui détériore leur farine et colore le parement qu'elle produit.

phalaris canariensis; je crois seulement utile d'affirmer que cette farine contient, de plus que les farines des autres céréales, une quantité notable de muriate ou d'hydro-chlorate de chaux et un principe gommo-résineux colorant, d'une saveur amère et styptique, et que c'est à ces deux principes qu'on peut attribuer les qualités hygrométriques, la couleur grise et terne des encollages qu'elle produit, et qui les distingue si particulièrement de ceux préparés avec la farine de froment ou avec les fécules amilacées extraites du blé, de l'orge, des pommes de terre, etc.

J'ai également analysé la farine provenant du sorgo ou millet rond, *milium vulgare,* qui donne aussi un bon parement pour les tisserands. Cette farine contient, comme celle du millet long ou alpiste, du muriate de chaux et un principe colorant. J'ai cru seulement devoir en faire note, pour démontrer son analogie avec celle du phalaris, et indiquer qu'elle peut entrer en concurrence avec cette dernière, pour la confection des encollages servant à fabriquer des tissus colorés, si jamais le prix des farines provenant de ces deux espèces de gramen devenait assez modique pour en permettre l'usage dans les manufactures. Néanmoins, ici, nous devons faire observer que l'encollage préparé avec les farines d'alpiste ou de sorgo, sans addition de muriate de chaux, n'est pas encore assez hygrométrique pour laisser la faculté au tisserand de travailler au-dessus du sol, mais qu'on atteint ce but, d'après nos essais, en ajoutant de 4 à 6 gros de ce sel (muriate de chaux) sur chaque livre de ces deux farines.

Ce parou de farine d'alpiste se fait de la même manière que celui préparé avec la farine de blé. (Voir page 199.)

Après avoir découvert, par l'analyse, les principes qui établissent les différences qu'on remarque entre le parement préparé avec les farines du millet long et rond et celui fait avec la farine de froment, j'en ai tiré cette conséquence, savoir :

« Qu'en donnant aux parements confectionnés avec
» la farine de blé, ou autres farines blanches, une cer-
» taine propriété hygrométrique, on parviendrait à en
» obtenir des encollages de même nature que celui que
» donne le *phalaris canariensis*, et sans en avoir les
» défauts ni les inconvénients. »

En conséquence j'ai préparé et fait préparer, pendant plus d'une année, des parements avec diverses sortes de farines ou fécules, telles que celles de froment, de seigle, de pommes de terre, l'amidon ordinaire, dans lesquels on a ajouté du muriate de chaux et autres matières convenables. Tous ces encollages ont été successivement éprouvés par des ouvriers intelligents, et j'en ai assez suivi l'emploi pour affirmer qu'ils égalent au moins en bonté le parement obtenu du *phalaris canariensis*, et qu'ils réunissent encore, au précieux avantage de se conserver long-temps, celui de pouvoir être employés au tissage des étoffes de toutes couleurs, sans nuire à leur qualité.

Voici les recettes de plusieurs des parements ou encollages que je viens d'indiquer, dont l'emploi pourra

servir à la solution des deux dernières questions insérées en tête de ce mémoire, et qui possèdent en outre
la propriété de se garder plus de deux mois sans se
gâter, ni fermenter.

—

ENCOLLAGE, PAREMENT OU PAROU N° 1,

**PRÉPARÉ AVEC LA FARINE DE BLÉ OU DE SEIGLE ET LE
MURIATE DE CHAUX, ET DONT L'EMPLOI PERMET AUX
TISSERANDS DE TRAVAILLER AU-DESSUS DU SOL.**

Prenez 1 livre marc de l'une ou l'autre de ces
farines ; délayez-la avec soin dans environ 4 litres
ou pintes d'eau (on ne met que 3 pintes d'eau si
c'est de la farine de seigle, ou si la farine de froment
n'est pas de première qualité) ; faites cuire à petit feu,
mais au bouillon, pendant un quart-d'heure au moins,
en agitant continuellement, pour éviter que le mélange
ne brûle ou ne roussisse, ce qui nuirait à la bonté et
au moelleux du parement. Retirez alors la chaudière
du feu, et ajoutez-y 1 once ou 32 grammes de muriate de chaux [1] préalablement fondu dans une demi-
verrée d'eau (quatre à cinq cuillerées) ; agitez fortement le tout ensemble pendant cinq à six minutes, pour
bien incorporer le sel au parement, puis déposez-le
dans un pot de terre ou de grès, bouché ou couvert. On

---

[1] Quand la farine de froment est de première qualité, ou que
le temps est très-sec, on peut mettre, sans inconvénient, 10 gros
de muriate, au lieu de 8, par livre de cette farine.

peut s'en servir aussitôt qu'il est refroidi. Cette dose rend ordinairement, quand la farine est de première qualité, près de 6 livres marc de parou. Ici on observe que si ce parement se ramollissait trop à la longue, ce qui peut arriver dans les temps très-humides, il suffirait alors de le faire bouillir de nouveau pendant quelques minutes, pour lui faire reprendre sa première consistance [1].

PROPRIÉTÉS DE CE PAREMENT.

Etant ainsi préparé, ce parement est d'un beau blanc, doux au toucher, exempt de grumeaux, s'étend très-bien sur les brosses et mieux encore sur les fils ; il donne à la chaîne le moelleux, la souplesse et les autres qualités qui favorisent le travail de l'ouvrier, et la bonne confection de toutes sortes d'étoffes où son emploi est indispensable.

[1] Le ramollissement de cet encollage est très-rare, surtout si on le conserve dans un vaisseau couvert ; mais, dans tous les cas, les fils et les chaînes qui en sont empreints n'en sont pas altérés, et peuvent être mis à l'œuvre, dans les temps les plus humides, par l'ouvrier, et dans toutes sortes de localités au-dessus du sol. Les étoffes fabriquées avec ce parement ne se piquent jamais, et ne s'altèrent aucunement, étant gardées en magasin.

PAREMENT N° 2,

PRÉPARÉ AVEC LA FÉCULE DE POMMES DE TERRE, LA GOMME ARABIQUE ET LE MURIATE DE CHAUX, ET POUVANT SERVIR AU MÊME USAGE QUE LE PRÉCÉDENT.

Prenez : farine ou fécule de pommes de terre, 1 livre marc ; gomme arabique en poudre, 10 gros. Délayez l'une et l'autre dans 4 pintes d'eau ; faites cuire pendant vingt minutes ; ajoutez-y 1 once de muriate de chaux : agitez fortement le tout (aussi pendant cinq à six minutes), et conservez l'encollage dans un vase de terre ou de grès, bouché ou couvert.

Ce parement, d'un blanc superbe, possède toutes les qualités du précédent ; seulement, et quand il n'est pas bien cuit, il s'en sépare un fluide aqueux : mais on le rétablit dans toutes ses propriétés en l'agitant fortement avant son emploi, ou mieux encore en le faisant bouillir de nouveau pendant quelques minutes.

PAREMENT N° 3,

PRÉPARÉ AVEC LA FARINE DE POMMES DE TERRE ET L'AMIDON ORDINAIRE TIRÉ DES CÉRÉALES, BLÉ, ORGE, SEIGLE, AUQUEL ON AJOUTE, EN PLACE DE GOMME, UNE MATIÈRE GÉLATINEUSE ANIMALE.

On verse environ 2 pintes d'eau bouillante sur 2 onces ou 64 grammes de râpures de corne de cerf ou d'ivoire bien divisées ; on couvre le vase ; on laisse infuser dans les cendres chaudes l'espace de vingt-quatre heures, puis on fait bouillir pendant quinze à vingt minutes, et on coule : ensuite on délaie 1 livre de fécule de pommes de terre ou d'amidon ordinaire dans 2 litres 1/2 d'eau; on y ajoute la décoction de corne de cerf, et on procède à la confection du parement, en prenant les précautions ci-dessus indiquées. On retire le vase du feu, on y mêle exactement 1 once de muriate de chaux, et l'on conserve pour l'usage, dans un vase couvert.

Cet encollage (très-estimé des tisserands) est d'une blancheur éclatante, et peut servir à la confection de toutes sortes de tissus fins et dont la chaîne est très-serrée; mais il convient spécialement pour les blancs complets, pour les étoffes où le blanc domine, ou pour les tissus en soie.

On peut mettre, en place de corne de cerf ou d'ivoire, une once de belle colle forte, ou colle claire dite d'Alsace, préalablement fondue dans trois verrées d'eau; on obtient aussi, par cette méthode, un beau et bon parement.

Ici il est essentiel de faire observer aux consommateurs que l'addition de ces corps étrangers aux farines et fécules n'augmente pas sensiblement le prix des parements [1]. Il est encore bon de noter, avant de passer au

[1] Les 10 gros de gomme arabique valent à peu-près 10 c., la râpure ou la colle claire environ chacune 8 c., le sel 10 c., la farine de pommes de terre 15 à 20 c. D'après ces données assez exactes, il est aisé d'en conclure que le parement préparé avec la farine dite de santé, ne reviendra pas à plus cher que celui

résumé de cet ouvrage, que l'amidon ordinaire, celui
de pommes de terre, même la farine d'orge, produisent
bien, par leur décoction prolongée avec l'eau seule, une
sorte d'encollage, mais que cet encollage, d'ailleurs
trop siccatif, disent les ouvriers, est loin d'avoir le
moelleux et les qualités de ceux dont nous venons de
donner la composition.

Il résulte de ce travail, et des observations qu'il
renferme,

1° Que le parement grisâtre et quelquefois jaunâtre
que donnent les farines provenant de graines de millet
long et rond, quoiqu'étant de bonne qualité, ne peut
guère servir qu'à l'encollage des étoffes à fond rembruni, puisqu'il est prouvé que ce parement nuance
désagréablement les tissus à fond blanc, et nuit à leur
prix marchand ;

2° Que ce même parement, outre le défaut qu'il a de
ternir les marchandises à fond blanc, revient à un prix
trop élevé pour en permettre l'usage journalier aux
tisserands ;

3° Qu'on obtient à un prix modéré de la belle farine
de froment [1], en l'additionnant de muriate de chaux,
un parement qui ne le cède, ni en qualité, ni en bonté,

confectionné avec la belle farine de blé, en supposant, année
commune, cette dernière à 5 ou 6 s. la livre.

[1] La farine de seigle donne également un bon encollage; mais
sa couleur est généralement plus terne que le parement fait avec
la farine de froment.

à celui que donne la farine du *phalaris canariensis*. Ce parement, vu sa blancheur, offre en outre le précieux avantage de pouvoir servir à l'encollage des toiles ou étoffes de toutes couleurs;

4° Que la fécule de pommes de terre peut, comme la farine de blé et l'amidon ordinaire, servir à la préparation d'un parement économique et de bonne qualité, surtout si on l'additionne d'une substance gommeuse ou gélatineuse animale et de muriate de chaux; que cet encollage pourra en outre suppléer, en temps de disette, celui que donnent la farine de froment et les autres farines nutritives ou alimentaires destinées spécialement à la nourriture des hommes.

Après avoir décrit l'effet de l'encollage sur les fils destinés à la fabrication des marchandises connues sous le nom de rouenneries, et indiqué plusieurs procédés pour composer des parements hygrométriques et analogues à celui que donne la farine du *phalaris canariensis*, il reste à déterminer si ces sortes d'encollages maintiennent assez long-temps la fraîcheur, la souplesse et le moelleux à la chaîne, pour permettre à l'ouvrier de travailler ailleurs que dans les caves, et d'y confectionner des étoffes de garde d'aussi bonne qualité et aussi marchandes que celles fabriquées sous terre.

Si l'on ajoutait une parfaite croyance à ce qui a été publié depuis quelques années dans les bulletins de la société royale d'Encouragement pour l'industrie nationale, et, par suite, dans d'autres ouvrages périodiques, cette question serait résolue, puisque le parement ou encollage que donne la farine du *phalaris canariensis* posséderait toutes ces précieuses qualités, et que son emploi laisserait désormais aux tisserands la faculté d'établir leurs métiers dans toutes sortes de localités...

On publia aussi, en septembre 1819, dans le n° 3 du *Mémorial d'Agriculture et d'industrie* du département de la Seine-Inférieure, et auparavant dans d'autres journaux, « que, le parement préparé avec la graine » du phalaris ne se desséchant pas aussi subitement que » celui de la farine de blé, le tisserand qui l'emploie » sera libre d'habiter un atelier plus salubre, en y tra- » vaillant avec plus de perfection et de profit.... » On ajoute : « Les essais entrepris en grand dans les manu- » factures d'Erfurt, et dans les états prussiens en » général, ont confirmé la supériorité de la colle de » farine des Canaries pour les tissus fins. On croit pou- » voir l'attribuer à une plus grande affinité hygromé- » trique pour l'eau, comparativement à la farine de » froment, etc. [1]. »

J'avouerai que tant d'autorités m'avaient presque convaincu de l'efficacité de ce parement; mais, accou- tumé à méditer sur l'importance et les avantages d'un assez grand nombre de découvertes d'abord vantées comme infaillibles, et dont les résultats n'ont que trop souvent trompé l'espérance de ceux qui les ont mises en

---

[1] Nous avons fait voir ailleurs que le frais que conserve le parement était principalement dû à une petite quantité d'hydro- chlorate de chaux que contient naturellement la farine extraite de la graine d'alpiste, venant des Canaries, ou même récoltée en France.

pratique, je me déterminai à en faire faire les essais rapportés dans ce mémoire, essais qui démontrent que l'encollage du phalaris, outre son prix trop élevé, ne peut servir que pour la confection des étoffes à fond rembruni, etc. ; mais, comme je l'ai dit plus haut, il reste à déterminer si les parements que j'ai indiqués donneront les qualités convenables aux fils de toutes couleurs qui composent les chaînes, pour être mis en œuvre avantageusement ailleurs que dans les caves et autres bas-fonds. D'excellents fabricants, que j'ai consultés à ce sujet, semblent pencher pour la négative ; ils fondent leur opinion sur ce que les fils qui composent les chaînes, par leur séjour dans des lieux sombres, frais et d'une température presque toujours égale, s'y gonflent, deviennent plus poreux ; d'où il résulte que l'encollage les pénètre plus également, que le duvet s'en rabat mieux, et que la tissure qui en résulte est plus serrée, plus unie, toutes qualités qu'on chercherait en vain si l'ouvrier travaillait dans des lieux secs ou trop froids, et qui concourent en outre, par leur ensemble, à la beauté et à la qualité des marchandises.

Je conviens qu'une longue pratique vient déposer en faveur de l'opinion des fabricants ; mais qui ne sait combien les vieilles habitudes ont d'empire sur nos pensées et sur nos actions ? Il paraît donc sage, pour arriver à la solution d'une question aussi importante, surtout dans nos contrées, où une immense population est condamnée, par état, à vivre dans des lieux souvent malsains, de faire des expériences comparatives, afin de vérifier « si les toileries fabriquées au-dessus du sol, et

» avec les parements composés d'après notre méthode,
» sont d'une aussi bonne qualité et aussi marchandes
» que celles confectionnées dans les caves et autres
» lieux souterrains, avec l'ancien encollage ou avec
» celui fait de farine et d'eau. »

NOTE GÉNÉRALE ET CONCLUSION SUR L'ENSEMBLE DE CE MÉMOIRE.

Les expériences comparatives dont on vient de parler ont été faites par une commission prise dans le sein de l'Académie royale des sciences de Rouen[1]. Il est demeuré constant, par suite de ces expériences, consignées dans un rapport du 9 août 1820, imprimé dans les actes de la même Académie:

« Que les toileries encollées avec les parements dans
» lesquels il entre du muriate de chaux, se dessèchent
» moins vite que celles fabriquées avec la colle ordi-
» naire faite de simple farine, et qu'ils donnent en outre
» aux marchandises plus d'onctuosité et plus de main
» que cette dernière, propriétés qui permettent à l'ou-
» vrier de travailler avec succès dans les localités élevées
» au-dessus du sol. »

[1] Cette commission, nommée dans la séance du 5 mai 1820, était composée de MM. Pavie, Marquis et Dubuc, qui se sont adjoint, pour faire ces expériences, M. Yvart, filateur et fabricant très-instruit, demeurant à Darnétal-lès-Rouen. Des expériences variées eurent lieu dans différentes localités, et toutes donnèrent un résultat satisfaisant et de nature à permettre au tisserand d'établir son métier dans des lieux sains, éclairés, et de déserter les caves, où il arrive à une vieillesse prématurée, etc.

Dans le même rapport, deux des membres de cette commission croient à la possibilité d'obtenir de la graine du *phalaris canariensis* une farine entièrement purgée de corps étrangers, et assez blanche pour en faire, à prix modéré, un parement exempt des inconvénients notés dans ce mémoire. S'ils réussissent, ce sera un nouveau service qu'ils rendront, en donnant un moyen de plus aux tisserands pour travailler hors les bas-fonds, etc.

Au témoignage de la commission, on peut ajouter celui de M. Dubuc, qui a fait expérimenter en particulier ses encollages, pendant plus de quinze mois, par des fabricants, par des ouvriers intelligents, et dans diverses localités, avec un succès constant.

Il est encore resté prouvé, par suite de nombreux essais, que les parements additionnés de muriate de chaux dans les proportions indiquées, n'altèrent en aucune manière les couleurs petit teint et autres, même à la longue, qualités qui permettent de les employer indistinctement à la fabrication de toutes sortes d'é-toffes, mais particulièrement sur les fonds blancs, aux-quels ils donnent un lustre et un coup-d'œil qu'on chercherait en vain par l'encollage ordinaire.

Telles sont les observations et déclarations de divers manufacturiers (dont on donnerait les noms au besoin) qui ont été à même d'apprécier ces parements, en les mettant en pratique sur des métiers situés non-seule-ment au-dessus du sol, mais encore dans les endroits arides ou naturellement très-secs.

Il résulte donc de toutes ces expériences :

1° Que la farine d'alpiste et celle du millet rond ou sorgo ne peuvent être utiles qu'accidentellement pour préparer un encollage à l'usage des tisserands ;

2° Que la belle farine de froment (parement n° 1) et celle du seigle, donnent, étant additionnées d'hydro-chlorate ou muriate de chaux sec, un parement qui atteint le but qui fait l'objet principal de cet ouvrage ;

3° Que les encollages cotés n° 2 et n° 3 atteignent également le même but ;

4° Enfin, qu'il est resté prouvé, d'après le rapport fait, en 1820, à l'Académie des sciences de Rouen :

« Que les marchandises fabriquées sur des métiers
» établis dans toutes sortes de localités et au-dessus du
» sol et avec les susdits encollages, ne le cèdent, ni
» en qualité, ni en bonté, à celles confectionnées dans
» les bas-fonds, frais et froids, dont le séjour est sou-
» vent nuisible à la santé des ouvriers. »

Tel était le but que se proposait l'auteur en entre-prenant, il y a plus de dix ans, son laborieux ouvrage sur les parements et encollages pour toutes sortes de tissus, travail qui lui a mérité la noble récompense que lui a décernée l'Institut royal de France, en 1829.

DEUXIÈME SECTION.

—

PAREMENTS OU ENCOLLAGES

PRÉPARÉS AVEC LES DEUX ESPÈCES DE GRAINES DE RIZ EXOTIQUE QU'ON TROUVE DANS LE COMMERCE.

Un ancien négociant de Rouen, M. Le Bouvier, après avoir lu mon premier travail sur les parements, publié en 1820, se rappela avoir vu dans la relation des voyages de Sonnerat aux Indes et à la Chine, imprimée à Paris, en 1782,

« Que chaque matin le tisserand indien monte son
» métier en l'accrochant à un arbre, sous lequel il tra-
» vaille à toute heure du jour et à toutes sortes de tissus,
» et qu'il le démonte au soleil couchant, etc. »

Et comme ce fait paraît hors de doute, non-seulement d'après Sonnerat, mais encore par le témoignage des missionnaires qui ont exploré nombre de fois l'Indostan, il en résulte, ajoutait M. Le Bouvier dans la lettre qu'il écrivait à cet égard à l'Académie de Rouen, que, « si les Indiens confectionnent leurs toiles en plein
» vent dans un pays naturellement très-chaud et sec,
» ils doivent faire usage d'un apprêt inconnu en Europe
» pour donner aux fils dont la chaîne de leur toile est
» composée la force, la souplesse et l'élasticité conve-
» nables, et qui permet par ses qualités à l'ouvrier de
» travailler au grand air. »

Après diverses considérations sur les mœurs, sur les usages des peuples orientaux, M. Le Bouvier ajoutait, dans sa même lettre à l'Académie :

« Et comme il ne croît dans l'Indostan ni blé, ni seigle,
» ni pommes de terre, et que les nombreux habitants de
» ces vastes contrées se nourrissent exclusivement de
» riz, il est porté à croire que c'est avec cette graine
» que le tisserand indou confectionne le parement
» hygrométrique ou peu siccatif qui lui sert pour
» l'encollage des étoffes qu'il fabrique à ciel ouvert. »

Ce fut pour vérifier jusqu'à quel point les assertions de M. Le Bouvier étaient fondées, que je fus chargé, en 1821, par l'Académie de Rouen, de faire des recherches sur la nature du riz et sur les encollages extraits de cette graine.

Je vais rapporter succinctement les principaux essais que j'ai faits à cet égard, et dont je donnerai les résultats à la fin de cette section de l'ouvrage.

On trouve dans le commerce trois espèces de graines de riz, mondées des balles ou capsules jaunâtres qui les recouvrent au moment de leur récolte.

La première, et qui paraît la plus anciennement connue en Europe, nous vient des Indes-Orientales.

La deuxième, dite de Caroline, croît aux Indes-Occidentales, et a beaucoup d'analogie avec la précédente. Seulement elle rend un peu moins de farine médullaire que la première.

La troisième se cultive en Europe, et se vend sous le

nom de riz d'Italie, d'Espagne, etc. C'est la moins estimée [1].

On prétend qu'il existe dans l'Indostan une quatrième espèce de riz, connue dans ce pays sous le nom de *riz rouge*, dont l'exportation est soigneusement défendue; n'ayant pu m'en procurer, j'ignore si l'encollage qu'il produit diffère de ceux que j'ai obtenus des espèces dont je viens de parler. C'est donc avec ces deux premières graines pulvérisées que j'ai fait les parements qui ont été successivement mis en œuvre par de bons ouvriers tisserands, sur des métiers établis dans toutes sortes de localités, et sur des tissus variés. J'avoue que les premiers essais ne répondirent pas à mes espérances, et faillirent me faire abandonner ce travail; mais de nouvelles réflexions que je fis, tant sur la nature du riz que sur le mode que j'avais d'abord employé pour la confection de ces encollages, et qui me parut défectueux, me déterminèrent à faire de nouvelles tentatives avec des parements obtenus par les procédés suivants.

PREMIER PROCÉDÉ. — PAREMENTS FAITS AVEC LE RIZ EN POUDRE, OU AVEC LA FARINE MÉDULLAIRE DE CES GRAINES, EXTRAITE PAR UN MOYEN PARTICULIER, ETC.

Prenez 1 kilogramme de riz des Indes en poudre très-fine; délayez-le avec soin dans 8 litres d'eau pure

---

[1] Nous n'avons employé que les deux premières espèces à nos opérations.

bouillante (l'eau de puits séléniteuse ou impure ne convient pas à cette opération); laissez macérer le tout à une douce chaleur pendant trois heures, agitez souvent ce mélange, afin de faciliter l'action du fluide aqueux sur les molécules du riz; ensuite faites cuire à petit feu, mais au bouillon, pendant vingt minutes, en remuant continuellement, pour éviter que l'encollage ne brûle ou ne roussisse, ce qui nuirait à sa qualité. Alors retirez le vase du feu, et déposez le parement dans un pot de terre ou de grès, couvert [1].

Par le refroidissement, cet encollage prend du retrait, devient très-tenace, et adhère fortement aux doigts. Cette forte tenacité, qui pourra trouver son application dans la pratique de quelques arts ou métiers, ne convient que jusqu'à un certain point pour encoller les toileries, surtout pour celles dont les tissus sont fins, délicats et de petit teint. Néanmoins, il est facile à l'ouvrier de lui donner la consistance et le moelleux du parement ordinaire, en l'agitant fortement, et même en y ajoutant un peu d'eau au moment de son emploi, afin qu'il puisse s'étendre avec facilité sous les brosses et sur la chaîne. Mais ce parement, employé seul, est trop siccatif pour permettre aux tisserands de travailler hors des bas-fonds. Cette dernière considération m'a donc obligé à faire de nouvelles

[1] Pour avoir ce parou tout-à-fait exempt de grumeaux, il convient de le passer tout chaud à travers une forte toile ; mais quand on opère sur des marchandises communes, cette précaution devient inutile.

recherches sur le riz et sur sa composition chimique, afin d'en extraire un apprêt moins siccatif, plus moelleux que celui dont je viens de parler, et qui puisse réaliser les conjectures de M. Le Bouvier.

Lors de mes premiers essais avec le riz réduit en poudre, j'avais observé qu'on pouvait, en fractionnant ses produits, en tirer deux espèces de farines qui différaient entre elles, soit par la couleur, soit par le goût, etc. Cette différence est due à la nature même du riz, dont la partie extérieure est plus dure, plus coriace et d'un blanc plus terne que sa partie intérieure. De ces remarques, jointes aux observations antérieures que j'avais faites sur les propriétés de divers encollages produits par le riz, j'en inférai que, si ce grain donne en général deux sortes de farines, ces farines doivent également produire deux sortes d'encollages avec des propriétés diverses. La difficulté consistait à les isoler du grain, et, après plusieurs tentatives pour y parvenir, voici le procédé que j'ai reconnu le meilleur pour l'extraction de ces farines.

Procédé pour obtenir deux sortes de farines de la graine de riz.

On fait sécher du riz pris dans le commerce[1], au

[1] Les trois espèces de graines de riz qui se vendent dans le commerce, perdent au moins un huitième de leur poids pendant leur dessiccation. Cette diminution est due à l'évaporation de l'humidité ou de l'eau que recèlent ces graines. Sans la dessiccation préalable du riz, on aurait une peine infinie à séparer la

moyen d'une chaleur de 25 à 30 degrés, échelle ther-
mométrique de Réaumur (35° centigrades). Cette opération a lieu en étendant par couches minces le riz sur
des châssis en toiles claires. Vingt-quatre heures de chaleur suffisent ordinairement pour lui donner le degré
de dessiccation convenable pour être réduit facilement
en poudre. Dans cet état, on en met une quantité
déterminée, 1 kilogramme, par exemple, dans un
mortier, puis on le réduit en poudre grossière au moyen
d'un pilon ; ensuite on passe au tamis fin pour en
extraire moitié de la totalité du riz employé, et qu'on
met à part. Le résidu peut également, mais plus difficilement, être réduit en poudre et former une farine
de seconde qualité. Cette opération pourrait s'opérer en
grand dans les moulins ordinaires ; c'est, du moins, ce
que m'a assuré un meûnier très-intelligent : alors
l'opération serait très-simplifiée.

J'obtins, par ce procédé assez simple, basé sur la
différence qui existe entre la dureté et la ténacité des
parties constituantes du riz, deux sortes de farine: la
première d'un blanc mat, douce au toucher et presque
soluble en totalité dans l'eau bouillante: c'est le gruau,
ou mieux la farine médullaire du riz.

La deuxième farine est d'un blanc sale, légèrement
verdâtre, âpre et acerbe au goût, ne se dissout qu'en

partie médullaire du grain de sa partie extérieure ou corticale.
J'ai encore observé que le riz dit de Caroline donnait de plus
belle farine que les deux autres espèces de riz dont nous avons
parlé.

partie dans l'eau chaude, et ne forme jamais, comme la première, une colle bien homogène par sa cuisson avec ce fluide. Néanmoins, cette colle peut servir au paré des marchandises communes.

C'est donc avec ces deux dernières farines que j'ai préparé des encollages par le procédé ci-dessus indiqué (V. la page 199), et dont je me suis servi pour faire de nouveaux essais. Les quatre tisserands qui les ont successivement employés, sur des métiers établis dans des lieux secs ou frais, ont remarqué que le parement fait avec la farine médullaire de riz était bien supérieur en qualité à celui produit par la farine que renferme la partie extérieure ou corticale de cette graine. Ce dernier est difficile à manier, très-sujet au retrait, trop siccatif [1], tandis que le premier s'étend bien sur les brosses, lisse bien les fils, et les tient long-temps frais sans être humides, qualités qui permettent à l'ouvrier de travailler dans toutes sortes de localités. Mais les tisserands rouennais préféreront toujours, disent-ils, le parement de farine de blé ou de seigle pur ou additionné, suivant les circonstances, avec le muriate de chaux sec, comme étant plus facile à préparer, et plus économique que tous les encollages où il entre, soit du riz entier, soit

---

[1] Tout porte à croire que ce parement acquerrait le moelleux convenable pour les tissus de toutes sortes, si on l'additionnait seulement de 10 gros de muriate de chaux par livre de cette farine; mais je n'en ai pas fait l'essai. Ce dernier parement pourrait servir aux tissus ordinaires, et le premier pour les tissus fins, quelles qu'en soient la chaîne et la trame.

du riz en poudre , etc. Ainsi , excepté l'encollage produit par la farine médullaire du riz , tous les autres
parements que donne cette graine employée en poudre
ne sont ni assez hygrométriques , ni assez moelleux
pour permettre aux ouvriers de travailler à ciel ouvert,
même en France , où la température est bien inférieure
à celle qui règne aux Indes , à la côte de Coromandel,
où , d'après l'ouvrage de M. Sonnerat , les métiers des
tisserands sont établis sous des arbres.

De ces observations , ne peut-on pas conclure que, si
les Indiens préparent exclusivement leurs encollages
avec le riz , cela ne peut avoir lieu qu'au moyen de la
farine médullaire que produit cette graine , dont le parement est peu siccatif à l'air [1] ? Ou bien , il faut supposer,
avec M. Le Bouvier , qu'ils ont un procédé inconnu des
autres nations , pour faire un apprêt hygrométrique
dont les tisserands se servent dans l'Indostan pour travailler au grand air ; et comme les peuples orientaux ne
sont pas communicatifs et qu'ils écrivent peu , qui sait
s'ils ne connaissaient pas avant nous les précieuses qualités du muriate de chaux sec, et s'ils ne le mêlent

[1] Je ne pourrais affirmer, faute d'en avoir l'expérience, que le
parement fait avec la farine médullaire du riz est assez peu siccatif
pour permettre à l'ouvrier de travailler à ciel ouvert ; pourtant
on peut le supposer, d'après ses qualités , et surtout d'après l'opinion de plusieurs bons tisserands qui en ont fait l'emploi sur des
métiers établis sur un sol aride. Mais on atteindrait complètement
ce but (de travailler au grand air) en mélant seulement 1 once de
bon muriate de chaux sec dans 3 kilogrammes de cet encollage.

pas, de temps immémorial, aux encollages qu'ils emploient sur leurs métiers champêtres?

J'ai fait encore une autre expérience sur le même sujet, et dont les résultats tendent de plus en plus à éclaircir la question qui fut soumise à l'Académie de Rouen, par M. Le Bouvier. On a remarqué, par les essais précédents, que les graines de riz des Indes donnent deux sortes de farines, l'une soluble presqu'en totalité dans l'eau bouillante, l'autre ne s'y dissolvant qu'en partie. Cette remarque m'a conduit naturellement à me servir de l'eau simple pour extraire de cette graine toutes les parties qui peuvent lui être enlevées par ce fluide, et en préparer un parement d'une qualité bien supérieure à celui qu'on obtient des farines de riz dont nous venons de parler.

DEUXIÈME PROCÉDÉ POUR FAIRE UN EXCELLENT PAREMENT AVEC LA GRAINE DU RIZ ENTIER.

On met à bouillir successivement, et quatre fois de suite, pendant une heure chaque fois, 1 kilogramme de riz des Indes dans 4 litres d'eau; les décoctions coulées avec expression seront mêlées, puis réduites à petit feu jusqu'à ce que le fluide prenne, en refroidissant, une consistance gélatineuse. Cette dose rend à-peu-près 5 livres marc d'encollage d'un blanc superbe, frais sur les étoffes, les lissant parfaitement, etc., et qui pourrait bien être l'apprêt dont se servent les Indiens pour travailler à ciel ouvert. Ce même encollage, additionné seulement de 1 once de muriate de chaux, forme un parement, disent les ouvriers, bien supérieur, par ses bonnes qualités, à tous ceux préparés avec la farine de blé, les fécules, etc [1].

Le résidu de cette opération représente environ le quart du poids total du riz employé. C'est une matière *végéto-animale*, insoluble dans l'eau, de couleur verdâtre étant séchée, siccative et très-inflammable, et bonne à la nourriture des bestiaux. C'est probablement à elle qu'est dû le retrait et la trop grande cohésion du parement fait avec le riz en poudre, qui lui donne en outre la tenacité dont nous avons déjà parlé, et le rend difficile à manier comme encollage des tissus, surtout des tissus fins.

On ne peut se dissimuler que le parement obtenu des graines du riz par décoction, soit pur, soit additionné de muriate calcaire sec, ne convienne parfaitement dans les ateliers établis au-dessus du sol ; mais, comme les précédents, cet encollage exige, pour sa confection, une assez longue manipulation, et son prix est encore

[1] Outre ses bonnes qualités pour la fabrication de toutes sortes d'étoffes, ce *parou*, dont le prix n'est pas très-élevé ni la préparation difficile, fait long (expression de tisserand). 3 livres représentent au moins à l'usée 4 livres de parement de farine de blé. Le paré s'en fait vite, la chaîne est en général plus lisse et le travail plus aisé qu'en employant le parement commun. Tels sont les avantages que cet encollage procure aux ouvriers, ainsi que celui préparé avec la farine médullaire du riz ; avantages que nous signalons aux fabricants de tous les pays, et qui seront appréciés par eux, n'en doutons pas, surtout pour les marchandises fines et d'une qualité supérieure.

trop élevé pour être employé à des étoffes communes. Néanmoins il pourra trouver son application pour les tissus recherchés qui ont pour base les cotons fins, la soie, etc., et qui exigent un encollage très-moelleux et d'une qualité particulière et supérieure au parement ordinaire de nos tisserands. (Voir la note de la page précédente.)

NOTE SUR LES PAREMENTS PRÉPARÉS AVEC LES FARINES DE FROMENT, DE SEIGLE, ETC., ADDITIONNÉES DE MUCILAGES VÉGÉTAUX, DE GRAISSE, D'HUILE, ETC.

Je dois encore dire que, depuis la publication de mon ouvrage sur les parements, en 1820, j'ai été invité à en préparer avec toutes sortes de substances farineuses et des fécules, auxquelles on ajoutait des mucilages obtenus des graines de psylium, des pepins de coing, de la racine de guimauve, etc., dans l'intention de leur donner plus de moelleux, plus d'élasticité, et de les rendre moins siccatifs à l'air. Je me suis prêté volontiers à ces essais, quoique je fusse presque convaincu d'avance de leur inutilité. En effet, bon nombre d'expériences ont prouvé que tous les encollages où il entre des mucilages végétaux se gâtent et moisissent promptement, et ont en outre le défaut capital, peu de temps après leur application sur les chaînes, de prendre du retrait, et de causer, par cet effet, des aspérités et des inégalités sur les fils, effets qui en occasionnent souvent la rupture dans le travail, si l'ouvrier ne se hâte de finir son paré.

Ces inconvénients, particulièrement remarqués par les tisserands dont les métiers sont établis au-dessus du sol, démontrent que les mucilages végétaux sont au moins inutiles dans le parement ordinaire préparé avec les farines de blé, de seigle, ou les fécules.

Les matières graisseuses, huileuses, les résines, et certains sels ajoutés aux parements, ont aussi de grands inconvénients, et gâtent souvent les tissus ; nous en avons eu nombre de fois la preuve en examinant des marchandises fabriquées à l'aide de ces encollages.

Les graisses et les huiles sont d'autant plus dange-reuses, même ajoutées en petite quantité aux pare-ments, qu'on ne peut les enlever qu'au moyen d'une lessive ; et il est rare que cette opération ne détériore pas l'étoffe qui en était empreinte, surtout les tissus faux teint.

En résumant les expériences et les essais faits sur la graine de riz et la note concernant les parements addi-tionnés de corps étrangers de diverse nature, on voit :

1° Que le riz des deux Indes pulvérisé donne un encollage, par sa cuisson dans l'eau, plus adhésif et comparativement plus siccatif que celui que produit la bonne farine de blé ordinaire, mais dont on peut tirer un grand parti dans certains arts industriels [1] ;

[1] Il existe bon nombre de professions où l'on a besoin d'une colle très-adhésive et en même tems siccative. L'encollage préparé avec la farine du riz possède éminemment ces deux qualités.

2° Que le riz contient plus de moitié de son poids d'une farine médullaire, excellente à faire des parements pour les tissus fins, etc. ;

3° Que le riz donne, par décoction avec l'eau pure, un encollage d'une qualité supérieure à tous les parements dont nous avons parlé ; et tout porte à croire que c'est par cette méthode que les tisserands indiens obtiennent l'apprêt dont ils font usage pour travailler à ciel ouvert ;

4° Enfin, que les graisses, les huiles, les résines, le sel, l'alun, et même le mucilage de certaines plantes, sont, en général, plus nuisibles qu'utiles dans les parements et dans toutes sortes d'apprêts pour les étoffes.

Nous terminerons cette seconde section par les observations suivantes, observations que nous croyons encore de nature à faire partie de ce traité.

Nous n'avons pas de renseignements aussi positifs à donner sur l'emploi des encollages préparés avec le riz, que sur ceux fournis par la farine des céréales indigènes, l'amidon et les fécules ; néanmoins, les ouvriers qui ont fait usage des parements faits avec **la farine médullaire** du riz obtenue par le procédé que nous avons indiqué, et de celui résultant de la décoction de cette graine, sont tous d'accord pour reconnaître la supériorité de ces apprêts sur ceux que donne la farine de blé. Jamais, disent-ils, ce dernier parement n'aura le moelleux, la finesse et l'élasticité de celui retiré du riz, et dont ils firent un usage assez prolongé, spécialement pour confectionner les tissus fins et d'un prix élevé ; mais, comme nous l'avons déjà observé, ces encollages exigent de trop grands frais et trop de manipulation pour les préparer, et le tisserand les abandonne par ces motifs. Quoi qu'il en soit, il reste constaté, d'après nos essais, que le riz des Indes donne d'excellents encollages et d'une qualité supérieure à celui fait avec les farines de froment, de seigle, etc. (Voir la note de la page 219.)

Dans les grands établissements, ces considérations sont peu importantes et ne doivent pas repousser l'emploi de ces nouveaux encollages. Les motifs s'en expliquent d'eux-mêmes.

Nous livrons ces remarques aux fabricants, aux tisserands et à tous ceux qui emploient des encollages dans la confection des étoffes, quelle qu'en soit la nature, persuadés que leur application concourra au progrès et au perfectionnement de l'industrie manufacturière ; car il est bien reconnu qu'un parement de première qualité contribue singulièrement à la beauté, au travail, et peut-être à la bonté des tissus en général.

Tant de motifs nous ont donc déterminé à insérer cet autre travail dans notre traité sur les parements et encollages.

Nous ajouterons que, depuis la publication de notre mémoire concernant l'encollage tiré du riz exotique, il nous a été adressé plusieurs lettres dans lesquelles on nous félicitait sur l'emploi des parements que cette graine produit ; mais on nous assurait aussi que le riz cultivé en Europe possédait les mêmes propriétés que celui venant des deux Indes, et donnait également d'excellents encollages pour les tissus ; et comme le riz indigène coûte moins cher que le riz étranger, ce dernier motif facilitera l'emploi de cette graine dans nos ateliers de rouenneries, etc., etc.

TROISIÈME SECTION.

—

Comme nous l'avons fait remarquer ailleurs, la qualité du muriate de chaux sec, ou presque privé de son eau de cristallisation, doit être toujours la même, afin que ses effets soient également identiques étant employé dans les parements. Nous allons, à cet effet, décrire le procédé le plus simple pour faire ce sel, afin de l'obtenir tel qu'il doit être pour servir dans les encollages préparés avec les farines de nos céréales, des fécules et du riz, dont les recettes se trouvent consignées dans la première et dans la seconde partie de ce traité. Ensuite nous en indiquerons les principales propriétés chimiques, de manière que le consommateur pourra toujours le distinguer du muriate calcaire impur du commerce, du nitrate de chaux et du sous-chlorure de chaux, ou poudre de blanchiment, trois matières qu'on a voulu substituer à notre muriate de chaux dans l'apprêt des parements, mais dont l'emploi n'a servi qu'à induire en erreur ceux qui en ont fait usage.

Le procédé pour faire le muriate de chaux est simple et presque à la portée de tout le monde. Les moyens de le distinguer des substances dont nous venons de parler, et qui nuisent à la bonté des encollages pour tissus, sont également faciles: l'un et l'autre vont être successivement traités.

Nous terminerons ce chapitre par des considérations générales sur l'emploi du muriate de chaux mis à trop forte dose dans les parements dont nous avons donné la composition, mais dont les effets pourront avoir d'utiles résultats pour la fabrication de certains tissus, surtout pour ceux faux teint et petit teint.

PROCÉDÉ POUR FAIRE LE MURIATE DE CHAUX SEC, SERVANT AUX ENCOLLAGES POUR LA FABRICATION DE TOUTES SORTES DE TISSUS, TOILERIES, ETC.

On met dans un vase de grès, ou mieux dans un baril fait de bois blanc: acide muriatique ou esprit de sel du commerce, 10 kilogrammes, par exemple ; eau pure, 5 kilogrammes. On mêle bien l'eau à l'acide, et il faut que le vase ne soit au plus qu'à moitié plein ; alors on ajoute au fluide 4 à 6 onces de craie ordinaire, ou blanc d'Espagne des boutiques, cassé en petits fragments; on agite le tout avec un râble en bois. Quand l'effervescence ou bouillonnement a cessé, on continue de mettre de la craie par partie, et en suffisante quantité, pour bien en saturer l'acide, ce qu'on reconnaît à la cessation de tout mouvement tumultueux dans le vase où se fait l'opération, et encore quand la

liqueur ne colore plus en rouge le sirop de violettes.
Alors on filtre à travers un papier gris non-collé, posé
sur une toile : c'est le muriate ou hydrochlorate de
chaux liquide. Ce fluide salin ainsi préparé marque environ 28 à 30 degrés au pèse acide ; cette dose rend près
de 9 livres de muriate de chaux sec [1].

DESSICCATION DU MURIATE DE CHAUX LIQUIDE POUR LE CONVERTIR EN MURIATE SEC.

On fait évaporer à gros bouillons ce muriate liquide
dans une bassine de cuivre rouge évasée ; vers la fin de
l'évaporation, et à l'instant où il se forme une pellicule
épaisse sur le fluide, on agite la matière en tous sens
avec un pilon ou avec une forte et large spatule en bois,
jusqu'au moment où le sel est bien sec et pulvérulent ;
puis on le conserve dans des cruches de grès ou de terre
hermétiquement bouchées, afin qu'il ne se ramollisse
pas en absorbant l'humidité de l'air.

[1] Cette quantité peut varier, en raison du degré de l'acide
employé ; mais s'il marque 21 degrés, et qu'il soit exempt d'acide
sulfurique, alors on obtient de la dose indiquée environ 9 livres
marc de sel, et ce muriate revient, non compris l'usure des vases
et les frais de main-d'œuvre, entre 16 à 18 sous les 16 onces,
en supposant le prix de l'esprit de sel à 30 fr. les 100 kilogrammes.

Nous ajoutons que tout l'appareil pour fabriquer 200 livres de
ce sel par jour ne coûte pas 200 fr., et qu'on trouve même
dans un grand nombre d'usines tous les vases nécessaires à sa
confection.

PRINCIPALES PROPRIÉTÉS CHIMIQUES DE CE MURIATE DE CHAUX AINSI PRÉPARÉ.

Sa couleur est le blanc mat quand il a été desséché avec précaution. Il est tout-à-fait inodore, et il attire fortement l'humidité de l'air. Il se fond complètement dans l'eau avec chaleur, et cette solution n'altère pas sensiblement la couleur du sirop de violettes, ni les couleurs bleues végétales ; son goût est amer, mais sans âcreté prononcée.

1 once ou 32 grammes du même muriate, fondu dans 4 onces d'eau pure, donne 15 à 16 degrés de densité à ce fluide, et peut-être pourrait-on remplacer dans le parement 1 once de muriate de chaux sec par 4 onces de muriate liquide à 16 degrés ; alors on s'éviterait la peine et les frais de dessiccation de ce sel, avantage notable pour les fabricants ; mais je n'ai pas de notions suffisantes pour conseiller cette méthode économique. Néanmoins tout porte à croire qu'elle réussirait.

C'est aux fabricants à faire cet essai, qui, d'ailleurs, ne peut avoir d'inconvénient. Ainsi ils pourraient substituer 4 onces de muriate liquide à 16 degrés, pour remplacer 1 once de muriate sec dans le parement n° 1, etc.

Telles sont les principales propriétés du muriate de chaux sec, bien préparé, et qui serviront à ceux qui en font l'emploi à le distinguer du sous-bi-chlorure de chaux odorant, matière généralement peu soluble dans l'eau, et qui sert spécialement dans les blanchisseries berthollieunes , mais qu'il serait dangereux d'employer à la confection des parements pour les étoffes.

On trouve aussi dans le commerce du muriate de chaux , souvent mêlé de nitrate calcaire, provenant des fabriques de soude artificielle. Ce sel est rarement pur, et , malgré son bas prix, nous ne conseillons pas aux tisserands d'en faire usage , à moins que sa bonté ne soit reconnue et bien constatée avant son emploi. Néanmoins le muriate de chaux du commerce est excellent pour être employé comme engrais ou stimulant végétatif en agronomie , etc. Nous en parlerons ailleurs.

DERNIÈRES CONSIDÉRATIONS ET REMARQUES SUR L'EMPLOI DU MURIATE DE CHAUX SEC PAR LES FABRICANTS, LES TISSERANDS, ETC.

D'abord les fabricants de toileries et autres tissus pourront trouver étrange le peu de cuisson que nous donnons à nos parements. Mais l'expérience nous a fait renoncer à l'ancien procédé , et nous a appris qu'une coction dans l'eau de la bonne farine de blé , pendant seulement vingt à vingt-cinq minutes, était suffisante pour faire l'encollage où il entre du muriate de chaux sec , et qu'en outre ce parement ou parou, ainsi préparé, a une bonne consistance , disent les tisserands, et se conserve long-temps, dans un vase bouché, sans s'aigrir ni se moisir.

D'autre part , un ouvrier de Rouen, très-expérimenté dans son état, ayant par mégarde mis 2 onces de muriate de chaux au lieu de 1 once pour faire son parement , avec 1 livre de farine de blé , fut tout surpris d'obtenir de son paré des couleurs (sur petit teint) plus belles et plus brillantes à l'œil que d'usage. Un autre tisserand, qui fit le même quiproquo, obtint également sur des fonds où le blanc dominait un résultat plus avantageux à la vue qu'en employant le parement ordinaire, sans toutefois que les tissus de ces deux ouvriers en fussent détériorés en aucune manière dans leur qualité ni dans leur ensemble.

Nous rapportons simplement ces faits tels qu'ils ont eu lieu et tels que nous les avons vus et observés, et nous les soumettons, en outre, à l'investigation et à la méditation des chefs de manufactures, étant persuadés, d'ailleurs, que l'emploi varié du muriate de chaux neutre [1] peut amener d'heureux et utiles résultats pour le perfectionnement d'un grand nombre de tissus, car c'est toujours par l'expérience, et souvent par hasard, que toutes les découvertes se sont perfectionnées.

Nous terminerons ce travail, comme nous l'avons indiqué ailleurs, par une notice sur l'emploi du muriate de chaux sec ou liquide en agriculture.

NOTICE CHIMICO-GÉORGIQUE.

En 1821, 1822 et 1827, j'exposai aux regards de l'Académie royale des Sciences de Rouen bon nombre

---

[1] Nous insistons beaucoup sur la qualité de ce sel, car étant mal préparé ou impur, ou n'étant pas desséché convenablement, il pourrait induire en erreur ceux qui en feraient l'emploi, spécialement comme ingrédient destiné à préparer les encollages servant aux tisserands.

de plantes : *helianthus*, L., ou tournesol, pommes de terre, campanule, blé de Turquie et autres végétaux, d'un accroissement plus qu'ordinaire, et j'attribuai la cause de cette espèce de superfétation végétale à l'emploi du muriate de chaux fondu dans l'eau, dont je m'étais servi pour arroser deux à trois fois la terre où la culture de ces plantes eut lieu [1].

Cette singulière découverte ayant reçu une grande publication dans les ouvrages qui ont rapport à l'économie rurale et à l'horticulture, fut commenté de bien des manières, et cela devait être, car tout ce qui paraît nouveau, ou qui sort de nos habitudes ordinaires, trouve toujours des approbateurs et en même temps des contradicteurs ; mais, en définitive, il est resté constant que cette matière salino-terreuse (le muriate de chaux) est maintenant regardée comme un puissant agent végétatif à l'égard de certaines plantes, et que plus les fumiers ordinaires en sont empreints, et ils en contiennent presque tous, mieux ils valent pour l'engrais des terres arables, surtout pour les sols où l'argile et le sable dominent.

Lors de la publication, en 1822, de mon premier mémoire sur l'emploi de cet autre compost en agronomie, j'exprimai fortement le désir d'en voir faire

---

[1] Voir, à cet égard, le Précis analytique des travaux de l'Académie de Rouen, années 1822 et 1827, où bon nombre d'essais se trouvent rapportés, avec des notes et remarques très-curieuses pour l'agriculture, l'horticulture et l'agronomie.

l'essai pratique à la culture du lin et du chanvre ordinaires, *cannabis sativa*, L. Des circonstances particulières m'empêchèrent alors de tenter ces essais ; mais,
en 1826 et 1827, je les fis, à la vérité sur un terrain
exigu et de médiocre qualité. J'y cultivai donc deux
petits carrés de chanvre : l'un fut arrosé deux fois avec
le fluide végétatif dont je donnerai plus bas la composition, et l'autre simplement arrosé d'eau de pluie.

Le chanvre muriaté, et que je présentai à l'Académie
de Rouen, avait acquis, le 20 septembre, époque où
j'en fis la récolte, un tiers plus d'accroissement et de
force dans son ensemble que la même plante cultivée
à côté de la première, mais sans influence étrangère.

Les effets *électro-organiques* de cet engrais salino-
terreux sont encore, comme tant d'autres, un problème
à résoudre en agriculture ; aussi, et dans cette vue,
plusieurs sociétés savantes, et particulièrement les Aca-
démies de Marseille et du Gard, ont-elles proposé
des prix qui seront décernés, en 1830, aux auteurs des
meilleurs ouvrages qui leur parviendront sur l'emploi
de cet autre stimulant végétatif. Ce nouvel engrais convient d'autant mieux dans le midi de la France, que les
fabriques de soude artificielle, qui s'y trouvent en grand
nombre, produisent des quantités énormes de muriate
de chaux dont on ne tirait presque aucun parti avant
son usage aux champs.

Déjà le muriate de chaux sec a servi, non sans succès,
au chaulage des blés avant leur semaille. Ailleurs des
horticulteurs l'ont employé avec avantage, mêlé à petite

dose au terreau, pour l'accroissement des plantes d'agrément, etc.

Les uns en font usage dans l'état liquide, les autres en poudre, mais préalablement mêlé avec des matières sèches, pour en faciliter la dispersion sur le sol, telles que la sciure de bois, la poudre de charbon, la tannée, la suie, même le gros sable, etc. On met 1 kilogramme de ce sel sur 3 ou 4 kilogrammes de ces matières, et l'on jette ce mélange sur la terre, à l'instar du plâtre employé pour augmenter l'accroissement des plantes trifoliacées, trèfle, luzerne, etc.

Grand nombre d'usines existent en pleine campagne; elles ont souvent pour apanage des terres arables. Les chefs de ces vastes établissements sont donc tout-à-la-fois négociants et agriculteurs, et naturellement portés à tenter toutes sortes d'essais. Ceux sur l'emploi du muriate de chaux en agronomie n'offrent aucun danger; ils ne sont pas dispendieux, leur conviennent particulièrement, et tout porte à croire qu'ils feront des expériences agricoles avec cet autre stimulant végétatif, ne fût-ce que comme objet de curiosité.

Ces expériences doivent avoir lieu spécialement sur des terrains froids, argileux, car les terres où le calcaire et le sable dominent semblent peu convenables, vu leur nature, pour l'emploi de ce genre d'engrais. Les plantes à fleurs crucifères, telles que les *synapis*, les colzas, et tous les végétaux à graines huileuses, lin, chanvre, etc., prospèrent à merveille dans les sols empreints de ce sel. Les cultivateurs zélandais, ceux de Riga, les Normands, les Bretons, etc., amendent toujours leurs terres avec des algues, varecks et autres plantes marines contenant du muriate de chaux, et en obtiennent des récoltes superbes , surtout en plantes textiles.

Enfin , les produits plus qu'ordinaires fournis par les terrains muriatés semblent expliquer l'éternelle fécondité des terres d'alluvion , surtout de ces plages submergées périodiquement , en Egypte, par le débordement du Nil. On sait maintenant que ce fleuve charrie du muriate et du nitrate calcaires , sels qui , étant réunis au *détritus végéto-animal* laissé sur le sol par la lente retraite des eaux , forment l'excellent engrais qui donne à la terre de ce beau pays (l'Egypte) l'étonnante fertilité qu'ont lui connaît de temps immémorial.

On pourrait encore rapporter d'autres exemples concernant l'étonnante propriété du muriate calcaire en agriculture , mais nous craindrions de dépasser les bornes que nous nous sommes prescrites dans la publication de ce traité.

Nous formons donc des vœux pour voir faire de nouveaux essais avec ce stimulant végétatif dans diverses contrées et sur des sols variés, persuadés qu'il en résultera quelques nouvelles découvertes utiles aux progrès de la plus belle des sciences, l'agriculture. Tels sont les motifs puissants qui justifient, nous le croyons du moins, l'insertion de cette notice dans notre traité sur les parements, quoiqu'elle y paraisse étrangère, vu la nature du sujet qu'on y traite.

Je vais terminer cet ouvrage en donnant la composition du fluide salin végétatif dont j'ai parlé ailleurs , et

qui servit à faire mes expériences chimico-géorgiques,
aux années 1821, 1822 et 1827.

FLUIDE SALIN VÉGÉTATIF.

On fait fondre 2 kilogrammes de muriate de chaux [1]
dans 120 litres d'eau, environ 12 seaux. Quand le
sel est fondu, le fluide doit marquer 1 degré 1/2 au
moins au pèse-sels et acides. C'est avec ce *compost*
liquide ainsi préparé que je fis presque tous les essais
agricoles qu'on a publiés les années précédentes dans
différents ouvrages qui traitent spécialement d'agronomie, d'horticulture et d'économie rurale.

La dose ci-dessus indiquée suffit pour arroser une fois
un quart d'arpent de terre (25 perches carrées environ),
avant d'y semer les graines à plantes herbacées et à
menues racines ; mais on peut, sans danger, augmenter
l'énergie de ce fluide en y mettant 1 kilogramme de sel
de plus, surtout si on le destine à l'arrosement des sols
destinés à la culture des végétaux à graines huileuses et
autres dont nous avons déjà parlé ; en outre, pour le
tabac, les rosiers, les dahlias, etc., etc. Ce fut au
moyen de ce stimulant agraire que j'obtins de mes essais
faits en Normandie, dans une année assez froide et bru-
meuse, des *hélianthus* de plus de 4 mètres d'élévation,
des pommes de terre ordinaires pesant près de 800
grammes, etc., tandis que les mêmes plantes, cultivées

---

[1] Celui provenant des fabriques de soude, dont le prix est peu
élevé, convient bien en agriculture.

dans le même sol, mais sans influence étrangère, avaient un tiers moins de développement et de grosseur, dans leur ensemble, que les *hélianthus* muriatés, etc.

Ici se termine un ouvrage qui, sans doute, n'est pas aussi complet qu'on pourrait le désirer; néanmoins, en le publiant, son auteur croit avoir atteint son but principal, celui d'être utile tout-à-la-fois aux ouvriers, au commerce et à l'industrie [1].

[1] L'auteur donnera tous les renseignements qu'on pourra lui demander sur la fabrication et l'emploi du muriate de chaux, soit à l'usage des fabriques, soit comme engrais en agriculture, etc.

NOTICES

SUR

TROIS PUITS FORÉS,

DITS ARTÉSIENS,

ÉTABLIS A ROUEN EN 1829 ET 1830,

AVEC L'ANALYSE DE L'EAU QUI EN PROVIENT, ETC. [1]

Une heureuse invention, connue depuis long-temps des peuples orientaux, les puits forés, et qui fut, dit-on, introduite en France, en Italie et ailleurs, lors des croisades, devient aujourd'hui le sujet de profondes méditations, et souvent de grandes dépenses, en raison de l'application qu'on cherche à faire des eaux qui en proviennent aux besoins de la vie, pour les irrigations en agriculture, dans les arts industriels, etc., etc.

On voit maintenant, à Rouen, trois de ces sortes de puits, savoir : deux affluents, et le troisième dont l'eau jaillit au-dessus du sol.

[1] Extrait du *Précis analytique des travaux de l'Académie royale des Sciences, Belles-Lettres et Arts de Rouen*, pour l'année 1830.

L'eau des deux premiers sert à alimenter des pompes à feu, destinées, l'une à la mouture du blé et de graines de toutes espèces. Le moulin où cette machine à feu est établie est situé rue des Espagnols, et occupé par M. Papillon.

L'autre existe à l'hôtel des Monnaies de cette ville, et fait mouvoir les marteaux, coins et autres machines pour la confection des pièces d'or, d'argent, etc., qu'on y fabrique.

Le troisième de ces puits, ou celui qui donne une eau jaillissante au-dessus du sol, a été construit par M. Lecerf, brasseur, rue Martainville, et le fluide qui en provient sert à brasser la bière et autres boissons servant à l'usage de la vie, à la buanderie, etc. Ces trois puits, d'invention nouvelle pour la ville de Rouen, vont faire le sujet des courtes notices que voici.

De nos jours, personne, que je sache, ne met en doute l'utilité des puits artésiens. Néanmoins, malgré tout ce qui a été dit et écrit à cet égard, et en particulier par M. Garnier, et dernièrement par le savant Héricart de Thury, je crois devoir encore reproduire ici en peu de lignes les immenses avantages qu'on a droit d'attendre, surtout en Normandie, pays de fabrique et de grande culture, de cette singulière, mais utile invention.

1° L'eau des puits forés, affluents ou jaillissants, doit augmenter nécessairement la valeur des biens ruraux dans les lieux où ce fluide est rare, surtout dans les fortes exploitations agraires qui exigent une grande consommation d'eau, notamment dans les pays élevés. Je pourrais citer pour exemple, en Normandie, le beau pays de Caux, dont le sol est naturellement humide, mais où l'eau potable est rare, surtout en été [1]. Il existe bien dans les fermes quelques puits ordinaires, mais dont la profondeur désespérante empêche souvent d'y recourir.

2° Dans les pays chauds et arides, comme dans plusieurs provinces du Midi de la France, l'eau des puits jaillissants servira à alimenter les canaux d'irrigation, dont l'influence double souvent le produit des récoltes, sans nuire à l'essence du terrain. Cette autre application du fluide jaillissant est sans doute une des plus précieuses qu'on puisse faire des puits artésiens, en économie rurale, partout où le sol permettra d'en établir. La même application peut en être faite en jardinage et en horticulture.

3° L'eau de ces puits étant presque toujours de bonne qualité, servira également à préparer les aliments, mais encore à faire en tout temps les boissons ordinaires, telles que la bière, la piquette, le petit cidre, l'eau de genièvre fermenté, à couper le vin, toutes boissons qui

---

[1] Souvent les nombreux habitants de cette riche contrée n'ont que de l'eau stagnante et parfois croupie, pour y préparer les aliments et pour abreuver le bétail. Ce grand inconvénient nuit à la valeur réelle des héritages agraires, empêche la multiplication des animaux utiles dans les fermes, etc.

Quelques puits artésiens, creusés çà et là, pareraient à ces grands inconvénients.

sont plus ou moins salubres et agréables au goût, en raison de la pureté de l'eau qui en fait la base.

C'était spécialement pour atteindre ce but que M. Lecerf a fait creuser, à grands frais, un puits artésien dans sa propriété, d'où il jaillit une **eau dont** la pureté peut servir à alimenter sa vaste brasserie de bière.

4° L'eau extraite de ces réservoirs souterrains sera encore utilisée, soit seule, soit ajoutée à d'autres courants d'eau de rivière, suivant leur position et direction, à faire mouvoir toutes sortes de machines à l'usage des arts, dans les fabriques, à l'exploitation des mines [1], etc., etc.

Voilà, ce nous semble, Messieurs, mais en abrégé, les avantages incontestés qui doivent résulter de l'introduction multipliée des puits artésiens sur le sol français, là où l'eau manque ou n'est pas de bonne qualité.

Le puits foré par M. Lecerf a près de 207 pieds de profondeur (environ 70 mètres), et il n'obtint de l'eau vraiment potable, inodore et non ferrugineuse, qu'après avoir traversé, non le calcaire jurassique des géologues, mais bien un calcaire très-dur, très-homogène, de

---

[1] Un négociant manufacturier de Rouen, M. Ham., fait en ce moment creuser un puits artésien, non loin de sa filature, sise dans l'arrondissement de Lisieux, afin d'augmenter, de l'eau qui en proviendra, le volume d'eau provenant d'une petite rivière, et de donner plus d'action et de vitesse à la machine hydraulique déjà employée dans cette usine.

couleur blanchâtre , et de nature un peu siliceuse , ayant au-delà de 35 pieds d'épaisseur.

Ici , Messieurs , je m'arrête : c'est à M. Lecerf que doit être réservé l'honneur de communiquer au public les curieux détails d'une entreprise qui a été couronnée d'un succès presqu'inespéré , surtout en considérant la nature et la position géologique du terrain où il a fait creuser son puits.

J'ajoute que les nombreux échantillons géognostiques provenant des couches successives traversées avant d'atteindre la bonne eau jaillissante , ont été remis par M. Lecerf à M. Passy , pour être examinés et analysés par ce savant , et l'Académie verra probablement le résultat de cette analyse consigné dans le beau travail de M. Passy , concernant la statistique géologique du département de la Seine-Inférieure.

Je passe maintenant à l'examen et à l'analyse de l'eau provenant des trois puits forés à Rouen , en commençant par celle qui jaillit de celui pratiqué par M. Lecerf. Les résultats obtenus de ces diverses analyses feront le sujet principal du résumé qui terminera ce mémoire.

PROPRIÉTÉS PHYSIQUES ET CHIMIQUES DE L'EAU PRISE AU PUITS FORÉ, RUE MARTAINVILLE.

Ce fluide , étant bien déposé , est inodore , sans saveur étrangère à la bonne eau ordinaire. Il est spécifiquement un peu moins lourd que l'eau des fontaines de Rouen ; il entre facilement en ébullition , cuit bien les légumes secs , pois , fèves , etc., et dissout complète-

ment le savon ordinaire. Cette eau de savon est très-
détersive , et convient au lavage et au blanchiment de
toutes sortes de tissus , quelle qu'en soit la nature [1].

EFFETS DES RÉACTIFS CHIMIQUES SUR CETTE MÊME EAU.

1° Le goût , le prussiate de potasse , l'acide gallique
pur, ne décèlent aucune trace de fer (carbonate), ni de
sel ferrugineux. Ces trois réactifs seuls sont en général
plus que suffisants pour découvrir ce métal (le fer) dans
l'eau qui en est minéralisée.

2° La baryte et son muriate la rendent légèrement
opaque, mais le sulfate qu'ils indiquent ne s'y trouve
qu'en très-petite quantité (à-peu-près 1/2 grain par
litre).

3° Les nitrates d'argent et de mercure y occasionnent
un léger précipité. Ce précipité (chlorure) n'était que
du muriate d'argent ou de mercure.

Le premier de ces deux sels, le nitrate d'argent,
décèle aussi de l'extractif dans cette même eau, par la

---

[1] Avant de faire l'analyse de cette eau , je l'ai laissée s'éclaircir
pendant vingt-quatre heures , parce qu'en sortant du petit tube de
projection (le puits n'était pas encore tubé) mis exprès pour avoir
l'eau jaillissante , ce fluide était un peu opaque, vu que la force
d'ascension de ce même fluide y avait entraîné une faible dose de
matière calcaire micacée très-tenue. Mais, comme je viens de le
dire, cette eau se clarifie complètement par un repos de vingt-
quatre heures. Cet effet doit cesser quand le puits sera en repos, et
surtout bien tubé.

couleur jaune-rougeâtre que ce chlorure d'argent insoluble prend à la longue (en deux ou trois jours); car cet effet n'a jamais lieu quand l'eau est tout-à-fait exempte d'extractif.

Ici, je dois faire observer que j'ai toujours vu, dans ma longue pratique, que les fluides extractifs, aqueux, salés par un muriate, tels que les bouillons, tisanes, les eaux de rivière, finissent par colorer en jaune-orangé le précipité qui y occasionne l'addition du nitrate d'argent liquide. Cet effet est moins sensible si l'on opère avec du nitrate de mercure.

Enfin, 1 kilogramme de ce fluide, évaporé jusqu'à siccité dans une capsule de verre, a donné moins de 3 grains de résidu peu coloré. Ce résidu, légèrement hygrométrique, avait une saveur un peu salée, amère. L'analyse y a fait reconnaître environ 1/2 grain de sélénite; chlorure de *calcium* et de *sodium* 1 grain; le surplus était de l'extractif. Cet extractif, qu'on rencontre souvent dans les eaux de source, et toujours dans les eaux de rivière, provient du détritus de matières végétales et animales; mais la quantité en est généralement insignifiante, et n'altère aucunement la qualité potable de ces eaux [1].

Ainsi, en résumant les propriétés physiques et chimiques de l'eau prise au puits foré rue Martainville, on voit que ce fluide est plus pur que l'eau qui jaillit des

---

[1] Les eaux en question ou celles qui recèlent cet extractif conviennent mieux pour les buanderies et pour dissoudre le savon, que l'eau qui en est exempte.

meilleures fontaines de Rouen , et même que l'eau de la Seine, que j'ai analysées[1] précédemment, puisqu'elle ne contient guère que 2 grains 1/2 de matières étrangères en dissolution par kilogramme ;

SAVOIR :

Sulfate calcaire ou sélénite............ » grains 1/2.
Chlorures ou muriates de *sodium* et de
   calcium....................... 1   —
Extractif végéto-animal , à-peu-près ... 1   —

           Total........ 2 grains 1/2.

Résultat qui prouve , comme nous l'avons déjà fait observer, la bonté de l'eau jaillissante de ce puits, vu la faible portion , et encore vu l'innocuité des matières hétérogènes qu'elle renferme.

Nous croyons devoir ajouter ici , ne fût-ce que comme objet de renseignement pour ceux qui font ou feront creuser des puits artésiens , que l'eau qui jaillit de celui de M. Lecerf arrive de sa source à près de 210 mètres au-dessus de la terre, en prenant le niveau du sol sur le grand plateau à fond rocailleux calcaire qui se termine à la côte Sainte-Catherine , qu'on voit au sud-est de la ville de Rouen , route de Paris.

---

[1] Voir, à cet égard, le *Précis analytique des travaux de l'Académie royale des Sciences de Rouen* , année 1828, où ces analyses sont consignées.

PUITS ARTÉSIENS AFFLUENTS, OU DONT L'EAU NE JAILLIT PAS AU-DESSUS DU SOL, MAIS DONT L'EAU EST INTARISSABLE.

J'ai donc examiné physiquement et chimiquement l'eau que donnent les deux puits affluents forés à Rouen, et dont j'ai parlé ailleurs, en citant les lieux où ils sont établis et leur usage actuel. Voici succinctement les résultats que j'ai obtenus de cet examen :

1° L'eau prise au puits creusé rue des Espagnols, quoiqu'inodore et très-limpide, dissout mal le savon ; en outre, elle est spécifiquement plus lourde que celle que donne le puits de M. Lecerf.

Enfin, elle contient plus de 2 décigrammes ou près de 5 grains de matières étrangères en dissolution par chaque litre ;

SAVOIR :

Sulfate de chaux.	2 grains	1/2.
Muriate de chaux	1	—
Extractif, au moins.	1	—
Silice et alumine très-divisées, quelques traces.		
Total.	4 grains	1/2.

Ainsi, l'eau de ce puits, dont la profondeur peut avoir 16 mètres, ou environ 50 pieds, tient le milieu, pour la pureté, entre l'eau des puits ordinaires qui existent de temps immémorial dans cette ville, et celle qui provient de la Seine, ce qui fait présumer que le principal affluent de ce puits lui arrive de ce fleuve, dont il n'est pas éloigné. Cette eau pourrait, faute de mieux, servir aux usages de la vie; mais, en général, elle est peu convenable au blanchîment par le savon, pour couper le vin, pour la préparation des boissons alcooliques, etc.

2° L'eau prise au puits creusé à l'hôtel des Monnaies, à Rouen, et dont la profondeur est d'environ 30 mètres, n'est bonne ni à dissoudre le savon, ni à cuire les légumes. C'est une eau dure, lourde, peu aérée, quoique très-limpide, et qui ne convient aucunement aux usages de la vie. Enfin, elle contient plus de 2 décigrammes de sélénite, 2 grains de muriate calcaire par litre. Ce puits, vu le niveau de son eau, pourrait donner, nous le croyons du moins, une eau jaillissante, s'il était bien tubé [1].

Enfin, nous devons noter ici que l'eau des trois puits artésiens établis à Rouen, dans des bas-fonds, ne contient aucune trace de fer ni de sels à bases métalliques.

En définitive, il résulte des observations et des expériences précédentes :

Qu'un seul de ces trois puits produit une eau jaillissante au-dessus du sol; que ce fluide, vu sa pureté, peut servir à tous les usages de la vie, à la préparation des boissons, quelle qu'en soit l'espèce; aux fabriques, teintureries, buanderies, etc., etc.;

---

[1] On fait en ce moment de nouveaux travaux à ce puits, qui auront probablement cet heureux résultat.

Que les deux puits affluents sont intarissables, mais qu'un seul fournit de l'eau dont on pourrait encore faire usage dans l'économie domestique, vu que ce fluide n'est pas très-chargé de matières étrangères;

Qu'enfin, ces deux derniers puits donnent assez d'eau pour alimenter chacun une pompe à feu, sans diminuer sensiblement de niveau [1]. Nous avons dit ailleurs l'usage qu'on fait de ces deux machines *pyro-hydrauliques*.

Tels sont, en abrégé, les avantages signalés que présente déjà, dans notre vaste et populeuse cité, l'établissement des puits artésiens, et dont la réussite semble annoncer la possibilité d'en creuser, avec succès, dans les divers quartiers de la ville de Rouen, où la bonne eau manque.

Je termine ces observations en offrant particulièrement à M. Lecerf mon tribut d'éloges et de reconnaissance, pour avoir, le premier, enrichi la ville de Rouen d'un véritable puits artésien, bien tubé ou à eau jaillissante. Ce succès prouve encore deux choses importantes, savoir :

1° Qu'on peut obtenir une bonne eau jaillissante des puits forés, sans avoir besoin de traverser le calcaire dit *jurassique* des naturalistes et des géologues ;

2° Qu'on peut tenter, avec grande espérance de succès, d'établir des puits artésiens sur les bas-fonds comme ailleurs, puisque celui de M. Lecerf existe dans

---

[1] On nous a assuré qu'après douze heures de travail, l'eau de ces deux puits ne baissait pas de 2 pouces dans chacun.

le prolongement d'une profonde vallée à sol fangeux et ferrugineux (on y voit des sources d'eau minérale ferrugineuse), dans laquelle coulent deux rivières qui viennent se perdre à Rouen dans la Seine.

J'ai cru, Messieurs, que ce mémoire chimico-historique n'était pas dénué de quelqu'intérêt pour la ville de Rouen, pour son Académie, et en général pour ceux qui voudront établir des puits forés à eau jaillissante ou affluente. Ces motifs m'ont donc déterminé à vous l'offrir. J'aurais pu lui donner plus d'extension, car le sujet est vaste et riche en observations de bien des genres : mais, d'une part, j'ai craint d'abuser de vos moments ; de l'autre, d'entrer dans un terrain que mes connaissances ne me permettent pas d'explorer convenablement.

MÉMOIRE

SUR

LE PHYTOLACCA DECANDRA,

COMMUNIQUÉ A L'ACADÉMIE ROYALE DES SCIENCES, BELLES-LETTRES ET ARTS DE ROUEN, DANS LES SÉANCES DES 25 MARS ET 15 AVRIL 1831.

AVERTISSEMENT.

Deux fois, en 1827 [1] et en 1829 [2], j'exposai à vos regards des feuilles et des baies du *phytolacca decandra*, L., récoltées aux environs de Rouen. Je vous fis voir cette plante dans l'état d'accroissement où je la juge la plus convenable aux essais variés que j'en ai faits comme ingrédient tinctorial. Je promis aussi de communiquer à l'Académie les résultats les plus remarquables de ces essais, plus une note sur la culture de la phytolaque. Je viens aujourd'hui acquitter cette double promesse. Ce travail est un peu long, mais je n'ai pu lui donner moins d'étendue, vu les nombreux détails qu'il comporte. Je demande votre indulgence ordinaire pour en entendre la lecture.

[1] 6 Juillet.
[2] 8 Août.

MÉMOIRE

TANT SUR LES FEUILLES QUE SUR LES BAIES

DU

PHYTOLACCA DECANDRA

DE LINNÉ,

OU PHYTOLAQUE,

CONSIDÉRÉES SPÉCIALEMENT SOUS LEUR RAPPORT TINCTORIAL
OU ATRAMENTAIRE (BONNES A FAIRE DE L'ENCRE) ;

AVEC

UNE NOTICE

SUR LA CULTURE DE CETTE PLANTE EN FRANCE.

———

Messieurs ,

Il y a plus de cinquante ans, en suivant les cours que
M. Dambourney faisait au Jardin-des-Plantes de cette
ville, sur les propriétés tinctoriales d'un grand nombre
de nos végétaux indigènes, que je conçus le projet de
faire un travail sur les baies du *phytolacca decandra*,
L.; et, en effet, je m'en occupai dès l'époque où j'étais
pharmacien en chef à l'Hôtel-Dieu de Rouen ; mais la
tourmente révolutionnaire me força bientôt d'abandonner des expériences et des observations qui exigent
calme et sécurité pour être bien faites. Ayant repris ce

travail depuis quelques années, je vais aujourd'hui vous en communiquer les principaux résultats.

Le beau végétal, dont les feuilles changent de couleur trois fois l'année, qui fait le sujet de ce mémoire, porte aussi le nom de *plante de fard*, parce que le suc rouge carminé de son fruit sert aux insulaires à se farder; de *solanum magnum* à cause du superbe aspect de cette plante, qui fait souvent l'ornement de nos jardins, etc.; enfin, ce végétal, originaire de l'Amérique septentrionale, est acclimaté depuis long-temps en Europe, où il prospère dans presque tous les sols, en bravant les hivers les plus rigoureux de nos contrées. Il est rangé par Linneus dans sa *Decandrie décagynie*. D'abord, j'avais borné mes essais, dans cet ouvrage, en n'y traitant que des baies de la phytolaque ; mais bientôt je m'aperçus que les feuilles de cette plante, prises vertes ou rouges, fournissaient aussi un bon ingrédient tinctorial. J'ai donc opéré sur l'une et l'autre partie de ce végétal.

Ici, et pour servir à l'intelligence de ce travail, je dois faire observer que les feuilles de la phytolaque ont des propriétés variées en raison de leur état d'accroissement. Les feuilles vertes sont riches en tannin, tandis que ces mêmes feuilles, rougies sur l'herbe à la rosée ou naturellement sur la plante, ne contiennent guère que de l'acide gallique; circonstance qui établit une différence très-notable entre elles, considérées comme ingrédient tinctorial. Les expériences suivantes, par leurs résultats, vont venir à l'appui de cette assertion.

Avant de faire mes essais sur les baies de cette plante, je consultai le bon ouvrage que M. Dambourney publia à Rouen en 1786 (cet ouvrage fut imprimé aux frais du gouvernement), sur les propriétés tinctoriales de ces fruits et de bien d'autres végétaux indigènes, et j'y lus, avec une sorte d'étonnement, qu'il n'avait obtenu de ces baies, avec la laine et les lainages, qu'une couleur fugitive ou presque négative.... Un tel jugement, porté par un aussi savant expérimentateur que M. Dambourney, m'avait presque fait abandonner le projet de faire de nouvelles recherches sur ce fruit ; mais, en examinant la nature des essais de notre concitoyen, et ceux tentés postérieurement par M. Braconnot, à Nancy, et Kuhlmann, à Lille, sur les mèmes baies, je vis que la matière était loin d'être épuisée. J'ai donc fait de nouvelles recherches, non-seulement sur le fruit de la phytolaque, mais encore sur les feuilles de cette plante, récoltées aux environs de Rouen, à diverses époques de leur croissance. Les résultats que j'en ai obtenus ne sont pas, je crois, dénués d'intérèt pour l'art du teinturier; vous en jugerez par le travail que voici.

Je traiterai d'abord des feuilles de cette plante ; ensuite d'autres essais auront lieu sur ses baies ; enfin, ce mémoire sera terminé par une notice sur la culture du *phytolacca decandra*, considéré dans son ensemble sous divers rapports, et aussi comme une annexe intéressante pour l'agriculture française.

Par des motifs que j'exposerai ailleurs, j'ai dû opérer sur des feuilles de phytolaque récoltées à trois époques de l'année :

1° Vers la fin de juillet, ou quand elles ont acquis leur plus grand degré d'accroissement, et dont la couleur verte est encore pure et sans nuance de rouge [1];

2° Sur les mêmes feuilles récoltées en septembre, ou au moment où elles ont pris, sur la tige, une couleur rouge verdâtre;

3° Enfin, sur ces feuilles tout-à-fait rouges, cueillies avec des baies, du 10 au 15 novembre, époque où ces deux produits sont le plus riches en principes colorants et teignants.

Voici maintenant la série d'expériences que j'ai faites pour constater les propriétés teinturiennes et atramentaires de ces feuilles, employées fraîches.

Première Expérience.

On fit bouillir successivement, dans 1 litre d'eau, pendant quinze minutes, 8 onces de chacune de ces feuilles hachées menu; puis on laissa refroidir la décoction, et ensuite elle fut coulée avec expression.

La décoction des feuilles vertes porte le n° 1;

Celle faite avec les feuilles rougeâtres, le n° 2;

La troisième, préparée avec les feuilles rouges, le n° 3.

[1] Ces mêmes feuilles, et celles cueillies en septembre, étant exposées sur l'herbe ou rouies au grand air et à la rosée, y contractent, en quinze ou vingt jours, une belle couleur rouge qui les rapproche beaucoup, comme ingrédient tinctorial et atramentaire, des mêmes feuilles rougies naturellement sur la plante, et dont la récolte avec les baies a lieu dans l'arrière-saison.

Remarques et observations faites sur ces trois décoctions , examinées
d'abord physiquement , et ensuite au moyen de divers réactifs
chimiques.

La décoction n° 1 avait une forte couleur jaune olivâtre ; elle était sensiblement amère et styptique au
goût, point d'odeur prononcée ; elle déclinait au noir
brun par son exposition au grand air.

Les décoctions n°s 2 et 3 avaient une belle couleur
rouge ponceau ; leur goût était plus amer et styptique
que celui de la précédente ; elles noircissaient fortement à l'air et à la lumière. Enfin , les trois décoctions étaient sans effet appréciable sur les teintures
aqueuses de violettes et de tournesol , et tout-à-fait
inodores.

Ces épreuves , faites sur cette plante pendant trois
années de suite, et dans les mêmes circonstances, ont
toujours donné les mêmes résultats, ce qui prouve que
la phytolaque a des propriétés diverses en raison de son
état d'accroissement [1].

---

[1] On est souvent, dans le commerce, en désaccord sur les
qualités variées et sur les propriétés de certains ingrédients tinctoriaux. Mais les anomalies que nous signalons dans les feuilles de
la phytolaque peuvent servir à expliquer aux tribunaux la valeur
de ces réclamations, et éclairer les juges sur le fond de ces difficultés qui résultent presque toujours de l'état d'accroissement
où les végétaux sont cueillis avant d'en faire l'emploi dans les
ateliers.

Le vitriol vert neutre, ou proto-sulfate de fer, et l'acétate de ce métal, les altèrent et les noircissent plus ou moins; ils font virer en noir brun la décoction numéro 1, et en noir violacé la décoction numéro 2; mais ils colorent plus fortement en noir le numéro 3. Ces couleurs prennent de l'intensité à l'air.

La colle forte trouble plus fortement la décoction numéro 1 que celle numéro 2, tandis que son effet est presque nul sur la décoction numéro 3. Enfin, la décoction des feuilles du *phytolacca*, rouies ou rougies à l'air et à la rosée, n'est pas non plus sensiblement troublée par la même solution aqueuse de colle forte, quoique noircie fortement par les sels de fer.

Ces résultats prouvent chimiquement que les feuilles du *phytolacca* varient dans les proportions de tannin et d'acide gallique qu'elles recèlent, en raison de leur état d'accroissement et de leur coloration, soit sur la plante, soit étant rouies par leur exposition à la rosée, circonstances essentielles à noter, surtout à l'égard de leur emploi comme ingrédient tinctorial et atramentaire. L'acétate de plomb liquide et le sel de saturne du commerce précipitent et décolorent ces décoctions. Le précipité produit dans la décoction numéro 1 est d'un jaune clair; celui que donne le numéro 2, jaune ravenelle; mais la décoction numéro 3 en donne un très-volumineux d'un beau jaune jonquille, et plus abondant, toutes choses égales, que ceux obtenus des deux premières décoctions.

Enfin, le sel d'étain (permuriate d'étain du commerce) décolore également ces décoctions, en y occasionnant des précipités volumineux de couleur jaune de ravenelle, surtout dans celle numéro 3 [1]. Ces précipités, et ceux produits par les sels de plomb, adhèrent fortement aux tissus, surtout à la laine et aux lainages. Les expériences suivantes vont, par leurs résultats, confirmer cette assertion.

Deuxième Expérience.

8 onces de feuilles vertes du phytolacca (ou 4 onces de sèches), mais particulièrement les rouges, bouillies dans un litre d'eau rendue alcaline par 4 gros de carbonate de soude du commerce, donnent un bain jaune foncé et parfois brunâtre, qui teint en brun clair les fils de lin et de coton préalablement décreusés et alunés par les méthodes connues.

La laine désuintée et alunée prend aussi, dans le

---

[1] La décoction de feuilles rouges donne un précipité brun foncé avec l'alun, gris cendré avec le sulfate de zinc, jaune olivâtre avec le sulfate de cuivre, et jaune avec le tartrite de potasse antimonié (émétique des pharmacies); mais je n'ai pas éprouvé ces mordants, excepté l'alun, en teinture. Je les indique simplement ici comme objet de recherches, et comme pouvant être utiles à ceux qui voudront faire l'emploi du *phytolacca* comme ingrédient tinctorial, etc.

même bain , une belle couleur olivâtre , peu altérable à l'eau de savon et par l'exposition au grand air et à la lumière. Les fils de lin et de coton doivent être teints par une température de 50 à 60 degrés. La laine peut soutenir le bouillon pendant douze à quinze minutes , sans que la couleur s'en dégrade ; mais , dans l'un et l'autre cas , l'opération dure environ une heure.

Troisième Expérience.

Si, dans une forte décoction de feuilles de phytolaque, prises vertes et dans leur plus grand degré d'accrois-sement (quand la plante commence à fleurir), on met à bouillir pendant vingt à trente minutes de la laine désuin-tée , puis imprégnée de muriate d'étain comme mordant , cette laine y prendra une belle couleur jaune mordoré bon teint et très-agréable à la vue.

Si , au lieu de feuilles vertes, on emploie à cette opé-ration des feuilles rouges , la laine prendra alors une couleur jaune nankin également solide.

On peut , dans ces opérations, se servir pour mordant du sel de saturne du commerce ; il produit presque les mêmes effets que le muriate d'étain sur la laine. Les toiles de lin et de coton sont teintes en jaune ravenelle par ce même procédé.

Quatrième Expérience.

Cette autre expérience a eu lieu avec les feuilles du phytolacca rougies sur les tiges et ramassées avec les baies dans l'arrière-saison. La décoction de ces feuilles est très-riche en acide gallique, et donne à la laine désuintée et imbue d'acétate de fer, ou d'un autre mordant ferrugineux, une couleur d'un assez bon noir, surtout en exposant cette laine, au sortir du bain, au grand air et à la lumière.

Si à 6 onces de ces feuilles fraîches on ajoute seulement 1 once de noix de galle ordinaire écrasée, on obtient alors un bain qui teint du plus beau noir les lainages avec les sels ferrugineux [1]. Nous croyons que ce bain, ainsi préparé, équivaut pour l'effet tinctorial à 4 onces de noix de galle du commerce employées seules.

Ainsi, les feuilles rouges de la phytolaque, seules ou mêlées d'un peu de noix de galle, peuvent remplacer, dans les ateliers, les ingrédients astringents exotiques qu'on y emploie pour la teinture noire, noir fauve, etc.

Ici se terminent nos essais et nos observations sur les propriétés tinctoriales des feuilles du *phytolacca decandra*, et nous allons nous occuper de leur propriété atramentaire. Cette autre application fera voir de plus en plus combien on a négligé, en France, de tirer parti de ce beau végétal.

---

[1] J'ai toujours observé dans mes essais, faits en petit il est vrai, que l'acétate de fer neutre, préparé avec le vinaigre incolore provenant du bois, donnait à la laine traitée avec la phytolaque, ou avec d'autres matières astringentes, une couleur plus belle et plus noire que le sulfate de fer ou vitriol vert employé pour mordant avec ces mêmes ingrédients.

ENCRE DE PHYTOLACCA DECANDRA, PRÉPARÉE AVEC LES FEUILLES ROUGES DE CETTE PLANTE.

Prenez : Feuilles sèches de *phytolacca* 4 onces, ou 8 onces de fraîches, c'est-à-dire cueillies en novembre ; bois d'inde moulu, 4 gros ; vitriol vert non rouillé et gomme arabique écrasée, de chaque 1 once 1/2 ; eau pure de pluie, de rivière ou de mare, 1 litre.

Faites infuser à une douce chaleur (sans bouillir) dans l'eau, et pendant vingt-quatre heures, les feuilles coupées menu avec le bois d'inde ; ensuite on coule le mélange avec expression. L'on y ajoute la gomme ; quand elle est fondue, on y met le vitriol vert, puis on agite le tout ensemble. Quand ces deux derniers ingrédients sont dissous, l'encre est faite. On la décante deux heures après pour l'usage. Cette encre, dont la quantité est d'environ 1 litre, marque 3 à 4 degrés au pèse-sels. Sa couleur sur le papier est d'abord pâle, parfois jaunâtre, mais bientôt elle noircit à l'air, comme cela a lieu pour la plupart des encres dont on fait usage dans les pensions, dans les écoles. Si elle était trop épaisse, on y ajouterait un peu d'eau.

Si l'on veut avoir une encre aussi belle et aussi noire que l'encre dite de *bureau*, il suffit, pour obtenir ce résultat, d'ajouter aux deux ingrédients, la phytolaque et le bois d'inde, 1 once de noix de galle écrasée. Cette encre, ainsi préparée, revient à moitié moins cher que celle faite avec la noix de galle seule. Elle présente encore dans son emploi un autre avantage précieux, celui de n'être pas tout-à-fait effacée ou détruite par la vapeur du chlore, par les chlorures, par l'acide nitrique, etc.; car, après l'action de ces réactifs, il reste toujours sur le papier des traces bien visibles des lignes qu'on y avait écrites. On peut encore les rendre plus lisibles en chauffant légèrement l'écriture altérée, ou en l'imbibant d'une solution aqueuse de prussiate de potasse.

J'ai aussi éprouvé, par deux années d'expériences, que cette dernière encre était moins altérable, par son exposition au grand air et à la lumière, que l'encre où il n'entre pas de feuilles rouges de *phytolacca*.

Les résultats de ces essais prouvent donc que les feuilles de la phytolaque peuvent être employées avec succès et avec économie à faire de bonne encre à écrire, soit seules, soit mêlées d'une faible quantité de bois de campêche et de noix de galle.

Enfin, je termine ce chapitre par les observations suivantes, concernant l'emploi des feuilles du *phytolacca decandra*, considérées comme ingrédient tinctorial ou atramentaire.

Les nombreux essais que j'ai faits sur les feuilles de ce végétal m'ont définitivement prouvé que, plus elles sont rouges, plus elles sont riches en acide gallique et empreintes du principe jaune colorant qui doit les rendre précieuses pour la préparation d'une encre presqu'indélébile [1]. Je crois encore que la couleur jaune et jau-

---

[1] Jusqu'à ce jour, on ne connaît point d'encre à écrire tout-à-fait indélébile, ou qui puisse résister à l'action combinée des

nâtre que certains tissus prennent dans le bain de ces
feuilles est spécialement due à ce même principe. C'est
à l'expérience des chimistes teinturiers que je m'en
rapporte pour vérifier ou infirmer la vérité de cette
assertion. J'ai déjà fait quelques expériences pour isoler
ce principe jaune des feuilles et du sucre des baies du
phytolacca decandra, mais sans succès prononcé.

Je vais maintenant traiter des propriétés colorantes
et teinturiennes des baies de la phytolaque.

OBSERVATIONS ET EXPÉRIENCES SUR LES BAIES DU PHYTOLACCA.

Tandis que je m'occupais à Rouen des propriétés colorantes et teignantes du beau suc carminé que donnent
en abondance (souvent les trois quarts de leur poids)
les baies de la majestueuse plante qui orne souvent nos
jardins, M. Kuhlmann, savant chimiste à Lille, faisait
savoir à l'Académie de cette ville que ce suc n'a point
un effet aussi négatif en teinture que le pensait M. Dambourney. En effet, M. Kuhlmann est parvenu à donner
à la soie, avec le suc de ces baies, des couleurs hortensia

nombreux réactifs que la chimie possède. Mais l'encre faite avec les
feuilles très-rouges du *phytolacca* et un peu de noix de galle offre
au moins l'avantage précieux de n'être effacée qu'incomplètement
par les moyens assez connus des faussaires, et de laisser des traces
jaunâtres très-visibles sur le papier. Outre cet avantage, elle a
encore celui de résister bien et plus long-temps à l'action de l'air
et de la lumière que l'encre ordinaire du commerce et de bureau.

et lilas foncé solides, en employant, **pour** fixer ces couleurs, l'alun ordinaire et le permuriate d'étain comme mordants (voir, à cet égard, le recueil des travaux de l'Académie de Lille, année 1827); mais le lin, le coton et même la laine furent, dit-il, rebelles à ses essais.

Je crois avoir mieux réussi que le chimiste de Lille, en opérant sur les feuilles de la phytolaque (expériences deuxième, troisième et quatrième de ce mémoire). Les baies de cette plante m'ont aussi fourni de belles et bonnes couleurs, soit en teinture, soit employées comme objet de fard.... Je vais successivement rendre compte à l'Académie de mes expériences sur ces fruits, et ensuite de leur résultats.

Nota. Il faut, dans ces essais, employer les baies très-mûres, prises récentes ou desséchées avec soin, c'est-à-dire cueillies dans leur état de complète maturité, ou au moment où elles se détachent de leur grappe; car autrement ce fruit donnerait des résultats incertains comme ingrédient teignant [1].

La dessiccation doit s'en opérer à une chaleur de 36 à 40 degrés centigrades et être très-prompte, car autrement les baies pourraient s'altérer par la moisis-

---

[1] Ce n'est guère, en Normandie, que dans les premiers jours de novembre que ce fruit est bon à cueillir pour l'usage teinturien, ou pour en extraire un beau fard qui peut remplacer le carmin ordinaire.

sure ou par la fermentation , et acquérir de nouvelles propriétés : cela s'explique de soi-même.

EXTRACTION DU SUC DE PHYTOLACCA DECANDRA POUR TEINTURES , POUR LES ARTS , ETC.

On prend , par exemple, 1 kilogramme de ces baies fraîches ; on les écrase dans un vase de grès, de terre ou de bois , puis on y mêle peu à peu 20 onces d'eau à moitié chaude ; on couvre le vase, qu'il faut tenir en lieu chaud pendant deux heures , ensuite on coule à travers un linge serré , avec forte expression..... Si l'on opère sur des baies sèches, on met 3 livres d'eau chaude par kilogramme de ce fruit , et on laisse macérer quatre heures avant de couler le mélange. Pendant cette macération , il s'opère un léger mouvement fermentatif dans le suc, qui en facilite l'extraction et en exalte la couleur. C'est dans cet état que nous le croyons le plus convenable pour être employé en teinture et dans les arts. Ce suc, ainsi préparé , est d'un beau rouge carminé ; sa saveur est douceâtre, un peu amère, et il n'a aucune action sur les teintures aqueuses de fleurs de violettes et de tournesol ; ainsi , il ne contient pas d'acide libre.

Le sulfate de fer neutre (vitriol vert) et l'acétate du même métal , préparé avec le vinaigre de bois non coloré , font virer ce suc en noir brunâtre.

Le permuriate d'étain et le sel de saturne ordinaire du commerce le décolorent presque complètement.

Le premier y occasionne un beau précipité couleur

jaune ravenelle ; le deuxième un précipité jaune jonquille [1].

Ces derniers essais et leurs résultats étaient utiles à consigner dans ce travail, et ont servi avec succès pour nous guider dans les expériences suivantes.

PREMIÈRE EXPÉRIENCE AVEC LE SUC.

Si l'on plonge du fil de lin ou de coton, ou de la toile, préalablement décreusés, alunés et bien secs, dans ce suc, l'un et l'autre, mais particulièrement le coton, y prendront, au moyen d'une chaleur modérée (50 à 60 degrés), et en moins de trente minutes, une couleur orange peu altérable à l'air et résistant à l'eau de savon. On peut augmenter l'intensité de la couleur en ajoutant dans le bain quelques grains de muriate d'étain, vers la fin de l'opération. Par une deuxième immersion, on donne plus d'intensité à cette couleur. Le coton y devient parfois violacé ; mais cette couleur décline souvent en un beau jaune jonquille par son exposition au soleil.

DEUXIÈME EXPÉRIENCE.

Si, au lieu de fil de lin ou de coton, on emploie avec ce suc de la laine désuintée et imbue d'une solution

---

[1] J'ai aussi soumis ce même suc à l'effet des réactifs cités dans la deuxième note qui dépend de la première expérience faite sur les feuilles rouges de la phytolaque. Ils occasionnent tous des précipités abondants de diverses nuances ; mais je ne les ai pas encore essayés en teinture.

aqueuse de sel de saturne comme mordant , cette laine prendra , au moyen de ce procédé (première expérience), une couleur jaune curcuma bon teint ou peu altérable au savon et au vinaigre.

En substituant au sel d'étain le sel de saturne, dans cet essai , la laine acquiert alors une belle couleur jaune ravenelle, aussi bon teint ; si c'est l'acétate ou le sulfate de fer, cette laine se teint en une bonne couleur brunâtre, déclinant parfois au vert.

Nous le répétons ici , les fils de lin et de coton doivent être teints à une chaleur de 55 à 60 degrés. La laine peut supporter le bouillon pendant douze à quinze minutes, sans altération dans sa couleur. Les laines et lainages, teints avec le suc et les sels ferrugineux , ne sont pas non plus dégradés par une longue ébullition avec ce même suc.

Toutes ces couleurs se foncent par leur exposition à l'air et au soleil.

TROISIÈME EXPÉRIENCE.

Laque ou matière colorante extraite de ce suc.

Prenez : Suc de *phytolacca* préparé par le moyen ci-dessus indiqué, 1 livre ; alun ordinaire, préalablement fondu dans l'eau , 4 onces. Mêlez ces deux matières et agitez-les ensemble pendant quelques minutes. Enfin, ajoutez-y 1 once d'ammoniaque ou alcali volatil. Agitez encore ; bientôt le suc se décolore et laisse déposer au fond du vase un sédiment de couleur rouge foncé et parfois rouge violet. Cette matière, étant desséchée au feu doux et à l'ombre, peut servir, en peinture, dans les arts, à colorer le papier. Le suc de *phytolacca* rend beaucoup de cette espèce de laque. On peut employer, en place d'ammoniaque, le carbonate de soude pour la précipiter; mais alors elle décline tout-à-fait au brun[1].

QUATRIÈME EXPÉRIENCE.

Rouge de fard.

Prenez : Baies très-mûres et entières, 4 onces ; alcool non coloré, 12 onces ; versez l'esprit de vin sur le fruit, bouchez le flacon et agitez plusieurs fois ; après deux jours de macération, la teinture est faite. Sa couleur est un beau rouge carminé ; elle se garde indéfiniment sur le fruit, sans s'altérer ni se décolorer. On peut aussi préparer ce rouge de fard avec l'eau-de-vie à 20 degrés ; mais sa couleur est moins vive, et elle se garde moins bien que celle faite à l'alcool.

Ce beau rouge végétal colore très-bien la peau et peut remplacer économiquement le carmin du commerce, qui contient souvent du cinnabre, et sans en avoir les inconvénients. Cette même teinture colore aussi en beau rouge le papier blanc non collé ; et je suis convaincu qu'en variant ces essais, on en peut tirer diverses nuances utiles dans les arts industriels.

---

[1] Tout porte à croire, et par analogie, que le suc extrait des feuilles rouges de la phytolaque donnerait aussi de la laque ou une matière colorante par ce procédé ; mais je n'en ai pas fait l'essai.

CINQUIÈME ET DERNIÈRE EXPÉRIENCE ,

Ayant pour but l'extraction de la carmine ou matière carminée des baies
du *phytolacca decandra*.

La riche couleur de ces baies me fit présumer qu'elles
pourraient bien , comme la cochenille, *coccus cacti* ,
fournir le beau produit auquel MM. Pelletier et Caventou
ont donné le nom de *carmine*. J'ai donc tenté, en
employant le procédé indiqué par ces deux chimistes ,
d'extraire ce beau rouge des fruits en question bien
desséchés. A cet effet , j'ai commencé par les soumettre
à l'action de l'éther chaud. Ce réactif, sans toucher à la
couleur rouge des baies , en a dissous une matière
jaunâtre poissante aux doigts et donnant, par la combustion, une odeur tranchée de matière animale. (On
trouve également ce même principe dans le *coccus cacti*.)
Ensuite je soumis ces baies, purgées de cette matière
grasse, à l'action de l'alcool à 32 degrés. Cet autre réactif
en tira une belle couleur écarlate, et tout porte à croire
que cette matière colorante est de la carmine ou au
moins un principe très-analogue ; mais nous n'avons
pas encore pu l'extraire isolée par le procédé indiqué
par M. Pelletier.

Cet alcool, seul ou mieux réduit en consistance
syrupeuse par une évaporation lente , peut également
servir de rouge de fard , à colorer le papier , etc., etc.

Ainsi, il résulte de ces essais que les fruits de la
phytolaque renferment une matière grasse animalisée et
un principe rouge écarlate ou *phytolacine*. Ce principe

est-il analogue à la carmine ordinaire ? C'est ce qui reste à déterminer ; mais, dans tous les cas, pour le rendre utile aux arts industriels, il faudrait pouvoir l'obtenir par un procédé plus simple et plus économique que celui suivi jusqu'à ce jour pour l'extraction de la carmine de la cochenille [1].

J'ai donné ailleurs une recette pour préparer une encre presque indélébile avec les feuilles rouges du *phytolacca*. Des expériences m'ont prouvé que le fruit de cette belle plante, quoique moins riche en acide gallique que les feuilles, était encore supérieur, employé sec, à ces dernières, pour faire une encre du plus beau noir et moins attaquable à l'air, à la lumière et par les agents chimiques, que toutes les encres connues jusqu'à ce jour, qui ont pour base la noix de galle ou le bois d'inde. Il suffit, pour obtenir cette bonne encre, de mêler à 1 livre de noix de galle noire 4 onces de ces baies sèches, de faire chauffer ces deux ingrédients écrasés ensemble, pendant vingt-quatre heures, dans 4 pintes d'eau bien chaude, mais sans bouillir, et d'ajouter à l'infusion coulée avec expression 6 onces de gomme arabique blanche et 6 onces de vitriol vert non rouillé (sulfate de fer). On commence par faire fondre

---

[1] J'invite, dans l'intérêt de la science et des arts, les jeunes chimistes à s'occuper de cet objet. J'ai de fortes raisons pour croire que ce principe colorant est uni à la matière jaune que j'ai déjà signalée en traitant des feuilles du *phytolacca* ; mais tout porte à croire que ces deux principes colorants pourront être obtenus isolément.

la gomme , puis le proto-sulfate de fer, l'un et l'autre préalablement écrasés; on remue bien le tout pendant quelques minutes, et l'encre est faite.

Si , en place de vitriol vert, on emploie l'acétate de fer dans cette opération (on n'en met que 5 onces), on obtiendra encore une encre plus belle et moins altérable aux réactifs chimiques que celle noircie par le premier sel. Cette encre est vraiment précieuse pour écrire les actes d'une grande importance ; mais elle revient à un prix plus élevé que l'encre ordinaire du commerce , dite encre de bureau [1].

Ici, nous devons faire observer que les baies du *phytolacca*, employées vertes ou desséchées , ne donnent pas seules une bonne encre; il faut donc les mêler à d'autres ingrédients astringents pour obtenir ce fluide d'un beau noir et bien coulant. Cette observation pourra aussi être utile aux teinturiers , etc.

Ainsi, Messieurs, en examinant les résultats des expériences consignées dans les deux premières parties de ce mémoire, plus les observations et les notes qui en font souvent les corollaires , on voit :

1° Que les feuilles du *phytolacca decandra*, employées plutôt rouges que vertes, donnent aux tissus, avec les sels ferrugineux et autres mordants terreux et métalliques , des couleurs jaunes, fauves, violacées, etc.;

---

[1] Dans les fabriques en grand , l'acétate de fer neutre, bien soluble dans l'eau et préparé avec le vinaigre de bois , reviendrait à-peu-près à 4 fr. le kilog., tandis que le vitriol vert vaut au plus 10 sous dans le commerce.

2° Que les baies de cette plante peuvent donner au fil de lin, mais particulièrement au fil de coton et même à la laine, des couleurs variées et solides, en raison des mordants employés pour fixer ces couleurs, et produire en outre un rouge de fard économique, qui peut remplacer le carmin ordinaire sans en avoir les inconvénients [1];

3° Qu'on peut encore tirer un parti avantageux des feuilles rouges de la phytolaque et de ses baies pour la préparation d'une encre économique, ou pour en faire une encre perfectionnée et presque indélébile, en associant l'une et l'autre, suivant certaines circonstances, avec la noix de galle, le bois d'inde ou autres ingrédients astringents.

En définitive, cet ouvrage sur les propriétés tinctoriales et colorantes des feuilles et des baies du *phytolacca decandra* est encore incomplet, je l'avoue; mais il donnera occasion, par les nombreux détails qu'il comporte, aux chimistes manufacturiers et aux teinturiers plus instruits que moi, de faire de nouvelles recherches sur ce beau végétal, que je regarde, avec le *coriaria myrtifolia*, étant l'un et l'autre cultivés en France, comme pouvant suppléer, dans nos ateliers de teinturerie, bon nombre d'ingrédients exotiques qu'on y emploie et qu'on y emploiera probablement encore long-temps, ne fût-ce que par la force de l'habitude et

---

[1] **Nota.** Un grand nombre d'échantillons en laine, coton, fil, toile de lin, teints par les procédés indiqués dans cet ouvrage, ont été exposés aux regards de l'Académie, et remis à la garde de son bibliothécaire.

souvent des préjugés ; mais, en dernier résultat, ces deux végétaux finiront par devenir indigènes, chez nous, comme la lavande, l'isatis que nos teinturiers n'employaient pas autrefois.

Je vais terminer ce travail en y traitant de la culture, en France, du *phytolacca decandra*, considéré spécialement comme ingrédient tinctorial et atramentaire ; j'y ajouterai une note supplétive contenant diverses remarques et observations sur les propriétés générales et particulières de ce végétal.

CULTURE EN GRAND DU PHYTOLACCA DECANDRA, L., PRÉCÉDÉE D'OBSERVATIONS SUR L'OUVRAGE DE M. DAMBOURNEY, ETC.

Messieurs,

Jamais ouvrage ne parut plus utile ni plus français que celui que publia, il y a près d'un demi-siècle, feu M. Dambourney, membre de cette Académie. Aussi fut-il imprimé aux frais du gouvernement. Le savant Dambourney y traita des propriétés teinturiennes d'un grand nombre de végétaux, dont la plupart croissent spontanément en France, sur toutes sortes de sites, dans des terrains vagues et souvent les plus ingrats. Tout faisait présager, alors, que les travaux de notre concitoyen seraient continués, étendus, et qu'on finirait par recueillir ou récolter, au moins en grande partie, sur le sol de la belle France, des ingrédients pour alimenter les ateliers de teinture ; mais il en a été autrement jusqu'à ces derniers temps, car les teinturiers n'emploient

guères que trois à quatre de ces ingrédients excrus en
tout ou partie dans nos contrées ; savoir : la garance, le
brou de noix , le pastel ou vouède et la vaude ; car nous
n'y comprenons pas le chardon à bonnetier (*dipsacus
fullonum*), qu'on emploie à lainer les draps , et non à
les teindre. Néanmoins, M. Dambourney tira de belles
et de bonnes couleurs de dix à douze plantes herbacées
ou ligneuses qui s'offrent naturellement à nos regards.
Dans ce nombre se trouvent, en première ligne , le
bouleau ordinaire (*betula alba*) , la fumeterre , plante
extrêmement vivace, qui croît partout avec ou sans
culture, et dont on peut faire au moins deux bonnes
récoltes par an ; le genet à balais , le peuplier d'Italie et
ses nombreux congénères, le *rhamnus frangula* ou la
bourgène , les rhus, le *coriaria myrtifolia* , etc., tous
végétaux qu'on peut récolter abondamment dans nos
contrées , sans nuire à la culture de la plante la plus
utile à l'homme , le blé, et qui peuvent , selon M. Dambourney, remplacer en teinture les matières exotiques
pour lesquelles la France est encore bénévolement
tributaire de l'étranger.

Sans doute que de hautes considérations d'économie
politique empêchèrent le gouvernement de faire donner
suite aux travaux de M. Dambourney et à ceux pour la
fabrication du sucre de betterave, dont la possibilité
fut constatée sous le ministère de M. le baron de Breteuil [1] : mais, alors, la France possédait d'immenses

---

[1] Comme nous l'avons déjà dit , l'ouvrage sur les produits tinctoriaux obtenus d'un grand nombre de végétaux indigènes fut

colonies dans les deux Indes, avec lesquelles on devait conserver des moyens d'échange....... Maintenant, tout est bien changé, et notre intérêt bien entendu, après la perte de ces colonies, est que nous récoltions sur le sol français les ingrédients tinctoriaux qu'elles fournissaient jadis à la métropole contre des farines, des meubles, de l'orfévrerie, des modes, etc., etc. C'est pour atteindre en partie ce but que je propose le *phytolacca decandra*, cultivé en France, comme ingrédient tinctorial et atramentaire.

CULTURE EN GRAND DU PHYTOLACCA DECANDRA, L.

La culture de cette plante vivace, originaire, dit-on, du Nord de l'Amérique, est d'autant plus facile dans nos contrées, qu'elle y croît dans toutes sortes de terrains. Elle peut donner annuellement deux bonnes récoltes de ces feuilles : la première dans le mois de juillet, et l'autre en novembre; mais elle ne produit pas de fruit si la plante est coupée en juillet. Plus l'année est chaude et la plante bien orientée, plus les feuilles et les baies qu'elle produit sont belles et propres à la teinture et dans les arts [1].

imprimé aux frais du gouvernement en 1786. A-peu-près à la même époque, M. de Breteuil, ministre de Louis XVI, fit répéter en France les expériences du chimiste Achard, de Berlin, d'où il résulta qu'on pouvait obtenir des betteraves blanches veinées de rouge un sucre très-analogue à celui que donne l'*arundo saccharifera*.

[1] A la seconde production des feuilles, la plante fleurit encore,

On peut cultiver et multiplier la phytolaque de deux manières : 1° en retirant ses racines de terre au mois de mars pour en faire des plants ; 2° en faisant des pépinières au moyen du semis de sa graine , et en repiquant les sujets qui en proviennent.

Dans le premier cas, on prend de ses racines (âgées de trois à quatre ans, autant que faire se peut); on les divise en les coupant par sections longitudinales, puis on les replante en ligne dans un terrain meuble ; la distance entre chaque pied doit être d'au moins 1 mètre en tout sens, car la phytolaque est très-rameuse ; la racine ou ses tronçons doivent être recouverts de l'épaisseur de 2 pouces de terre, et l'époque la plus favorable en Normandie pour faire ces plantations est du 10 au 15 du mois de mars. La plante ne donne qu'une coupe de feuilles la première année de sa plantation. Cinq à six forts pieds de cette racine, convenablement divisés, suffisent pour en garnir 1 perche de terre à 22 pieds de côté pour perche , et pour rapporter au-delà de 100 kilogrammes de feuilles , en en faisant deux coupes par saison. Les racines durent six à huit ans en plein rapport : si elles deviennent trop multiples, ce qui arrive souvent, alors on les éclaircit pour donner de l'air à la plante et pour faciliter son accroissement.

mais ses baies n'ont pas le temps de mûrir; cela se conçoit aisément. Alors les fruits avortent, mais les feuilles deviennent belles , et prennent une couleur de sang vers l'arrière-saison.

CULTURE DE LA PHYTOLAQUE PAR LE SEMIS DE SA GRAINE.

D'abord on établira une couche de terre ordinaire, dans laquelle on mêle environ le quart de son volume de vieux terreau, ou à défaut une corbeille ou deux de crottin de cheval ; puis, au commencement de mars, on y plante, à trois pouces environ de distance l'une de l'autre, de belle graine sèche de *phytolacca decandra* de la dernière récolte. Chaque baie doit être recouverte d'à-peu-près 1 pouce de terre. On peut également faire une bonne pépinière de cette plante en semant ses baies sur une terre arable bien amendée et meuble. Trente à trente-six jours après le semis, la plante sort de terre, et une graine donne souvent, comme celle de betterave, plusieurs individus. Quand les jeunes tiges ont acquis 2 à 3 pouces d'élévation au-dessus du sol, alors on enlève chaque pied avec précaution, on divise les multiples et on les replante au piquet, en mettant 3 pieds d'intervalle en tout sens entre chaque pied.

Une perche de terre, emblavée de cette graine, peut fournir assez de plant pour en garnir un arpent ; et, comme nous l'avons déjà fait observer, tous les sols sont à-peu-près bons à la culture de cette belle et utile plante.

Ainsi, deux moyens, la division des racines ou le semis, tous deux faciles d'exécution, s'offrent aux agriculteurs pour la multiplication, aux champs, du *phytolacca decandra*, sans autre soin qu'un sarclage et un binage dans le printemps, car les grandes et nombreuses feuilles qu'il produit finissent par étouffer les mauvaises herbes qui environnent cette magnifique plante, avantages que n'a pas la vaude et encore moins la garance, qui exigent des sols choisis et de longues cultures pour leur entière prospérité. Nous ajouterons que les tiges de la phytolaque, sèches et brûlées, donnent une cendre tellement riche en salin pour les buanderies ou pour en faire de la potasse, qu'elle en contient souvent jusqu'à près de la moitié de son poids. (*Braconnot*, etc.)

En définitive, la culture en grand du *phytolacca decandra* et celle du *coriaria myrtifolia*, dont j'ai entretenu l'Académie en 1829 [1], peuvent devenir en France une industrie aussi utile que lucrative à ceux qui s'y livreront, puisque toutes les parties de ces végétaux donnent des produits avantageux à l'agronomie, aux arts, en teinturerie, etc.

Ici, Messieurs, se termine mon long et laborieux travail sur le *phytolacca decandra* ; mais prêtez-moi encore un moment d'attention pour entendre une note supplétive que j'ai cru devoir y ajouter, ne fût-ce que comme objet de renseignement.

NOTE SUPPLÉTIVE AU TRAVAIL PRÉCÉDENT.

Les feuilles du *phytolacca decandra*, comme nous l'avons fait observer, peuvent servir en teinture et pour

[1] Voir, à cet égard, le *Précis analytique des travaux de l'Académie de Rouen*, imprimé en 1829.

en faire de l'encre ; mais il est certain que, plus elles sont rouges, mieux elles valent, employées comme ingrédient tinctorial, surtout à l'égard des couleurs fauve noirâtres et avec les sels ferrugineux.

J'ignore à quelle cause on peut attribuer la coloration tardive de ces feuilles, d'abord vertes, et encore pourquoi elles perdent, en devenant rouges, en vieillissant ou par leur exposition à la rosée, le tannin qu'elles contiennent pendant les trois premiers mois de leur végétation, pour se saturer en quelque sorte d'acide gallique ; mais cet effet, que je crois avoir signalé le premier, se reproduit aussi sur diverses plantes, et spécialement sur les feuilles du *quercus nigra* ou chêne quercitron, les sumacs cultivés en France, etc.; et plus les feuilles de ces végétaux rougissent par la vétusté, et plus elles sont riches en acide gallique et pauvres en tannin. En général, ces feuilles se conservent bien et ne sont jamais attaquées des vers ; toutes remarques qui ne sont pas sans intérêt pour les cultivateurs, pour ceux qui emploieraient ces ingrédients en teinturerie, etc.

On a dit, dans plusieurs ouvrages anciens et modernes, que la phytolaque, un peu congénère des solanées, pouvait servir d'aliment, et que ses jeunes pousses et même ses larges feuilles vertes, arrangées comme les épinards (*spinacia oleracca*), étaient un excellent mets...... Nous avons fait l'épreuve sur nous-même de cette alimentation, et, d'après ses effets sur l'estomac, qu'elle semble paralyser, nous ne conseillerions jamais d'en faire usage qu'avec la plus grande réserve.

Messieurs, après avoir examiné chimiquement les feuilles vertes de la phytolaque, j'ai reconnu aussi qu'elles avaient beaucoup d'analogie de composition avec celles du *nicotiana tabacum*, analysées précédemment par **M.** Vauquelin. Enfin, d'autres expériences, faites l'année dernière sur ces mêmes feuilles, me portent à croire qu'on peut en obtenir d'aussi bon tabac à priser que celui préparé en France avec les nicotianes qu'on y cultive. Je continuerai mes essais à cette égard, et je rendrai probablement compte à l'Académie des résultats que j'en aurai obtenus, ainsi que de ceux que je me propose de faire de nouveau sur les fruits du *phytolacca decandra*, pour en isoler les deux principes colorants, le jaune et le rouge.

RAPPORT

SUR LA CULTURE

DE

LA BETTERAVE A SUCRE,

DANS LES ENVIRONS DE FÉCAMP,

ET SUR LA FABRIQUE DE SUCRE INDIGÈNE QUI VIENT D'Y ÊTRE ÉTABLIE,

Présenté à la société centrale d'Agriculture du département de la Seine-Inférieure, le 18 octobre 1832,

PAR MM. DUBUC ET J. GIRARDIN (RAPPORTEUR).

Dans le courant de cette année, une commission, composée de MM. Justin, Leprevost, vétérinaire, Leroy et Girardin, chargée par vous de visiter les belles exploitations de plusieurs de nos correspondants du pays de Caux, se rendit en dernier lieu à Fécamp pour examiner la culture de la betterave que M. Dargent a introduite dans cette localité, ainsi que la nouvelle fabrique de sucre indigène élevée, au commencement de 1831, par M. Collos, habile raffineur. Lors du passage de la commission, ce dernier établissement était inactif, par suite du manque de matières premières, la saison n'étant point encore assez avancée. Les propriétaires de la fabrique engagèrent vivement vos commissaires à assister aux travaux qui devaient reprendre dans les premiers jours du mois d'octobre. Vous nous avez invités, Messieurs, à remplir les engagements pris par votre première commission. En conséquence, nous nous sommes transportés le 8 de ce mois à Fécamp ; nous avons examiné avec soin les manipulations suivies par MM. Collos fils, et, après nous être formé une idée avantageuse de la bonté des procédés adoptés, nous avons pu rédiger le rapport que nous venons vous offrir aujourd'hui. Par la même occasion, nous avons visité la belle ferme de M. Dargent, vu avec intérêt ses nombreux champs de betteraves, et nous nous empressons de témoigner ici à cet honorable confrère, ainsi qu'à M. Germain, notre correspondant, qui a bien voulu nous guider dans nos observations, les témoignages de notre reconnaissance, pour les soins qu'ils ont pris de nous faire connaître les richesses agricoles et industrielles du pays qu'ils habitent.

Lorsqu'en 1747, Messieurs, le célèbre Margraff, chimiste de Berlin, eut découvert l'existence, dans la racine de betterave, d'un sucre cristallisable, identiquement semblable à celui de la canne américaine, on était loin de s'attendre à voir ce fait curieux recevoir une application aussi étendue que celle qu'il a obtenue de nos jours. Négligé pendant quarante ans, il dut aux soins d'Achard, autre chimiste de Berlin, de fixer de nouveau l'attention des savants du monde civilisé, et particulièrement des chimistes de France, qui, les premiers, s'empressèrent de répéter eux-mêmes les expériences si intéressantes d'Achard et de son illustre prédécesseur, en opérant, de 1786 à 1787, sous le ministère de M. le baron de Breteuil, sur des betteraves ordinaires récoltées dans les environs de Paris. L'homme de génie qui, quelques années après , vint s'asseoir sur les débris du trône de Louis XIV , et sut si rapidement tirer le pays de l'état de marasme dans lequel l'avaient plongé des intrigants et des gens sans moyens, entrevit d'un seul coup-d'œil les avantages que pouvaient offrir à la France la culture de la betterave et son exploitation comme matière saccharifère , et , dès ce moment, faisant usage de son autorité et de l'influence qu'il avait acquise sur ses concitoyens , il donna tous ses soins à l'établissement de sucreries indigènes , qui , bientôt, s'élevèrent de toutes parts et travaillèrent avec un succès vraiment prodigieux. C'est à partir de 1812 que ce grand mouvement industriel se manifesta, soutenu par les circonstances politiques , c'est-à-dire le blocus continental, qui privait la France de la jouissance des sucres de ses colonies. Alors l'Angleterre , se reposant sur les immenses avantages de sa position, tournait en dérision nos efforts, et s'abaissait jusqu'au point de poursuivre de ses ineptes plaisanteries les hommes de cœur qui , souffrant des privations de leurs concitoyens, s'efforçaient de les adoucir, en créant une industrie qui devait fournir à leurs besoins une denrée devenue, par suite de l'habitude, un aliment de première nécessité. Elle ne pouvait prévoir , cette orgueilleuse rivale, que , malgré tant d'obtacles à renverser, tant de préjugés à détruire, cette industrie, encore dans l'enfance , deviendrait, dans un temps si rapproché, un sujet de crainte et de jalousie pour elle , un sujet d'admiration et de reconnaissance pour nous.

En effet, les événements désastreux de 1814 et 1815.
qui semblaient devoir anéantir les fabriques de sucre
indigène, ne firent que suspendre momentanément l'élan
qu'elles avaient reçu ; et bientôt, au milieu de l'encom-
brement des sucres étrangers tombés à vil prix, on ne
vit pas sans étonnement la vie reparaître dans ces
fabriques, et leurs produits augmenter chaque jour en
quantité et en beauté. C'est qu'il y a, dans l'industrie
dont nous parlons, un autre avantage que la production
du sucre ; c'est que ce genre de fabrication présente, pour
notre agriculture, des ressources nouvelles si fécondes
en grands résultats, qu'il est intimement lié actuellement
à ses progrès, et est devenu une annexe indispensable des
exploitations rurales sagement conduites.

Et il faut bien qu'il en soit ainsi, car comment
expliquer autrement le rapide essor de cette industrie
qui date à peine de quelques années? En moins de dix
ans, plus de deux cents fabriques ont été mises en activité. En 1828, celles existantes livraient déjà à la
consommation 3 millions de kilogrammes de sucre ; en
1830, elles en ont fourni 10 millions. Les prévisions de
gens bien au fait de la matière font entrevoir que, si
cette fabrication suit la marche progressive qu'elle a déjà
parcourue ; si les circonstances favorables qui protègent
aujourd'hui les producteurs se maintiennent, et si rien
ne vient alarmer la confiance des capitalistes disposés
à se livrer à ce genre d'entreprise, le terme de cinq
années suffira pour que la production du sucre indigène équivale à la consommation annuelle de toute la
France.

Vous voyez, Messieurs, que les fabriques de sucre de betteraves ont devant elles un long avenir de prospérité, et que rien ne saurait plus maintenant faire rétrograder cette industrie, si favorable au pays, non-seulement parce qu'elle occupe des milliers de bras qui, sans elle, resteraient inactifs, mais parce qu'elle ouvre un nouveau débouché aux productions de notre sol. La culture de la betterave présente, pour l'agriculture, des avantages immenses que nous ne ferons qu'indiquer, parce que déjà ils sont devenus manifestes pour la plupart des cultivateurs habiles. Comme plante pivotante et sarclée, elle entre parfaitement en assolement avec les plantes annuelles et avec toutes celles qui sont considérées comme épuisantes; par conséquent, elle doit concourir puissamment à l'abolition des jachères, encore jugées utiles cependant par quelques agriculteurs. Sa culture est très-facile; elle n'éprouve que peu d'inconvénients des vicissitudes des saisons; elle n'effrite pas le sol qui la nourrit; elle le rend, au contraire, très-meuble, propre à recevoir le blé avant l'hiver, en n'employant qu'un seul labour après sa récolte et quelques hersages avant les semailles. Les feuilles, abondantes et de grande taille, conviennent parfaitement aux bestiaux, et offrent un excellent fourrage vert, qui concourt puissamment à leur engraissement. La racine elle-même, très-recherchée par les animaux, devient d'un grand secours dans les moments de l'année où les autres fourrages manquent, et elle jouit de propriétés nutritives bien plus prononcées que la plupart des autres substances alimentaires ordinairement employées. Sa pulpe, dépouillée par la presse du suc qu'elle renferme, et qui sert à l'extraction du sucre, est également très-propre à l'engraissement des bestiaux, en leur fournissant une nourriture qui est tout à-la-fois saine et abondante ; aussi sa vente, dans les environs des fabriques, se fait avec avantage. « La multi- » plication du bétail est donc nécessairement une con- » séquence de l'extension donnée à une racine dont » l'exploitation et la consommation se font pendant » tout l'hiver, et peuvent se prolonger jusqu'aux » époques les plus difficiles du printemps ; et comme » les résultats agissent les uns sur les autres, il doit » s'ensuivre que, là où les bestiaux peuvent être multi- » pliés, la culture générale doit nécessairement être » améliorée, par suite de la production d'une beaucoup » plus grande quantité d'engrais [1]. »

Les considérations précédentes ont été justement appréciées de tous temps par vous, Messieurs ; aussi, avez-vous fait tous vos efforts pour acclimater la culture de la betterave dans notre département. Vos archives renferment une foule de mémoires sur cette intéressante question, et un prix que vous allez décerner cette année à un correspondant qui a répondu dignement à votre appel, est là pour confirmer nos assertions. Ce n'est donc pas sans un vif intérêt que vous avez vu un honorable industriel, secondé par un

[1] Programme d'un prix pour l'établissement de sucreries de betteraves sur des exploitations rurales, proposé par la société d'Encouragement pour l'industrie nationale, pour l'année 1834.

habile cultivateur, le même que vous allez récompenser, M. Dargent enfin, élever une fabrique de sucre indigène à Fécamp. Vous vous êtes empressés d'entrer en correspondance avec M. Collos, qui, le premier, a réalisé dans notre département les espérances que vous aviez conçues depuis long-temps. Dans le courant de cet été, ce fabricant vous a envoyé, par l'entremise de M. Germain, qui vous a si puissamment secondé, un échantillon de ses produits, et vous avez pu vous convaincre de son habileté dans le genre de fabrication qu'il a établi. La visite que nous avons faite récemment chez lui nous a confirmés dans la bonne opinion que nous nous étions formée de son talent. Malheureusement, ce n'est plus lui que nous avons trouvé à la tête de l'établissement naissant. Une mort prématurée, occasionnée par les effets de la cruelle maladie qui a promené sa faulx sur nos têtes, il y a quelques mois, l'a enlevé au moment où sa présence était si utile à la réussite de ses projets. Mais il a laissé deux fils pourvus d'une bonne et solide instruction industrielle; et ces jeunes gens estimables, imbus des idées saines de leur père, pénétrés des mêmes intentions, se sont livrés, avec toute l'ardeur de leur âge, aux travaux pénibles de la fabrication, qu'ils continuent avec un zèle et une sagacité qui doivent leur attirer la considération et l'intérêt de tous les amis de l'agriculture et de l'industrie. Ce sont donc MM. Collos fils qui nous ont fait les honneurs de leur établissement avec toute la franchise et l'empressement que nous aurions pu attendre de leur respectable père. Nous espérons que les détails dans lesquels nous allons entrer sur leur exploitation vous feront partager les sentiments d'estime qu'ils nous ont inspirés, et vous détermineront à leur accorder des marques de votre satisfaction.

Ce n'est que depuis quelques années seulement que la culture de la betterave a été entreprise sur une grande échelle aux environs de Fécamp, par M. Dargent, notre correspondant [1]. Aucun autre cultivateur, jusqu'en 1831, ne l'avait imité ; mais, depuis qu'on a vu le parti avantageux qu'il retirait de cette culture, soit pour la nourriture des bestiaux, soit en vendant à MM. Collos, pour être exploitées, les racines obtenues, les fermiers ont enfin renoncé à leurs préventions contre elle, ou surmonté leur insouciance, et leurs champs se couvrent actuellement de cette plante précieuse. M. Collos, en fondant son établissement, se reposait sur M. Dargent pour avoir des racines, car lui ne cultive pas la betterave, ou du moins n'en cultive que fort peu. L'année dernière, les récoltes de M. Dargent ont seules entretenu sa fabrique ; cette année, d'autres fermiers concourent à son approvisionnement, mais dans un rapport bien moins grand que notre correspondant.

[1] C'est en 1820 que M. Dargent commença à cultiver la betterave en lignes ; il fut si satisfait de son produit, que, depuis cette époque, il en a constamment cultivé chaque année 1 à 2 hectares. En 1829, il en fit une plus grande quantité, et, depuis, stimulé par le prix proposé par la Société, en 1830, il a donné de plus grands développements encore à cette importante culture, comme nous allons le dire plus bas.

D'autres propriétaires entreront bientôt dans la lice, en sorte que tout fait présumer que, d'ici à peu, la production des racines dépassera la proportion que MM. Collos pourront exploiter dans la saison favorable. L'on peut donc dire que, si la culture de la betterave se popularise dans cette partie du département, ce résultat sera entièrement dû à l'exemple de M. Dargent et à l'existence de la sucrerie de MM. Collos. Sous ce rapport, comme vous le voyez, Messieurs, cet établissement aura rendu un immense service à l'agriculture de notre pays.

Nous devons aller au-devant d'une réflexion qui se présente peut-être en ce moment à l'esprit de quelques personnes. MM. Collos étant tributaires des fermiers qui les entourent pour la fourniture des betteraves, on pourrait craindre que, du moment où ces derniers renonceraient, par quelque motif que ce soit, à la culture de cette plante, la fabrication du sucre se trouvât arrêtée. Une fabrique placée dans de telles conditions peut-elle être assurée d'un long avenir? Sans doute, ce cas supposé pourrait se présenter, si les fermiers n'avaient pas autant d'intérêt qu'ils en ont à cultiver et vendre leurs racines. Que ceux d'entre eux qui n'ont point encore adopté ce genre de culture restent dans leur insouciance à cet égard, cela peut être : mais que ceux qui, déjà, en ont retiré de grands bénéfices, les abandonnent de gaîté de cœur lorsque rien ne les y pousse, c'est ce qui ne saurait être, c'est ce qui n'aura pas lieu : aussi les craintes que vous pourriez avoir sur l'avenir de la fabrique de **MM. Collos**, doivent se dissiper devant les considérations précédentes.

Avant de vous parler, Messieurs, des moyens que nous avons vu employer pour extraire de la betterave le sucre qu'elle contient, il est convenable de vous donner quelques renseignements sur cette plante elle-même, sur la manière dont on la cultive et dont on la récolte, afin de vous faire part de quelques observations que nous avons été à même de faire à ce sujet en visitant la ferme de **M. Dargent**.

La variété de betterave cultivée par notre confrère, le principal fournisseur, comme nous l'avons dit, de la fabrique de **MM. Collos**, est la *betterave blanche de Silésie*, qui est allongée, fusiforme, à pétiole blanc, chair blanche et collet vert. C'est celle que l'on préfère généralement pour l'extraction du sucre, parce qu'elle est plus riche que toute autre en principe sucré, et qu'elle est aussi d'un travail et d'une conservation plus faciles. C'est du 1er au 20 avril que M. Dargent la sème. Il a donné la préférence à la méthode des semailles en lignes, avec éclaircissements et repiquages intercalés. Son exploitation se compose, outre 3 hectares qu'il cultive en luzerne, et environ 16 hectares de pâturages, dont la plus grande partie est en côteaux, de 33 hectares de labourables, qu'il cultive en trois soles de la manière suivante :

1re SOLE..... Blé.......................... 11 hectares.

2e SOLE.....
- Avoine avec trèfle... 5 hect. 50
- Betteraves......... 3   »
- Seigle............. »   70
- Carottes. 1   20
- Pommes de terre.... »   58

11 hectares.

3e SOLE.....
- Trèfle............ 5 hect. 50
- Betteraves......... 5   50

11 hectares.

Comme on le voit, cet habile cultivateur a supprimé entièrement les jachères, et il a même 1 hectare de betterave repiquée après trèfle incarnat, ce qui donne, pour cette partie du terrain, deux récoltes dans la même année.

D'après ce qui précède, M. Dargent a donc ensemencé, en betteraves, 8 hectares 50 ares. Voici le compte de culture qu'il a adressé tout récemment à votre commission des prix :

COMPTE-RENDU à la société d'Agriculture du département de la Seine-Inférieure, par M. Dargent, cultivateur-propriétaire, demeurant en la commune de Saint-Léonard, canton de Fécamp, membre correspondant de ladite société, sur les frais de culture, d'exploitation, et les bénéfices obtenus de 8 hectares 50 ares de terre qu'il a ensemencée en betteraves en lignes, en 1831.

DÉPENSE OU DÉBIT DU COMPTE.		
Loyers et impositions à 80 fr. l'hect. par année..........................	680 fr.	» c.
Frais généraux......................	300	47
Labours et menues cultures préparatoires	408	»
Engrais............................	1,190	»
Frais de semaille et repiquage........	72	25
Achat de la graine..................	51	»
Binages avec la houe à cheval........	158	10
Sarclages, 289 journées de femme....	289	»
Frais de déplantage, décolletage et chargement des voitures.............	693	»
Transport à la fabrique (à une lieue de distance)........................	1,385	92
Total....	5,227 fr. 74c.	

PRODUIT OU CRÉDIT DU COMPTE.		
460,000 k. de betteraves décolletées et lavées, vendues et livrées à M. Collos, fabricant de sucre, au prix de 32 fr. les 1,000 kil......................14,720 fr.» c.		
2,000 kil. de betteraves conservées pour porter graine, portées au même prix.	64	»
Total ...	14,784 fr.	» c.
A déduire les dépenses.............	5,227	74
Différence ou bénéfice.............	9,556 fr. 26c.	

En réduisant à l'hectare les dépenses et les produits, nous trouverons les résultats suivants :

DÉBIT.			CRÉDIT.		
Loyers et impositions................	80 fr.	» c.	54,358 kil. de betteraves, à 32 francs		
Frais généraux....................	35	35	les 1,000 kil....................	1,739 fr.	32 c.
Labours et menues cultures prépara-			A déduire la dépense............	615	03
toires.........................	48	»	Différence ou bénéfice...........	1,124 f.	29 c.
Engrais.........................	140	»			
Frais de repiquage et semaille........	8	50			
Achat de la graine.................	6	»			
Binages avec la houe à cheval........	18	60			
Sarclages, 34 journées de femme.....	34	»			
Frais de déplantage, décolletage, et					
chargement des voitures..........	81	53			
Transport à la fabrique.	163	05			
Total.....	615 fr.	03 c.			

OBSERVATIONS.

1° Les frais généraux se composent : 1° de l'intérêt du capital employé à l'exploitation ; 2° des frais d'administration ; 3° des dépenses de ménage ; 4° de l'entretien du mobilier de la ferme ; 5° enfin de l'entretien des chemins.

2° M. Dargent ne fait figurer ici, pour la dépense d'engrais, que la partie qui est présumée avoir été consommée par la récolte, c'est-à-dire la moitié de la valeur totale, l'autre moitié étant supportée, partie par la récolte qui a précédé, et partie par la récolte qui a suivi.

3° Pour faire connaître tout le produit des 8 hectares 50 ares de terres ensemencées en betteraves en lignes, en 1831, M. Dargent dit que, dans 2 hectares 50 ares du susdit terrain ensemencé en betteraves, il avait aussi semé 4 kilog. de graines de carottes qui ont produit 63,000 kilog. de carottes qu'il a employés à la nourriture de ses bestiaux, et portés à leur compte, à raison de 32 fr. les 1,000 kilog.......................... 2,016 fr.   » c.

DÉPENSE OU DÉBIT DU COMPTE.

Achat de la graine.................	31 fr. 24 c.
Frais de semaille..................	6 »
Frais de déplantage, décolletage, chargement des voitures et transport au magasin.	120 »
	157 fr. 24 c.

PRODUIT OU CRÉDIT DU COMPTE.

63,000 kilog. de carottes, à 32 fr. les
1,000 kilog. . . . .   2,016 fr. » c.
A déduire la dépense comme ci-dessus.   157   24

        Différence ou bénéfice. . . . .   1,858 fr. 76 c.

NOTA. La dépense ou débit du compte des carottes
ne comprend que les frais d'achat de graine et de récolte,
tous les autres frais ayant été portés au compte des
betteraves, comme étant la culture principale. Ajoutant
ces 63,000 kilogrammes de carottes aux 460,000 kilogrammes de betteraves, cela donne, pour les 8 hectares
50 ares de terres ensemencées, tant en betteraves
qu'en carottes, un produit total de 523,000 kilogrammes
à 32 fr. les 1,000 kilogrammes. . . . . .   16,800 fr. » c.
A déduire, les dépenses, comme d'autre
   part :
Pour les betteraves. . . . 5,227 fr. 74 c.
Pour les carottes.   157   24 } 5,384   98

Différence ou bénéfice. . . . . 11,415 fr. 02 c.

   Ou par hectare :

DÉBIT.

Frais, comme d'autre part. . . . .   633 fr. 59 c.

CRÉDIT.

61,765 kil. de betteraves et de carottes,
à 32 fr. les 1,000 kil. . . . .   1,976 fr. 48 c.
A déduire les dépenses, comme ci-dessus.   633   59

Différence ou bénéfice. . . . .   1,342 fr. 89 c.

2ᵐᵉ **NOTA**. Les 6 hectares de terres ensemencées en betteraves seules ont produit........ 366,000 kil.
Ou par hectare................ 61,600

Les 2 hectares 50 ares de terres ensemencées en betteraves et carottes ont produit :

En betteraves .... 96,000 kil. }
En carottes 63,000   } 159,000 kil.

Ou par hectare :

En betteraves......... 38,400 kil. }
En carottes............ 25,200   } 63,600 kil.

Comme on le voit, les betteraves et les carottes ensemble ont produit 2,600 kil. de plus par hectare que les betteraves seules.

Il résulte de ce compte de revient que 1 hectare a produit 54,358 kilog. de betteraves, pour le prix de 615 fr. 03 c., ce qui porte le prix des 500 kilog. à 5 fr. 65 c. Or, comme jusqu'ici la quantité la plus forte de racines qu'on ait obtenue de 1 hectare est de 37,500 kilogrammes, et que la dépense la plus faible pour cette culture s'est élevée à 6 fr. 25 c. [1], vous voyez, Messieurs, que M. Dargent a dépassé de beaucoup les plus beaux résultats connus. L'hectare de terre cultivée en bette-

[1] Voir, comme objet de comparaison, le *Tableau des comptes de culture de betteraves de dix propriétaires*, *établi pour 1 hectare de terre*, inséré dans l'ouvrage de M. Dubrunfaut, sur l'*Art de fabriquer le sucre de betteraves*. — 1 vol. in-8°. Paris, 1825, chez **BACHELIER**.

raves, par la méthode des semailles en lignes, lui a donc rapporté un bénéfice de 1,124 fr. 29 c.

Ce qui frappe d'abord, c'est l'énorme différence de produits en racines qui existe entre la culture de M. Dargent et celle des autres producteurs. Cela tient-il à la localité, à l'excellence des terres ou aux soins apportés dans le mode de culture? Nous pensons que c'est plutôt à cette dernière circonstance qu'il faut attribuer la fertilité du sol, dans le cas dont il s'agit, car les terres consacrées par M. Dargent à la betterave ne sont nullement supérieures à celles des autres départements adonnés à ce genre d'exploitation. Ses terres sont généralement argilo-siliceuses et peu profondes; quelques parties, placées sur des pentes, sont fort maigres : toutes, situées sur la falaise qui est à l'est du port de Fécamp, sont à chaque instant bouleversées par de violents orages qui font varier continuellement l'épaisseur de la terre végétale [1]. M. Dargent croit que

---

[1] Voici les résultats de l'analyse des terres à betteraves de M. Dargent, faite par M. Dubuc, l'un de nous :

1.000 grammes sont composés de :

Sable calcaire micacé, très-ténu	800,00
Alumine, encore un peu colorée en jaune	64,00
Oxide de fer brun	2,00
Chlorure de calcium	1,00
Humus ou matière organique	0,65
Eau interposée	132,00
Chlorure de sodium	des traces.
	1000,00

les beaux produits qu'il obtient depuis quelques années sont entièrement dus à l'emploi d'instruments perfectionnés, notamment de la houe à cheval, qu'il a singulièrement améliorée. L'usage de cette houe a réduit les frais de sarclage aux trois quarts de ce qu'ils étaient auparavant, et il lui procure l'immense avantage de détruire complètement, quand on l'emploie dans la saison favorable, le chiendent et la gernette qui infectent ses champs.

La récolte des racines commence habituellement dans les derniers jours d'octobre. Cette année, pour complaire à MM. Collos, qui désiraient ouvrir leur campagne dès les premiers jours de ce mois, M. Dargent a devancé l'époque ordinaire; aussi ses betteraves étaient-elles moins grosses que celles de l'année dernière; moins mûres, elles devaient être aussi moins chargées de sucre, car la plus grande proportion de ce principe ne paraît qu'au moment même de la parfaite maturité, comme on en acquiert la preuve en pesant, à l'aide de l'aréomètre, le jus qu'elles fournissent; il est d'autant plus dense que la végétation est plus avancée. Il y a donc perte pour le cultivateur et le fabricant, toutes les fois qu'on fait trop promptement la récolte des betteraves: pour le premier, parce que les racines sont moins pesantes; pour le second, parce qu'elles ont une moins grande richesse saccharine.

On y trouve, parfois, des petits grains de carbonate calcaire, mais on doit les considérer comme accessoires à la composition du sol, et nullement comme parties essentielles.

Une croyance adoptée en principe par tous les fabricants de sucre, c'est que, toutes choses égales d'ailleurs, les moyennes racines, à quelque variété qu'elles appartiennent, arrivées à maturité parfaite, sont toujours préférables aux grosses : 1° parce qu'elles sont constamment plus riches en principe sucré ; 2° qu'elles sont, par conséquent, moins aqueuses ; 3° qu'elles sont plus faciles à conserver ; 4° et qu'enfin elles présentent toujours moins de difficultés dans le travail. L'intérêt du fabricant, par ces raisons, est en opposition avec l'intérêt du cultivateur, qui doit chercher à obtenir de son fonds le plus de produit possible, ce qui a lieu en favorisant une forte végétation. MM. Collos ont tenu jusqu'ici à ce que M. Dargent ne leur livrât que des racines du poids de trois à quatre livres seulement. Sans cette circonstance, M. Dargent eût obtenu encore un plus beau produit des 8 hectares 50 ares ensemencés en betteraves.

Il ne nous est pas encore bien démontré, malgré l'opinion si généralement répandue, que les moyennes racines soient plus riches en sucre que les grosses, et nous avons par devers nous un fait qui nous autorise en quelque sorte à rester dans nos doutes jusqu'à de nouveaux essais. Voici ce fait : L'année dernière, M. Dargent engagea M. Collos père à traiter séparément deux parties égales de betteraves, l'une composée de petites racines, l'autre de racines assez grosses. M. Collos retira de ces deux lots des quantités égales de sucre. Nous désirons que cette expérience soit répétée un certain nombre de fois, pour que cette question, fort importante, soit enfin résolue [1].

Il paraît constant que les semailles en lignes, avec éclaircissements et repiquages intercalés, donnent un produit généralement plus avantageux, soit en poids, soit en richesse saccharine, que les semailles à la volée, dont le plus grand nombre des cultivateurs fait usage. Nous avons été à même d'observer que les betteraves repiquées sont constamment moins volumineuses, plus arrondies, plus chargées de radicules que les betteraves non-soumises au repiquage, et que jamais elles ne sortent de terre comme celles-ci. Les premières sont presque toujours napiformes, les autres fusiformes.

Le déplantage des racines s'opère, chez M. Dargent, avec une fourche, que l'ouvrier enfonce presque verti-

---

[1] M. Pelouze, jeune chimiste fort instruit, répétiteur à l'école Polytechnique, a publié tout récemment des *Recherches chimiques sur la betterave*, qui offrent un grand intérêt sous tous les rapports. Il a reconnu que les petites betteraves sont toujours plus sucrées que les grosses, mais il pense que les quantités de sucre qu'elles contiennent sont loin de compenser ce qu'elles ont de moins en poids. Il applique ces observations à toute espèce de betterave. Celles qui atteignent un poids de 12 à 15 livres et au-dessus sont, suivant M. Pelouze, celles qui renferment, à poids égaux, le moins de sucre. Il en a examiné plusieurs, dont une, pesant environ 8 kilogrammes, contenait 6 et 8 pour 0/0 de sucre, c'est-à-dire plus de 1 livre. (*Annales de chimie et de physique*, tome 47, page 409, août 1832. — Et *Agriculteur manufacturier*, tome 3, page 294.)

calement dans le sol , et avec laquelle il soulève la terre qui enveloppe la racine et la détache. Il la saisit ensuite par les pétioles, la secoue pour en faire tomber la terre adhérente , et la couche sur place dans une direction horizontale au sillon. Le déplantage du champ étant terminé , chaque ouvrier, muni d'un large couteau , passe dans chaque ligne , et enlève d'un seul coup le collet avec les pétioles. M. Dargent préfère ce mode de décolletage à celui qui est suivi dans beaucoup d'endroits , et qui consiste dans l'emploi d'une bêche tranchante que les ouvriers enfoncent dans la tête de la racine.

Lorsque les betteraves ont subi cette opération , elles sont portées à la fabrique , et, pendant ce temps , on laisse entrer dans le champ les moutons et les vaches, qui mangent avec avidité le collet et les feuilles demeurés sur place [1].

Quand la fabrique est alimentée de racines pour un certain temps , ou qu'il veut en conserver pour la nourriture de ses bestiaux pendant l'hiver, M. Dargent les emmagasine dans une fosse creusée dans un terrain élevé , plus sableux qu'argileux , situé dans la cour de sa ferme, à peu de distance des étables et écuries. Cette fosse ou espèce de silo , dont les murs ne sont revêtus d'aucune maçonnerie, et qui représente un carré parfait, est recouverte , à partir du sol , d'un toit en chaume

---

[1] Ces parties vertes , abandonnées sur le sol, comme engrais , sont considérées généralement comme remplaçant une bonne demi-fumure.

fort épais , et ne présente que trois ouvertures , la porte et deux petites croisées placées en regard presqu'à la base du toit, une au nord et l'autre au sud , et qu'on bouche avec des paillassons pendant l'hiver. Cette fosse, qui est toujours parfaitement sèche , sert à conserver toutes les racines fourragères , betteraves , pommes de terre , carottes, etc.; elle remplit parfaitement son but, et il nous semble que les agriculteurs devraient en faire usage , de préférence à toute autre construction. Nous la recommandons à leur attention.

Des champs de M. Dargent , transportons-nous maintenant à la fabrique de MM. Collos , pour voir ce que vont devenir les betteraves qui y ont été portées. Cette fabrique est située à une lieue de distance environ de la ferme que nous quittons , sur la route de Fécamp à Rouen. Cet éloignement est une circonstance fâcheuse, parce que le transport des racines devient assez coûteux, mais il a été commandé par la force des choses ; là existe une chute d'eau fort belle, qui sert de moteur à la râpe, et cet avantage n'eût pu se rencontrer dans aucune autre partie de la ville, au moins au rapport de MM. Collos.

La fabrique est établie dans un vaste bâtiment à deux étages , comprenant :

1° Au rez-de-chaussée, l'atelier de la râpe et des presses, et le local où se trouve la machine à vapeur;

2° Au premier étage, ou plutôt à l'entresol, l'atelier de défécation , de concentration et de cuite ;

3° Au deuxième, l'empli des formes et la purgerie;

4° Dans une cave peu profonde, bien claire et aérée, l'atelier des filtres et des réservoirs à jus et sirops.

A mesure que les betteraves arrivent des champs, des femmes les empilent les unes sur les autres dans une partie de l'atelier aux presses. Récoltées par un temps sec, elles n'ont que peu de terre adhérente à leur surface; néanmoins, avant que d'en extraire le jus, un ouvrier les lave dans un grand baquet à moitié rempli d'eau, en les frottant avec un balai. On ne fait point ici, comme dans beaucoup d'autres fabriques, précéder le lavage de l'opération désignée sous le nom de nettoyage, et qui consiste à séparer de la racine les parties vertes du collet qui pourraient encore y rester, les radicules et le chevelu, les parties malsaines, et enfin la terre et les pierres qui y sont attachées. Il nous semble que cette opération est avantageuse, sous ce rapport que les radicules dont sont assez abondamment pourvues les betteraves, étant une fois enlevées, ne fatiguent point inutilement la râpe, comme nous avons cru le remarquer. Le mode de lavage suivi chez MM. Collos est, suivant nous, assez imparfait, et il y aurait, à cet égard, quelques améliorations à introduire dans leur établissement. Nous avons engagé ces messieurs à adopter l'emploi d'un appareil à laver, analogue à celui qu'on met en usage dans les féculeries pour nettoyer les pommes de terre. A mesure que le laveur a traité un certain nombre de racines, il les jette dans des paniers, où des enfants viennent les prendre pour les donner à l'ouvrier chargé de les présenter devant la râpe, qui les réduit en pulpe. La râpe étant placée tout à côté du lavoir, le travail s'enchaîne bien, sans perte de temps

La râpe adoptée est celle de M. Thierry; elle est mise en mouvement par une roue hydraulique de la force de quatre chevaux. Elle réduit en pulpe 1,500 kilogrammes de betteraves par heure, en exigeant pour son service deux enfants et un homme. Le travail de cette râpe est loin d'être parfait : la pulpe, assez bien divisée, présente cependant un assez grand nombre de portions intactes de racines, qui sont ainsi perdues au détriment de la fabrication. Nous avons fortement engagé MM. Collos à prendre un autre système de râpe, soit celle de M. Molard, soit plutôt encore celle de M. Odobbel, qui fonctionne avec une force de quatre chevaux (c'est celle dont MM. Collos peuvent disposer) et deux ouvriers, et expédie 4,000 kilogrammes de betteraves dans une heure. Nous avons appelé d'autant plus sérieusement leur attention sur ce point, que la perfection du râpage est de la plus haute importance, puisque de la même quantité de racines on peut souvent extraire, à l'aide d'une bonne râpe, un dixième plus de jus qu'en faisant usage d'un instrument moins parfait.

La pulpe obtenue est soumise à la presse, dans des sacs de toile, entre lesquels on intercale des claies en osier. Les sacs passent d'abord sous une presse à vis, puis sous une presse hydraulique, d'un effet de 150,000 kilogrammes. Le jus est conduit, par une rigole en bois, dans un vaste réservoir placé dans la cave. Au sortir de la presse, soit au commencement, soit à la fin de l'extraction, il marque 7 degrés à l'aréomètre. Nous

devons avertir ici que la densité du jus varie beaucoup suivant une foule de circonstances. Les presses expriment 2,000 de pulpe à l'heure, et celle-ci fournit de 75 à 80 p. 100 de jus ; c'est beaucoup plus que ce qu'on retire habituellement dans la plupart des fabriques.

La betterave, comme toutes les racines, renferme un assez grand nombre de principes immédiats, et c'est leur présence qui rend l'extraction de son sucre si laborieuse. D'après les analyses qui en ont été faites par MM. Payen et Dubrunfaut, elle admet dans sa composition, outre la matière ligneuse et une grande quantité d'eau, jusqu'à 22 substances de nature organique et inorganique.

Nous rapporterons ici, pour les personnes qui ne connaîtraient pas les analyses faites par MM. Payen et Dubrunfaut, les résultats obtenus par ces deux chimistes :

COMPOSITION CHIMIQUE DE LA BETTERAVE.

—

D'APRÈS M. PAYEN.	D'APRÈS M. DUBRUNFAUT.
1° *Eau* (de 85 environ à 90 centièmes).	1° *Eau.*
2° *Sucre cristallisable*, identique avec celui de cannes (de 11 à 6 p. 100).	2° *Sucre cristallisable*, identique avec celui de cannes.
3° *Sucre incristallisable.* Il est probable que ce sucre ne préexiste pas dans la racine, mais qu'il est le résultat d'une altération du sucre cristallisable.	3° *Sucre liquide ou incristallisable.*
4° *Albumine.*	4° *Albumine végétale colorée.*
5° *Acide pectique.*	5° *Gelée ou acide pectique.*
6° *Ligneux* (de 1 à 1, 5 centièmes).	6° *Parenchyme ligneux.*
7° *Substance azotée*, analogue à l'osmazôme.	7° *Matière azotée noire*, déterminant la décomposition du sucre en glaireux.
8° *Matières colorantes, rouge, jaune et brune.* Cette dernière résulte d'une modification par l'air d'une substance très-altérable.	8° *Un ou deux principes colorants, jaune et rouge.*
9° *Substance aromatique*, offrant une odeur analogue à celle de la vanille.	9° *Résine verte amère.*
10° *Matières grasses*, l'une fluide à 10 degrés, l'autre consistante à cette température.	10° *Matière grasse solide*, à la température ordinaire.
11° *Malates acides de potasse, d'ammoniaque et de chaux.*	11° *Huile fixe.*
12° *Chlorure de potassium.*	12° *Matière gommeuse.*

13° *Nitrates de potasse et de chaux.*	13° *Acide libre* dont la nature n'a pas été déterminée. Il se développe dans les conserves et préserve la racine coupée de l'altération qui se manifeste dans la racine fraîche, par une couleur noire.
14° *Oxalate de chaux.*	14° *Oxalate d'ammoniaque.*
15° *Phosphate de chaux.*	15° *Oxalate de potasse.*
16° *Chlorophylle,* ou matière colorante verte.	16° *Oxalate de chaux.*
17° *Huile essentielle,* principe de l'odeur vireuse des betteraves.	17° *Huile essentielle.*
18° *Sulfate de chaux, silice, soufre.*	18° *Hydrochlorate d'ammoniaque.*
	19° *Sulfate et phosphate de chaux.*
	20° *Silice.*
La betterave renferme donc environ 14 centièmes de substance sèche et 86 d'eau. Sur ces 14 centièmes, il y en a 3 à 4 de ligneux ; le reste comprend tous les autres matériaux ci-dessus indiqués.	21° *Alumine.*
	22° *Traces d'oxide de fer et de manganèse.*
	23° *Traces de soufre.*
	Ces expériences ont été faites sur des betteraves qui avaient six mois de garde.
	Dans des racines non mûres, M. Dubrunfaut n'a plus trouvé d'oxalates solubles.
(*Bulletin de la société Philomatique,* et *Bulletin de la société d'Encouragement,* pour 1825, numéro d'août.)	(*Essai d'analyse de la betterave,* etc., inséré dans l'*Art de fabriquer le sucre de betteraves,* par M. Dubrunfaut, p. 535.)

M. Pelouze, dans ses *Recherches chimiques sur la betterave,* confirme les résultats obtenus par MM. Payen et Dubrunfaut. M. Pelouze a constaté qu'il n'y a pas de sucre incristallisable ou liquide dans la betterave, et que conséquemment ce sucre, dont la présence est si préjudiciable au fabricant, est toujours produit pendant l'altération de cette racine à l'air, et pendant le travail très-long, auquel on la soumet. A l'aide d'un moyen très-exact pour déterminer la richesse saccharine des betteraves, moyen qui consiste à transformer le sucre qu'elles renferment en alcool, et à déterminer la force de ce dernier corps au moyen de l'alcoomètre centésimal, M. Pelouze a aussi reconnu que les différentes variétés de betteraves, ainsi que les mêmes variétés provenant de pays différents, contiennent, à peu de chose près, la même quantité de sucre, c'est-à-dire environ 10 p. 100 de leur poids. (*Annales de Chimie et de Physique*, t. 47, p. 409. — *Agriculteur manufacturier*, t. 3, p. 294.)

M. Germain, habile pharmacien de Fécamp, a reconnu, à la suite d'expériences analytiques faites sur des betteraves cultivées dans les environs de cette ville, à plus ou moins de distance du bord de la mer :

1° Que ces racines récemment récoltées contiennent les 10 onzièmes de leur poids d'eau de végétation ;

2° Que le suc fourni par le collet paraît être généralement moins dense, quoique quelquefois plus coloré, que celui produit par la partie inférieure ;

3° Que, comme dans la canne à sucre, le sommet des racines est moins riche en sucre que la partie inférieure ;

4° Que les betteraves, non loin des bords de la mer, renferment du sel marin (hydrochlorate de soude) en quantité notable, principalement dans le collet.

Nous avons constaté tout récemment que les feuilles

des betteraves récoltées chez M. Dargent contiennent aussi une proportion très-sensible de sel marin, accompagné d'albumine et d'une matière mucoso-sucrée, ce qui explique pourquoi elles sont mangées avec tant d'avidité par les bestiaux.

La proportion de matière ligneuse qui sert de soutien aux différents matériaux constitutifs dont il vient d'être question, ne dépasse pas 3 à 4 centièmes de la racine, d'après M. Payen [1]. Toutes les autres racines et fruits charnus sont dans le même cas. Il suit de là que la pulpe exprimée, et qui ne donne plus de jus, renferme une assez grande quantité de matière organique utile. Généralement, dans les fabriques, 100 parties de pulpe ne rendent que 70 parties de suc. Il y a donc 30 p. 100 de résidu, dans lequel se trouvent encore 27,5 de suc et 2,7 de sucre pur, qui sont ainsi perdus pour la fabrication. MM. Collos retirent, de 100 kilogrammes de betteraves, 75 à 80 parties de jus : la pulpe rejetée contient donc encore de 22 à 17 p. 100 de matière liquide organique ; c'est ce qui explique comment elle sert avec tant d'avantage à la nourriture des bestiaux. Si donc nous possédions des moyens économiques assez parfaits, nous pourrions retirer des betteraves, comme des pommes, une bien plus grande proportion de jus que celle qu'on extrait habituellement, et n'avoir pour résidu qu'une quantité excessi-

---

[1] M. Clément, d'après des expériences qui datent de 1816, n'admet que 1 à 1,5 centièmes de matière ligneuse dans la betterave. (*Annales de Chimie et de Physique*, tome 1, page 173.)

vement petite de marc. Mais il est malheureusement des
bornes à la division mécanique ; et, quoique la pratique et la théorie indiquent qu'il y ait encore de grands
perfectionnements à apporter aux râpes et aux presses,
cependant il ne faut pas prétendre à dépasser certaines
limites, car alors la force qu'il faudrait déployer pour
obtenir un supplément de jus coûterait plus que la
valeur même de ce supplément. Des données précédentes, on peut conclure que, dans les fabriques, on
perd journellement le quart des betteraves que l'on
travaille, indépendamment du sucre incristallisable qui
se produit pendant le courant de la fabrication. C'est
vers les moyens de réduire de plus en plus cette perte
énorme, que tous les efforts des industriels doivent être
dirigés. MM. de Dombasle, Demesmay, Harpignies et
Blanquet, etc., ont, dans ces derniers temps, imaginé
de nouveaux procédés pour l'extraction du jus de
betteraves, qui permettent, à ce qu'il paraît, d'obtenir
jusqu'à 90 p. 100 de suc [1].

En raison de la composition compliquée du jus de
betteraves, il est impossible de songer à retirer le sucre
de ce liquide sans employer des moyens propres à
isoler, autant que possible, les substances qui empêche-
raient sa cristallisation. C'est là le but de la première

---

[1] Voir *Faits et Observations sur la fabrication du sucre
de betteraves*, par M. de Dombasle, 3e édition, 1 vol. in-12, chez
Mme Huzard ; et aussi *Agriculteur manufacturier*, t. 1, p. 145,
171, 267 ; t. IV, p. 1 à 20 ; *Dictionnaire technologique*, t. 20,
p. 174.

opération qu'on lui fait subir, et qui est, sans contredit, la plus importante de toute la fabrication, car de sa perfection dépend le succès des opérations ultérieures. Cette opération principale porte le nom de *défécation* dans les ateliers.

Elle consiste à introduire dans le jus une matière capable de précipiter, aussi parfaitement que possible, sous forme solide, les substances étrangères au sucre. On l'exécute de trois manières différentes, qui ont reçu chacune une dénomination particulière.

L'une consiste à traiter le jus par la chaux seulement, comme cela se pratique aux colonies pour le suc de la canne : aussi est-elle connue sous le nom de *procédé des colonies*. Ce procédé a été préconisé par Hermstaedt : il est encore employé dans plusieurs fabriques, malgré ses inconvénients.

Une autre consiste à verser dans le jus, aussitôt après son extraction, une certaine quantité d'acide sulfurique; puis à neutraliser cet acide par la chaux, lorsque son effet utile a été rempli. C'est là le procédé d'Achard, que très-peu de fabricants emploient de nos jours.

Enfin, une troisième méthode, inverse de la seconde, consiste à déféquer d'abord le suc au moyen de la chaux en excès, et à saturer ensuite celle-ci par l'acide sulfurique. Ce procédé, imaginé en France, et recommandé par MM. Chaptal, Mathieu de Dombasle, etc., est connu sous le nom de *procédé français*. C'est celui qui est généralement suivi ; c'est aussi celui que MM. Collos ont adopté.

La défécation , chez ces fabricants , s'opère dans une chaudière en cuivre et sur 4 hectolitres de suc à-la-fois. Celui-ci est amené dans cette chaudière par une pompe : on le chauffe à l'aide de la vapeur d'eau , jusqu'à ce qu'on ne puisse plus y tenir la main ; puis on y introduit de la chaux, préalablement éteinte et réduite en bouillie très-claire. Après qu'il a jeté quelques bouillons, on laisse reposer pendant quelque temps, et on le fait écouler sur les filtres. La quantité de chaux varie singulièrement, suivant la nature du jus, depuis 300 jusqu'à 600 grammes et plus par chaque hectolitre. Peu de temps après l'addition de la chaux , on voit se former, à la surface du liquide , des écumes très-épaisses , qui sont produites par la coagulation de l'albumine, laquelle entraîne la plupart des matières qui troublaient la transparence du jus. Dans ces écumes se trouvent encore bon nombre des autres matériaux de la betterave, que l'action de la chaux a rendus inso-lubles. Avant de les jeter, on les soumet à l'action d'une presse à lévier et poids excessifs, dans des sacs de toile, pour en extraire tout le jus qu'elles retiennent entre leurs molécules.

Les filtres employés chez MM. Collos', pour séparer le liquide déféqué de ces écumes, sont fort simples et bien plus commodes que ceux que nous avions vu employer jusqu'ici dans les fabriques. Ils consistent dans de grandes caisses rectangulaires en bois, dans lesquelles on dispose, perpendiculairement à leurs parois, et les unes à côté des autres, cinq à six claies recouvertes d'une toile qui serpente autour d'elles : ces claies multiplient, par conséquent, la surface de celle-ci ; aussi, à peine le jus arrive-t-il de la chaudière de défécation, qu'il passe aussitôt à travers les mailles de la toile, en laissant sur elle toutes les écumes. Il se réunit ensuite dans un réservoir en cuivre, d'où une pompe l'amène dans les chaudières de concentration.

Ces chaudières, placées dans le même atelier que la chaudière à défécation, sont échauffées à la vapeur, comme celle d'ailleurs où se termine la cuite. La machine à vapeur, qui fournit ainsi au service de tout l'atelier, est de la force de six chevaux. Les chaudières de concentration sont des cuves rectangulaires en cuivre, au fond desquelles se trouve un certain nombre de petits conduits cylindriques de même nature, dans lesquels arrive la vapeur d'eau qui sert à l'échauffe-ment du jus clarifié. Ces conduits peuvent être fermés à volonté, en sorte qu'on peut cesser à l'instant même l'évaporation.

C'est dans ces chaudières qu'a lieu l'addition de l'acide sulfurique, qui a pour but de faire disparaître l'alcalinité du jus. MM. Collos ont adopté la méthode de M. Clémandot, habile fabricant d'Arras, qui préfère ne mettre l'acide dans le jus que lorsqu'il a été con-centré jusqu'à 10 ou 12 degrés. Nous allons en donner les motifs.

L'alcalinité du jus déféqué de betteraves par la chaux est due, non-seulement à l'existence d'une certaine portion de cet alcali qui se trouve en dissolution dans le liquide, mais encore à une quantité variable de potasse et d'ammoniaque libres, provenant de la décomposition par la chaux des sels naturels de la betterave, tels que : oxalates de potasse et d'ammoniaque, hydro-chlorate d'ammoniaque, sulfate et phosphate de potasse. Par conséquent, au sortir de la chaudière de défécation, le jus peut être considéré comme de l'eau tenant en dissolution du sucre cristallisable, du sucre incristalli-sable, une matière colorante, de l'hydrochlorate de chaux, de la chaux, de la potasse et de l'ammoniaque. Il est bien essentiel, avant de réduire le jus en sirop, et de le cuire jusqu'au point où il peut cristalliser, de le débarrasser des alcalis : sans cela ils réagissent sur le sucre, l'altèrent en partie et le rendent incristallisable. C'est pour obvier à ces inconvénients qu'on y ajoute l'acide sulfurique étendu. Mais si on met cet acide, soit peu de temps après l'addition de la chaux, ainsi que le pratique M. Dubrunfaut, soit immédiatement après la filtration du jus, comme le recommandent MM. de Dombasle et Chaptal, il est bien évident qu'il faudra employer une plus grande proportion de cet acide, que si on ne l'introduit que lorsque le suc a déjà subi une certaine concentration, parce qu'alors l'ammoniaque libre aura été chassée par la chaleur. On évite encore par-là la formation d'un sulfate d'ammoniaque qui, restant dans le jus, se transforme, pendant l'évapora-tion, en sulfate acide, qui est toujours nuisible au sirop, en modifiant la nature du sucre cristallisable; l'expérience a, en effet, démontré que les acides ont la singulière propriété de changer le sucre cristallisable de la canne ou de la betterave en un sucre analogue à celui du raisin, c'est-à-dire en sucre qui ne peut cristalliser qu'en petits grains.

D'après ces considérations, MM. Collos ont donc bien fait de suivre la méthode de M. Clémandot. Mais, tout en y restant fidèle, il ne faut pas croire que la proportion d'acide à ajouter dans le suc concentré à 12 degrés soit toujours la même. Elle varie beaucoup d'une campagne à une autre, et souvent dans le courant d'une même campagne, parce que les betteraves ne renferment pas constamment la même quantité de sels alcalins. Ainsi, les betteraves excrues dans des terres fortement fumées, contiennent beaucoup plus de sels de potasse et de sels ammoniacaux que celles qui croissent dans des terrains anciennement fumés. C'est donc au fabricant à tenir note de ces circonstances. Cette année, les betteraves exploitées par MM. Collos étaient très-riches en sels de potasse ; aussi ont-ils été obligés d'employer plus d'acide que l'année dernière pour saturer leur jus déféqué.

Le sulfate de chaux, formé par la neutralisation du jus, se dépose, pendant son évaporation, sur les conduits cylindriques à vapeur ; mais, à chaque concentration, MM. Collos ont soin de faire nettoyer parfaitement leur chaudière. Lorsque le jus a été concentré jusqu'à 28 degrés du pèse-sirops de Baumé, il prend le nom de *sirop*, et on le fait alors écouler dans la chaudière de clarification.

La clarification a pour but d'enlever au sirop les matières qui troublent sa limpidité ou qui le colorent. Cette opération s'exécute à l'aide de substances ou d'agents qu'on appelle *agents clarifiants*, et qui sont le sang, le lait, les blancs d'œufs et le noir animal, dont l'effet principal est la décoloration des liquides. Chez MM. Collos, la clarification s'opère dans une chaudière à feu nu, au moyen du noir animal et du sang de bœuf, employés dans les proportions de 5 kilogrammes de noir et 1 litre de sang par chaque hectolitre de sirop. Celui-ci, étant bien clair, est filtré de la même manière que le jus déféqué, puis conduit dans un réservoir en cuivre, nommé *avale-tout*, qui est assez grand pour contenir tout le sirop préparé chaque jour.

Dans cet état, ce sirop n'est point assez concentré pour fournir des cristaux : il faut en chasser l'eau surabondante ; c'est pourquoi on le soumet à l'opération de la *cuite*, qui se pratique dans une chaudière chauffée par la vapeur, et tout-à-fait semblable à celles où l'on opère la concentration. La cuite est terminée, c'est-à-dire que le sirop est bon à mettre dans les formes, quand il marque 90 degrés au thermomètre de Réaumur. Les ouvriers reconnaissent ce terme à l'aide de signes particuliers qu'il est inutile de décrire ici. De la chaudière de cuite le sirop est porté dans un vase en cuivre, placé dans l'atelier désigné sous le nom *d'empli des formes*, et quand, après un certain temps de refroidissement, on aperçoit un commencement de cristallisation sur les parois et au fond du chaudron, on le coule dans des formes tout-à-fait analogues à celles qui servent dans les raffineries. A partir de ce moment, toutes les opérations que l'on fait subir au sucre de betterave sont identiquement semblables à celles que l'on pratique pour les sucres de cannes ; aussi nous dispenserons-nous de les indiquer.

Si nous sommes entrés dans de si grands détails sur les travaux que nous avons vu exécuter dans les ateliers de MM. Collos, c'est que nous avons pensé que peu de personnes avaient eu l'occasion de visiter des sucreries de betteraves, et qu'alors il leur serait agréable d'avoir une idée précise des opérations nombreuses auxquelles on est obligé de recourir pour obtenir le sucre, cette substance que presque tout le monde mange sans savoir ce qu'elle a coûté de temps et de peine pour être amenée à l'état de pureté sous lequel on la vend. Nous n'avons fait, au reste, qu'effleurer le sujet; mais nous avons dû restreindre les considérations qu'il pouvait nous offrir, dans la crainte de fatiguer votre attention.

Nous vous ferons remarquer, Messieurs, que l'adoption, par MM. Collos, du système de chauffage à la vapeur, leur présente de très-grands avantages pour la célérité et la réussite des opérations qu'ils exécutent. Dans la plupart des autres fabriques, tout se fait à feu nu, défécation, concentration, cuite; tantôt dans des chaudières à demeure dans les fourneaux; tantôt, et c'est le cas le plus ordinaire, dans des vases mobiles qu'on appelle *chaudières à bascules*. Quelques soins que l'on apporte à bien conduire le travail, dans ces sortes de chaudières, il est difficile d'éviter certains inconvénients fort graves, et entre autres, la caramélisation des sirops. Ils ne se présentent jamais dans celles qui sont chauffées au moyen de la vapeur d'eau.

Nous ne croyons pas devoir rendre publics les comptes de fabrication qui nous ont été donnés par MM. Collos. Cette réserve nous est commandée par un sentiment que vous saurez apprécier. Mais nous dirons que les résultats qu'ils obtiennent sont très-satisfaisants, et, à peu de chose près, les mêmes que ceux réalisés par les meilleures fabriques en activité depuis longues années [1]. Ces messieurs travaillent journellement 30,000 livres de betteraves, et ils comptent traiter, dans une campagne de cent jours, 3,000,000 de livres de ces racines. Nous ajouterons qu'exploitant depuis long-temps une raffinerie de sucre de cannes, qui marche concurremment avec leur fabrique de sucre indigène, ces industriels sont dans des conditions plus favorables que la plupart des autres fabricants qui ne préparent que le sucre brut.

Les bénéfices que font MM. Collos, dans leur nouvelle entreprise, sont susceptibles de s'accroître d'une manière notable, lorsqu'ils pourront tirer un parti plus avantageux des pulpes et des résidus de mélasse. A cet égard, nous vous demanderons la permission d'entrer dans quelques développements.

La pulpe de betteraves, qui, au sortir des presses, contient encore une proportion de principes nutritifs qui n'est pas à dédaigner, est, comme nous l'avons dit, une très-bonne nourriture pour le gros bétail. 25 kilogrammes suffisent à la consommation journalière d'un bœuf, et 5 kilogrammes à celle d'un mouton. Dans les

---

[1] La betterave contient depuis à-peu-près 6 jusqu'à 11 pour 0/0 de sucre cristallisable. En fabrique, on n'en obtient guère plus de 2 1/2 à 3 pour 0/0. Il est facile de voir par-là que l'industrie présente encore beaucoup de marge, et qu'elle commande de nouveaux efforts.

environs de toutes les fabriques, les fermiers l'achètent habituellement au prix de 15 francs les 1,000 kilogrammes. A Fécamp, l'usage n'en étant pas encore généralement répandu, l'écoulement de cette pulpe n'est pas aussi facile ; mais, lorsque ses bons effets auront été reconnus par tous les cultivateurs, le débit en sera beaucoup plus lucratif pour MM. Collos. Afin d'éviter la perte de celle qu'ils ne peuvent vendre, nous pensons que ces messieurs devraient suivre l'exemple de MM. Blanquet et Hamoir, fabricants à Famars, près Valenciennes, qui font dessécher la pulpe sur la plate-forme d'une *touraille* semblable à celles dont se servent les brasseurs pour dessécher les grains germés. Dans cet état de siccité, elle se conserve indéfiniment. Ce mode est préférable à celui qui a été préconisé par M. Mathieu de Dombasle, et qui consiste à l'enfouir dans des silos creusés dans un sol argileux et compacte, parce qu'elle n'éprouve pas, comme dans cette dernière circonstance, une fermentation acide qui détruit une partie de ses principes nutritifs. Cette dessiccation a, d'ailleurs, un autre avantage : c'est de faire perdre à la pulpe une matière âcre volatile, contenue primitivement dans la betterave, et qui paraît exercer une action purgative sur les animaux qui s'en nourrissent à l'état frais.

Nous croyons devoir conseiller ici aux cultivateurs qui donnent cette pulpe aux bestiaux de lui faire subir une demi-cuisson, qui aura pour résultat de la rendre plus savoureuse et plus facilement assimilable. Cette cuisson pourrait se faire d'une manière très-économique, en plaçant la pulpe dans un tonneau fermé où l'on ferait arriver de la vapeur d'eau. Avec 75 centimes ou 1 franc tout au plus, il serait possible de cuire au moins 1,000 kilogrammes de pulpe fraîche.

Les mélasses de betteraves qui ont fourni tout le sucre cristallisable qu'elles pouvaient donner par la recuite, sont assez embarrassantes pour le fabricant. Elles ont une odeur et une saveur désagréables, qu'on ne trouve pas dans celles de cannes. Jusqu'ici, MM. Collos n'ont pu en retirer qu'un parti très-médiocre. Nous pensons qu'il pourrait être avantageux, pour ces messieurs, de les convertir en eaux-de-vie, surtout en liant cette opérasion à l'extraction de la potasse, que ces mélasses fournissent en quantité notable, comme le démontrent les expériences de M. Dubrunfaut [1]. Il résulte, en effet, de ces expériences, que 100 kilogrammes de mélasse de betteraves donnent 10 kilogrammes de cendres, qui ont un titre alcalimétrique de 80° (les potasses les plus riches du commerce ne portent généralement que 63°), ce qui représente à-peu-près 7 kilogrammes 700 grammes de potasse pure, ou à-peu-près 16 kilogrammes de sels végétaux. D'après cela, en faisant fermenter les mélasses, le sucre qu'elles contiennent produirait de l'alcool, et le résidu de la distillation des vinasses étant incinéré donnerait de la potasse. Voilà donc deux nouveaux produits dont le placement serait toujours assuré, au moins dans le plus grand nombre des circonstances. Dans le cas contraire, il y aurait encore un parti plus avantageux

---

[1] *Agriculteur manufacturier*, tome 3, pages 65 et 86.

retirer des mélasses, que celui qu'on en retire actuellement. Ce serait, à l'imitation de M. Bernard, fabricant à
Sussy, (Seine-et-Marne), de les vendre aux cultivateurs
pour être employées à la nourriture des bestiaux, en
les mélangeant, ainsi qu'on le fait aux colonies, avec
de la paille hachée. Cette nourriture est bonne, non-
seulement pour les gros bestiaux, mais encore pour les
chevaux ; ils la mangent avec avidité, et préfèrent même
ce mélange aux meilleurs foins. Les mélasses sont réduites et étendues jusqu'à 28 degrés, soit avec de l'eau
pure, soit avec de l'eau grasse ; on y ajoute autant de
paille hachée que cela est possible, et pour que celle-ci
soit moins dure, on la laisse tremper pendant 24 heures
dans ce liquide avant de donner le mélange aux bestiaux. Les chevaux nourris ainsi peuvent être facilement
réduits à la demi-ration d'avoine [1]. D'une manière ou
d'une autre, vous voyez, Messieurs, que MM. Collos,
en méditant nos conseils, pourront, sans nul doute, uti-
liser plus avantageusement pour eux les mélasses qui
encombrent leurs magasins. Au reste, nous leur avons
offert nos services pour chercher les moyens les plus
simples et les moins dispendieux pour opérer la distillation des mélasses et l'extraction de la potasse qu'elles
renferment.

Avant de terminer ce rapport, dont l'étendue a peut-
être fatigué votre bienveillante attention, nous mettons
sous vos yeux :

[1] *Agriculteur manufacturier*, tome 1, page 150.

1° Un échantillon des betteraves cultivées par M. Dargent, et qui servent à l'extraction du sucre ;

2° Un peu de pulpe de betteraves, telle qu'elle sort des sacs, et dans l'état où on la donne aux bestiaux ;

3° Une certaine quantité de sucre brut et un pain de sucre raffiné de betteraves, provenant de la fabrique de MM. Collos.

En résumé, l'inspection de cette fabrique nous a démontré que ces industriels étaient très au courant des procédés d'extraction du sucre indigène, et nous nous faisons un devoir de déclarer ici que l'ensemble des travaux exécutés devant nous, la bonne coordination des opérations, l'adoption des meilleurs systèmes d'appareils, prouvent chez ces messieurs une parfaite intelligence des exploitations industrielles, gage assuré de succès pour l'avenir. Pénétrés des immenses services que leur établissement rendra à l'agriculture dans le canton de Fécamp, nous sommes d'avis que la Société doit leur témoigner toute la satisfaction qu'elle éprouve de voir une nouvelle branche d'industrie agricole introduite par leurs soins dans notre département, et nous proposons en conséquence qu'il leur soit décerné, dans la séance publique de cette année, une médaille d'or de la valeur de 300 francs.

MÉMOIRE

CHIMICO-MÉDICAL

1º SUR LES PRINCIPES GAZEUX QUI VICIENT L'AIR ET
PARAISSENT DE NATURE A PRODUIRE

LE

CHOLÉRA - MORBUS

ET AUTRES ÉPIDÉMIES;

2º SUR LES MOYENS LES PLUS PROPRES A GARANTIR
DE CES FUNESTES MALADIES [1].

Première Partie.

C'est, dit un vieil adage, du choc des opinions que
sort la vérité ; mais elle peut se faire long-temps attendre,
si l'on en juge par les vaines discussions dans lesquelles
se sont jetés les législateurs les plus célèbres et les plus
grands philosophes sur le meilleur gouvernement à donner aux nations. Il en est ainsi des médecins à l'égard des
maladies pestilentielles et épidémiques ; car, malgré les
savants écrits d'Hippocrate, de Galien, de Boerhaave,
de Sydenham, etc., les causes qui les occasionnent sont

[1] Cet ouvrage, communiqué le 9 mars à l'Académie royale des
Sciences de Rouen, n'a été imprimé que postérieurement à cette
communication.

encore restées à-peu-près inconnues. Mais aujourd'hui plus que jamais le choléra-morbus devant fixer toute notre attention, j'ose publier mes idées sur les émanations aériformes qui paraissent de nature à le produire. Ces recherches auront peut-être le sort de toutes celles qui ont eu lieu dans ces derniers temps sur le même sujet : mais, s'il n'en résulte rien de nouveau, du moins seront-elles justifiées par le motif tout philanthropique qui me les a fait entreprendre ; trop heureux si, par un de ces étranges hasards, comme on en voit souvent arriver dans la pratique des sciences, je puis justifier de plus en plus l'adage que je viens de citer !

Avant de me livrer à ce travail, j'ai dû consulter les principaux ouvrages sur le choléra asiatique, tels que celui publié, en 1824, par le savant Moreau de Jonnès ; le beau rapport du docteur Double, publié l'année dernière par ordre de l'Académie royale de médecine de Paris ; l'opuscule de M. le duc de Mortemart, ambassadeur de France en Russie, publié en 1831. Mais, à la tête de ces mêmes ouvrages, nous devons mettre le *Traité complet*, de William Scott, *sur le Choléra-Morbus de l'Inde*, traduit de l'anglais par le docteur Blin, médecin à Nantes. C'est une sorte de monographie ou recueil général de ce qui a été observé et écrit de plus remarquable sur ce fléau, par des médecins anglais employés dans les résidences de Madras, de Bombay, de Calcutta, et, enfin, dans les vastes contrées orientales soumises à la domination de S. M. Britannique, contrées où le choléra-morbus semble endémique. J'ai pris également pour guide l'ouvrage de M. Le Pecq, ancien

médecin à Rouen et membre de l'Académie de cette
ville, sur les maladies épidémiques qui règnent périodiquement en Normandie; cet ouvrage, en deux vol. in-4°,
imprimé aux frais du gouvernement, en 1778, est rempli d'observations aussi curieuses qu'utiles à connaître
pour ceux qui se livrent à l'art de guérir, surtout dans les
contrées brumeuses et fraîches, analogues à l'ancienne
Neustrie.

Il résulte des documents recueillis dans les ouvrages
que je viens de citer, et dans ceux publiés encore plus
récemment sur le choléra :

1° Que les autopsies n'ont encore rien appris de positif
sur les caractères nécroscopiques de cette maladie ; mais
que le choléra asiatique ou européen est une maladie *sui
generis* non essentiellement transmissible, et dont la
cause est inconnue, malgré toutes les recherches faites
jusqu'à ce jour pour la découvrir [1] ;

2° Que le choléra est occasionné probablement par
l'action délétère de miasmes répandus dans l'atmosphère,
de nature aussi inconnue, et dont la sphère d'activité
se trouve encore favorisée par la malpropreté, par la
débauche, par les agglomérations d'hommes, d'animaux, etc. ;

---

[1] Le docteur Dubuc, jeune médecin rouennais de la plus grande
espérance, et qui a été étudier le choléra à Sunderland et à
Newcastle, croit, au contraire, que cette maladie est épidémique,
et de plus, contagieuse..... Voir, à cet égard, le rapport qu'il a
fait, le 14 février dernier, à l'Intendance sanitaire de la ville
de Rouen, après son retour d'Angleterre.

3° Que les vents, quelle que soit leur direction, ni le chaud, ni le froid, ne hâtent ni ne retardent la marche du choléra, mais qu'on y est moins exposé en habitant les lieux élevés, insolés et surtout bien boisés ;

4° Enfin, qu'il n'existe, jusqu'à présent, aucun préservatif connu, ni moyen thérapeutique assuré contre le choléra. Sept à neuf médicaments sont néanmoins signalés par les médecins praticiens comme étant les plus convenables au traitement de cette maladie, savoir : l'alcali volatil, l'éther sulfurique, les mixtures cordiales aromatisées, le laudanum liquide de Sydenham, la potion anti-émétique de Rivière, le calomel, et, à l'extérieur, l'alcool camphré, l'essence de térébenthine en frictions ; le vinaigre des quatre-voleurs très-camphré, comme odoriférant, est aussi recommandé pour servir de prophylactique à l'extérieur.

Ainsi se réduit, à peu de chose près, à ces mêmes remèdes, tout ce qu'on a observé et écrit sur le choléra-morbus, tant en Asie qu'en Europe, depuis l'invasion de ce fléau dans ces deux parties du monde, c'est-à-dire pendant quinze à vingt ans.

Maintenant, recherchons-en la cause.

Pour la trouver, d'abord, il faut savoir que nous vivons sous une certaine pression, dans un fluide incolore, inodore, insapide, composé d'environ vingt-et-une parties d'oxigène, soixante-dix-sept d'azote, et deux d'acide carbonique. Ces trois gaz, fondus ou combinés ensemble, on ne sait trop comment, forment ce que tout le monde connaît sous le nom d'air atmosphérique ou d'air vital. Ce fluide est le même dans tous les pays et sous toutes

les zônes qui existent entre les deux pôles de la terre ;
seulement les physiciens ont remarqué qu'il était plus
raréfié sur les hautes montagnes que dans les plaines et
dans les bas-fonds mal insolés. Mais si l'un des trois principes qui en font la base vient à prédominer sur les deux
autres, ou que des effluves délétères s'y mêlent, alors
cet air est vicié, en ce sens qu'il n'est plus convenable à
la respiration : de là naissent un dérangement dans l'économie et des maladies souvent mortelles, si l'on est trop
long-temps exposé à son influence.

Mais quelle est la nature de ces gaz ou effluves qui
gâtent l'air ambiant? Dans quelles proportions ces émanations le rendent-elles dangereux à respirer? D'où sor-
tent-elles? d'où viennent-elles? Voilà des questions d'un
grand intérêt à traiter, et dont la solution, n'en doutons
pas, pourrait servir à expliquer la cause du choléra,
des maladies typhoïdes, etc. C'est ainsi qu'on sait que
l'air vicié qui se dégage des marais et des bas-fonds mal
orientés et mal ventilés, occasionne souvent, dans nos
contrées, des épidémies et des épizooties très-meurtriè-
res ; mais ces maladies n'offrent, ni dans leurs symptômes, ni dans leur terminaison, ce que l'on remarque
dans le choléra asiatique. (Voir, à cet égard, l'ouvrage
de M. Le Pecq, déjà cité.)

Il faut donc supposer d'autres causes au choléra de
l'Inde. Est-ce à des animalcules pestiférés répandus dans
l'air? Sont-ce des gaz, tels que l'hydrogène, l'acide carbonique, l'azote ou le fluide électrique, qui corrompent
l'air vital par leur mélange dans l'agent principal de la
vie? Ici, il faut l'avouer, tout est conjectural, et l'ana-

lyse chimique de l'air vicié des marais et de celui des lieux où le choléra est spécialement endémique, pourrait servir à soulever le voile qui cache le virus cholérique, épidémique, cause principale du choléra-morbus, des affections typhoïdes, etc.

L'opération analytique que nous proposons pour reconnaître la nature des matières qui vicient l'air atmosphérique, offre de grandes difficultés à vaincre dans son exécution [1].

Mais tout porte à croire que les médecins et les chimistes modernes, si zélés pour les progrès de la science, parviendront, avec des procédés encore inconnus en eudiométrie, à remplir cette grande lacune chimico-médicale; autrement, tout restera éventuel et empirique dans le traitement du choléra et dans les moyens hygiéniques et préservatifs.

Traitons maintenant de quelques matières gazeuses, dont le mélange dans l'air peut en altérer la pureté, et occasionner, chez ceux qui le respirent, le choléra, des épidémies, etc.

Nous en distinguons particulièrement quatre, savoir :

L'électricité ou le fluide électrique, galvanique si l'on veut ;

L'azote et ses composés ;

---

[1] On a tenté vainement jusqu'à ce jour l'analyse de l'air vicié, c'est-à-dire que l'on en n'a pas obtenu des résultats assez positifs pour éclairer les médecins sur la nature des gaz ou effluves qui gâtent l'air ambiant. C'est donc un grand travail à recommencer, dans l'intérêt de l'hygiène et de la santé publique.

L'hydrogène pur et ses composés ;

L'acide carbonique et ses congénères.

Nous dirons aussi un mot de l'acide hydrocyanique ou prussique, des émanations souvent délétères qui ont lieu par suite de la fermentation de certains fruits sucrés, du fromage, du riz ; enfin, nous terminerons la première partie de ce travail par des observations sur la nécessité d'analyser les gaz intestinaux pris chez les individus *morts du choléra*, etc.

DU FLUIDE ÉLECTRIQUE.

Il n'entre point dans nos vues de juger si l'électricité est un corps simple ou composé, et s'il existe plusieurs sortes de fluide électrique : la solution de ces questions nous paraît presqu'en dehors de l'objet qui nous occupe ; mais ce qu'on peut affirmer, c'est que tous les corps répandus dans la nature en sont plus ou moins saturés ; et plus l'air est humide et frais, plus aussi il en est chargé ; tandis, au contraire, que l'air sec en absorbe peu : circonstances qui influent nécessairement sur les propriétés vitales de l'air respiré.

C'est, assez probablement, d'après ces remarques que des médecins, exerçant dans l'Inde, ont attribué le choléra-morbus à une diminution du fluide électrique dans l'air, surtout dans les contrées sises vers le Gange, où cette maladie est *endémique* ; car, dit à cette occasion le docteur Orton, « ce fluide est le grand agent de la » vie, et constitue, étant mêlé dans de justes proportions » avec l'air ambiant, ce qu'il appelle *le fluide nervo-* » *électrique.* »

Mais, si les savants médecins, aux résidences de Calcutta, de Madras, etc., rapportent le choléra à la soustraction de l'électricité dans l'air vital et par une cause tout-à-fait inconnue, ne pourrait-on pas aussi l'imputer à une surabondance de ce même fluide dans l'atmosphère? N'est-il pas certain que, dans les temps d'orage, par exemple, où l'air est surchargé d'électricité, les hommes comme les animaux éprouvent une si grande prostration de forces, qu'ils périraient si on les forçait de travail? Mais c'est spécialement sur ceux qui habitent les bas-fonds frais et mal insolés que ces effets sont les plus remarquables ; car après l'orage vient le calme, et presqu'aussitôt que l'équilibre est rétabli dans les trois principes constituants de l'air, tous ces accidents cessent, surtout à l'égard de ceux qui travaillent dans les forêts et sur les lieux élevés.

Les végétaux herbacés et ligneux souffrent également dans les temps d'orage : chez les uns, les fleurs sont brûlées ; chez les autres, les feuilles sont maculées par la foudre; des Iambous et même des arbres entiers, surtout ceux à fruits à noyau, en sont paralysés en tout ou en partie, etc. [1]. Il résulte donc, de ces observations, que

---

[1] Les effets de la foudre, susceptibles d'être attribués à l'électricité *vibrante* dans l'air orageux, ne sont pas rares, même dans les climats tempérés. Les horticulteurs ont remarqué aussi que les fleurs des plus belles plantes s'épanouissent promptement dans un air chaud et électrisé; mais ces fleurs ne durent pas : ce sont des productions viciées par une exubérance de vie, et qui donnent rarement de bons fruits.

l'électricité, répandue en plus ou en moins dans l'air atmosphérique, agit puissamment sur l'économie animale et sur la végétation; mais on ne peut en induire que le choléra est dû à une diminution de fluide électrique dans l'air vital, puisqu'il est prouvé que cette maladie a attaqué des contrées entières dans un temps où l'air était pur, serein, et lorsque l'atmosphère dénotait l'état le plus tranquille de l'électricité (Voir les *Mémoires de la société physico-médicale de Calcutta*). Néanmoins, la théorie de ceux qui regardent le fluide électrique comme cause efficiente du choléra-morbus n'est pas dénuée de fondement, quoique n'étant que très-imparfaitement justifiée par l'expérience : c'est donc au temps et à de nouvelles recherches qu'il convient de s'en rapporter pour savoir à quoi s'en tenir à cet égard.

DU GAZ AZOTE, NITROGÈNE, MOFETTE ATMOSPHÉRIQUE, ETC.

L'azote pur est une matière aériforme, inodore, sans couleur ni saveur ; ce gaz est impropre à la respiration, quoiqu'il fasse à-peu-près les quatre cinquièmes en volume de l'air vital ou atmosphérique. Il n'existe pas de gaz sur lequel les médecins et les chimistes aient fait plus d'essais et d'expériences pour en découvrir la nature, les propriétés chimiques et médicales. Les uns, et c'est le plus petit nombre, lui ont trouvé une vertu tonique et hilariante ; d'autres, tels que Vauquelin, Davy, Orfila, Thénard et ses élèves, ont failli en être empoisonnés : à peine en eurent-ils respiré, qu'ils tombèrent presque sans force, le pouls agité, la figure extrêmement

pâle , parfois bleuâtre , etc. , tous accidents qu'on remarque , à peu de chose près , chez les personnes affec-
tées du choléra. Au surplus, quel que soit le nom qu'on
lui donne, ce gaz et ses composés vicient l'air et causent
la mort aux animaux et même aux végétaux qui sont
trop long-temps exposés à son action ; mais on n'a pas
dit comment cela avait lieu pour l'hydrogène et l'acide
carbonique , ni dans quelles proportions, mêlés à l'air
ambiant, ils rendaient cet air dangereux à la vie. A cet
égard, nous avons eu , dans l'espace de plus de vingt
années, bien des occasions d'observer que des ouvriers,
travaillant dans une vaste fabrique d'acide sulfurique,
nitrique, etc., quoiqu'exposés à respirer momentanément
de l'air altéré par l'azote et ses composés , n'en éprouvaient pas d'accidents notables : seulement, leur teint
était pâle, parfois jaunâtre ; ils mangeaient beaucoup et
vivaient aussi vieux que ceux occupés à d'autres travaux,
et sans être exposés à l'influence de l'air surazoté.

Ces observations , très-exactes, prouvent que l'azote
n'est pas aussi toxique qu'on pourrait le croire , ou qu'il
faut que l'air ambiant en soit surchargé pour être très-
délétère. Ainsi , l'on ne peut guère considérer le nitrogène comme une des causes qui gâtent assez l'air vital
et peuvent occasionner le choléra-morbus chez ceux qui
le respirent ; néanmoins , il reste encore un travail chimico-médical à faire sur les combinaisons respectives de
l'air ordinaire et de nitrogène pour pouvoir apprécier
les vertus médicales ou toxiques de cet air surchargé
d'azote.

DU GAZ HYDROGÈNE ET DE SES COMPOSÉS.

Le gaz hydrogène pur, comme l'azote, n'a ni odeur, ni couleur, ni saveur remarquables. Il fait la base principale de l'eau potable. On le trouve aussi confondu avec d'autres matières dans un grand nombre de corps organisés du règne végétal et du règne animal, servant journellement aux usages de la vie ; cependant, c'est un poison stupéfiant et narcotique des plus dangereux, et tout porte à croire que ce gaz, seul ou mêlé avec l'acide carbonique, est l'agent qui, viciant l'air ambiant, produit le choléra-morbus et les épidémies provenant des mofettes qui s'exhalent des marais et de tous les lieux bas, frais et humides.

Les docteurs Chaussier, Orfila, Nysten, etc., ont constaté la vertu toxique de ce gaz et de ses composés. Par exemple, ils ont prouvé, par une suite d'expériences, que $1/1500^e$ d'hydrogène pur, mêlé à l'air atmosphérique, suffit pour tuer un oiseau en peu de temps ; si ce même air en contient $1/800^e$, il donne la mort à un chien de moyenne taille, et un fort cheval finit par succomber dans un air où on en a ajouté $1/250^e$. Avant la mort, on observe que les muscles ne jouissent presque plus de leur contractilité ; après la mort, ils sont noirâtres, le sang est épais et noir, on trouve les cavités bronchiques tapissées de mucosités, etc. Ne sont-ce pas là encore, au moins en grande partie, les principaux caractères nécroscopiques observés chez les hommes morts du vrai choléra ? Enfin, les épidémies et le choléra

commun, occasionnés par les vents gâtés qui s'élèvent
des marais, ne présentent-ils pas encore, chez ceux qui
en sont atteints, des vomissements, des déjections, etc.,
assez analogues à ceux qu'éprouvent les personnes atteintes du choléra-morbus? (Voir, à cet égard, le *Traité
des Epidémies* du docteur Le Pecq.) Donc, si l'air ambiant se trouve altéré, dans sa pureté vitale, par quelques
fractions de gaz hydrogène pur ou par ses congénères,
tels que l'acide hydrosulfurique, l'hydrogène carboné,
etc., cet air a une action délétère sur les animaux qui
le respirent ; il est même si meurtrier, dit M. Chaussier,
qu'il peut tuer par absorption cutanée, si l'air en contient seulement la moitié de son volume.

Ainsi, il reste démontré que l'hydrogène et ses composés sont très-toxiques. Ces matières gazeuses sont,
malheureusement, produites dans une foule de circonstances : non-seulement elles sourdent souvent de la
terre, mais les amas de végétaux humides et chauds en
donnent beaucoup, souvent mêlées à l'acide carbonique ;
enfin, toutes les matières en putréfaction en fournissent
également. C'est donc par la grande propreté et en habitant des lieux secs et bien ventilés, et surtout insolés,
qu'on peut se garantir des effets désastreux du gaz hydrogène et de ses composés.

J'arrive au terrible et insidieux acide carbonique, à
ce caméléon terrestre et aérien qui joue un si grand
rôle dans la nature, qui sourd presque partout des eaux,
des bas-fonds, des minières, qu'on ne voit nulle part,
et qui concourt néanmoins puissamment à la composition

comme à la désorganisation des matières végétales, animales, etc.

DE L'ACIDE CARBONIQUE ET DE SES SURCOMPOSÉS.

Cet acide gazeux, connu des anciens chimistes sous
le nom de *spiritus lethalis*, est le résultat de la combinaison du carbone pur et de l'oxigène, l'une des bases
de l'air atmoshérique; et, malgré la presque innocuité
des deux principes qui le composent sur l'économie animale, pris chacun séparément, il n'en est pas moins un
des poisons les plus dangereux, et d'autant plus à craindre
qu'il est inodore et qu'il rampe en quelque sorte dans les
lieux habités, surtout dans les lieux sombres, mal ventilés, et où il existe un trop grand nombre d'hommes
et d'animaux. Et ici, tout se réunit pour faire regarder
cet acide comme la cause la plus prochaine du *choléra-
morbus* et des épidémies, si elle n'en est pas la seule.
Cette assertion est encore justifiée par les effets qu'il
produit sur l'économie animale. « L'acide carbonique,
» disent MM. Hallé, Chaussier, Nysten, etc., asphyxie
» en deux minutes tous les êtres vivants exposés à son
» atmosphère. Mêlé en diverses proportions dans l'air
» ambiant, et parfois avec l'hydrogène, il en dénature
» les propriétés vitales, et occasionne des accidents plus
» ou moins graves chez ceux qui respirent cet air, agit
» spécialement sur le système musculaire et nerveux.
» dont il détruit l'irritabilité. Parfois, le sang se coagule
» en prenant une teinte obscure; les forces diminuent
» avec la chaleur vitale, etc.... » Ne sont-ce pas là les
signes précurseurs du choléra de l'Inde? (Voir encore.

à cet égard, le rapport de M. **Double**, à l'Académie royale de Médecine ; les rapports des médecins anglais dans l'Inde, sur le choléra du Gange, etc.)

On conçoit que ces symptômes doivent se déclarer avec plus ou moins de gravité, selon que l'air inspiré est plus ou moins vicié, et en raison de l'âge et de la force physique de ceux qui sont exposés à son atmosphère ; toutes circonstances qui tendent à faire comprendre pourquoi le choléra peut être plus meurtrier dans telle contrée que dans telle autre. J'ai moi-même failli être empoisonné, il y a plus de vingt ans, en me livrant à des expériences faites en grand sur la fermentation spiritueuse, et j'éprouvai, par l'inspiration d'un air très-chaud empreint d'acide carbonique et de quelques vapeurs alcooliques, tous les avant-coureurs d'une mort prochaine ; mais je ne tardai pas à détruire les effets délétères de l'acide aérien, en m'administrant de l'eau froide un peu sucrée et additionnée de quelques gouttes d'alcali volatil.

On ignore encore le nombre des combinaisons dangereuses à respirer, et dont l'atmosphère est accidentellement chargée ; mais je suis convaincu qu'ici, comme dans toutes les émanations toxiques, l'acide carbonique joue le rôle le plus redoutable, d'autant plus que cet acide gazeux peut se mêler avec l'air, surtout avec l'air humide, dans toutes sortes de proportions [1].

---

[1] L'acide carbonique et ses surcomposés, tels que l'acide carboneux, le mélange de ce gaz avec les liqueurs alcooliques, etc., sont produits par la fermentation des fruits sucrés, des tas de végétaux frais, des marais herbeux et fangeux, des graines

REMARQUES GÉNÉRALES FAISANT SUITE AUX OBSERVATIONS PRÉCÉDENTES SUR L'ÉLECTRICITÉ, L'AZOTE, L'HYDROGÈNE ET L'ACIDE CARBONIQUE.

Un grand travail, qui est spécialement du ressort de la chimie et de la physique expérimentale, reste à faire sur les nombreux phénomènes atmosphériques et les météores qui altèrent la pureté de l'air vital. Ces météores ont, en général, une action énergique sur tous les êtres organisés, et paraissent la source d'un grand nombre de maladies. Voilà ce qu'on en sait médicalement, car les immenses observations sur la physique céleste, et consignées dans les ouvrages qui surchargent les bibliothèques, n'ont rien appris jusqu'à ce jour de ce qu'il importait le plus à l'homme de savoir à cet égard. L'analyse de ces météores pourrait en dévoiler la cause ; mais est-il permis de croire que nos savants, malgré tout leur zèle, pourront explorer chimiquement les champs du ciel? Les appareils eudiométriques sont-ils, dans l'état actuel de la science, assez vastes et assez perfectionnés pour entreprendre un semblable travail avec quelques chances de succès? Dans tous les cas, ces essais doivent avoir lieu en prenant pour base ce grand prin-

échauffées, etc., etc. Toutes ces matières gazeuses sont plus ou moins dangereuses, soit qu'on les inspire ou qu'elles soient absorbées par le système cutané. Tout le monde connaît les accidents funestes arrivés à ceux qui descendent dans des cuves où le raisin fermente, ou qui s'endorment sur des meules de foin échauffées, etc.

cipe, savoir : que tous les gaz ou matières aériformes sont plus ou moins délétères, excepté l'oxigène, base de l'air vital ; car leur mélange et leurs combinaisons dans le vaste laboratoire de la nature en forment des êtres nouveaux ou des surcomposés peut-être encore plus toxiques que chacun de ces gaz pris isolément. La chimie fournit beaucoup d'exemples qui viennent à l'appui de cette assertion : l'eau elle-même, ce puissant agent de la vie, est-elle toujours identiquement composée de deux parties de gaz hydrogène et d'une partie de gaz oxigène ? Ne sait-on pas que ces fluides, brûlés ensemble par le moyen de l'étincelle électrique, donnent souvent une eau légèrement acide et parfois odorante, dont l'usage serait dangereux si la nature n'avait pas de moyens plus certains que les chimistes de la composer dans un état de pureté tel, qu'elle peut servir à nos besoins ?

Toutes ces observations tendent de plus en plus à faire voir l'utilité du travail chimico-météorique que nous réclamons ; car tant que l'air ambiant ou météorisé (que l'on me permette l'expression) n'aura point été analysé, et qu'on ne connaîtra pas la nature des gaz ou des combinaisons diverses étrangères à sa composition, tout restera éventuel pour expliquer la cause du choléra-morbus et des maladies occasionnées par les émanations des marais, etc.

Quelques médecins anglais, surtout les docteurs Tytlers et Orton, employés au Bengale, ont attribué le choléra à certains végétaux alimentaires exerus sur les bords du Gange, dans des endroits fangeux, vaseux et souvent remplis d'animaux rampants et vénéneux ;

mais cette faculté délétère , dit le savant **Tytlers** , est spécialement due au riz provenant de terrains gâtés , car les soldats nourris de cette graine étaient particulièrement attaqués du choléra avec violence : aussi lui donna-t-il le nom de *morbus oriseus* (Traité de **William Scott**). Les adversaires de cette opinion se sont contentés de la réfuter, en disant que d'autres cholériques, qui ne faisaient pas usage du riz pour leur alimentation , ne succombaient pas moins au fléau asiatique ; mais une si faible autorité ne détruit que très-imparfaitement l'opinion de M. **Tytlers** , car on sait , dans tous les pays, que certains végétaux excrus ailleurs que vers le Gange , contractent, probablement par la nature du sol où ils croissent, des qualités malfaisantes. J'ai vu même , il y a plus de cinquante ans, des plantes oléracées prises dans le Marais-Vernier, contrée normande située près d'Honfleur, sur la rive gauche de la Seine , réputée fiévreuse , donner la diarrhée à ceux qui les mangeaient ; mais depuis qu'on a assaini cette plage fangeuse que la mer submergeait parfois, en exhaussant son sol et en ouvrant de larges berges pour l'écoulement des eaux, les légumes et les plantes fourragères qu'on y cultive ont cessé d'être malsains. Ne sait-on pas encore que certains sols arables donnent des fourrages à fleurs papilionacées, qui météorisent plus violemment les animaux qui s'en nourrissent que les mêmes plantes excrues ailleurs ? N'a-t-on pas encore remarqué, dans les ports de la Manche, que les huîtres, le cayeu et autres mollusques, acquéraient souvent des propriétés malfaisantes en reposant sur certains sols, à diverses époques de l'année ?

Je pourrais citer d'autres exemples pour appuyer cette assertion, mais je craindrais de donner trop d'extension à ce travail, et de m'éloigner inutilement du principal motif qui me l'a fait entreprendre.

Il est donc évident que certains végétaux et animaux peuvent acquérir des propriétés, sinon délétères, au moins nuisibles à la santé, notamment chez ceux qui en font un usage journalier, et que la théorie des docteurs indiens, à l'égard du riz excru dans des terrains vaseux et fangeux, et sous un ciel brûlant, quoiqu'imparfaitement justifiée par la pratique, mérite néanmoins d'être prise en grande considération par les médecins praticiens de tous les pays.

Mais si les matières aériformes dont nous avons parlé, et les végétaux excrus dans certains sols, déterminent nombre de maladies par leur absorption et leur alimentation, d'autres causes occultes peuvent encore y concourir; je veux parler de celles qui résultent de la formation de certains gaz dans l'estomac et dans les intestins, et qui ont aussi une puissante action sur les organes de la vie, tels que l'ammoniaque, et surtout l'acide hydrocyanique, l'acide carbonique, etc., etc. Quelques observations que je vais rapporter vont venir à l'appui de ces assertions.

Il y a environ quarante ans, je fus requis, avec un savant médecin de Rouen, M. Le Pecq, de visiter un navire portugais amarré au port de Rouen, et dont la cargaison principale consistait en figues; il s'en exhalait une odeur suffocante *hydrocyanée* telle, que non-seulement les matelots du bord faillirent en périr, mais que cette même odeur incommodait aussi très-fortement les équipages des autres bâtiments voisins du navire portugais.

Dans une autre circonstance (*voir*, à cet égard, le *Précis analytique des travaux de l'Académie de Rouen pour 1821*), M. Flaubert et moi nous fîmes les mêmes observations sur plusieurs milliers de figues déposées à Rouen, dans un magasin frais et humide. C'était en été ; l'odeur qui émanait de ce magasin, par la fermentation du fruit, était telle, que plusieurs animaux en furent suffoqués, et qu'elle faillit empoisonner les habitants voisins de ce foyer d'infection. Les personnes qui en mangèrent éprouvèrent des vomissements affreux et une irritation à la gorge, qui dura plusieurs jours. Ces figues furent jetées à l'eau, par l'ordre de l'administration.

Des expériences que je fis sur ces dernières figues me prouvèrent, par leurs résultats, que ces fruits animalisés (ils renfermaient des myriades d'insectes) ne devaient leurs effets délétères qu'à l'acide carbonique mêlé avec l'acide prussique ou hydrocyanique que la chaleur en faisait dégager abondamment.

Enfin, en 1825, M. Des Alleurs, excellent médecin-praticien à Rouen, et moi, fûmes chargés, par la police, d'examiner une cargaison de fromages d'Hollande, dont beaucoup de pains étaient avariés ; il s'en dégageait une odeur *sui generis*, extrêmement irritante, et plusieurs personnes, qui en avaient mangé, furent prises, peu de temps après leur repas, de vomissements affreux ; d'autres éprouvèrent des coliques violentes, suivies de déjections vraiment *cholériques*. Mais il me fut impossible de découvrir l'acide hydrocyanique dans les fromages gâtés ; nous remarquâmes seulement que les matières vomies par ceux qui en avaient fait usage répandaient une odeur très-analogue à celle de l'eau distillée de feuilles de laurier-cerise.

Dans une autre circonstance, je visitai aussi, sur la demande de l'administration, un grand nombre de sacs d'orge perlé, venant de Hollande, déposés dans la douane de Rouen ; cet orge avait été légèrement mouillé d'eau de mer, et il s'en dégageait une odeur tellement piquante et asthénique, qu'il était impossible d'en approcher sans être suffoqué et sans éprouver un violent mal de tête et des nausées.

J'ai rapporté ces exemples pour faire voir de plus en plus le besoin de l'analyse de l'air, spécialement dans les lieux où le choléra est endémique, ainsi que celle des gaz intestinaux provenant des cholériques et de certaines a limentations dont l'effet contagieux semble hors de doute.

On trouve, dans le *Traité de chimie* du professeur Thénard, des exemples de ces sortes d'analyses sur les gaz pris dans l'estomac et dans les intestins de plusieurs individus suppliciés et d'un fou mort de froid ; mais les résultats, quoique très-curieux, offriraient un plus grand degré d'intérêt pour la science médicale. si ces analyses avaient eu lieu sur les fluides gazeux pris dans les cadavres des personnes mortes du choléra-morbus, d'épidémies, ou, encore, par suite d'une alimentation suspecte. Il n'est pas besoin d'observer que ces analyses devront être faites sur les fluides gazeux intestinaux,

pris immédiatement après la mort , surtout si l'on veut
en tirer quelques inductions utiles à la thérapeutique, car
on sait que le refroidissement ou un léger mouvement
fermentatif peut changer la nature des effluves délétères.

RÉSUMÉ DE LA PREMIÈRE PARTIE DE CE MÉMOIRE.

Nous croyons , d'après ces recherches :

1° Que la cause principale du choléra-morbus , et pro -
bablement de toutes les maladies pestilentielles , tient à
des émanations aériennes , ou à des effluves délétères qu
sourdent de la terre et vicient l'air vital ;

2° Que ces émanations sont, spécialement, le gaz
hydrogène et l'acide carbonique , soit purs , soit mêlés
ensemble , matières d'autant plus à craindre qu'elles
sont nuisibles , en toutes proportions , dans l'air atmosphérique ;

3° Qu'il n'est pas prouvé que le fluide électrique et le
gaz azote soient des causes du choléra-morbus , comme
l'ont avancé quelques médecins anglais employés dans
les résidences de Madras , de Calcutta, de Bombay, etc. ;

4° Que , pour constater la vérité de nos assertions et
pour éclairer la thérapeutique dans le traitement des maladies cholériques et contagieuses , il est indispensable
d'analyser de nouveau, eudiométriquement, non-seulement l'air des lieux où le choléra est endémique, mais
encore celui qui s'exhale des marais fangeux et des terrains gâtés , source d'épidémies et d'épizooties ;

5° Enfin que , pour rendre plus complet ce grand

travail chimico-médical, il conviendrait aussi de faire l'analyse des gaz intestinaux, pris immédiatement après la mort des cholériques et de ceux qui ont succombé aux influences marécageuses.

J'avoue que le travail eudiométrique que je propose est très-laborieux et peut-être un des plus difficiles à exécuter par les chimistes physiciens ; mais nous vivons dans un temps où rien ne paraît impossible à l'homme, et de pareilles recherches sont dignes, à tous égards, des savants modernes dont la France s'honore, et auxquels les sciences médicales et physiques doivent déjà tant de découvertes aussi utiles que curieuses.

Deuxième Partie.

—

La deuxième partie de ce mémoire est spécialement consacrée à des observations touchant l'influence des sols sur la santé des corps d'armée et sur celle d'hommes et d'animaux qui, réunis en très-grand nombre, y stationnent long-temps, et à l'exposition des moyens que nous croyons devoir proposer contre le choléra et autres maladies contagieuses.

Dans l'état actuel des sciences médicales, chimiques et physiques, il est facile de concevoir pourquoi un corps d'armée campé sur un sol quelconque, même bien in- solé, est pris tout-à-coup d'une maladie épidémique et

parfois contagieuse. Cette maladie peut avoir pour cause
les émanations provenant des hommes et des animaux,
car il est prouvé que ces émanations, dont on ne connaît
qu'imparfaitement la nature, vicient l'air ambiant là où
elles se trouvent trop concentrées sur un seul point ; mais
si, indépendamment de ces exhalaisons ou miasmes délétères, l'atmosphère d'un pays est encore gâtée par des
gaz insalubres qui sourdent de la terre, ne doit-il pas
résulter de ces différents éléments de destruction réunis
les accidents les plus graves pour la santé des armées, et
même des peuples nomades qui campent trop long-temps
sur le même terrain ? Des remarques nombreuses répon-
dent de la vérité de ces assertions [1].

Ces remarques expliquent aussi pourquoi un corps
d'armée, ou une forte réunion d'hommes et d'animaux,
atteints du choléra ou d'épizootie, s'en trouvent parfois
guéris miraculeusement par un simple déplacement de
station, et au moyen de la propreté et de bons aliments.
Ces heureux résultats ont été observés nombre de fois
dans l'Inde ; les rapports des médecins britanniques et

---

[1] Tous ceux qui fréquentent les hôpitaux, les spectacles, les
lieux clos et éclairés par le gaz hydrogène carboné, éprouvent
souvent un malaise indéfinissable qui va parfois jusqu'à exciter des
nausées ; mais ces accidents cessent bientôt par une exposition au
grand air, ou encore par l'*odoriférance* de quelques vapeurs
acides éthérées : remarques qui prouvent jusqu'à l'évidence que ce
malaise est produit par l'inspiration d'un air vicié, par les principes qui s'exhalent des lieux trop fréquentés, ou par l'agglomération d'hommes sur un seul point.

des généraux employés au Bengale en font foi. De là
résulte la grande nécessité des changements alternatifs
des corps d'armée d'un lieu à un autre, pour les garantir
de maladies, et l'inconvénient d'habiter en trop grand
nombre dans des locaux trop étroits et mal aérés. Ce
sont spécialement les forêts et autres lieux élevés et boisés que les docteurs asiatiques regardent comme les plus
convenable spour faire camper les corps de troupes où
le choléra s'était déjà manifesté, et pour arrêter les ravages de cette maladie.

Qu'il me soit permis de citer, à ce sujet, un fait très-
extraordinaire, qui vient à l'appui de l'assertion des médecins et des généraux anglais, rapporté par M. le duc
de Mortemart, ambassadeur de France en Russie, en
1831, dans l'opuscule qu'il a publié sur le *choléra-morbus* régnant cette année à Saint-Pétersbourg.

« Une contrée basse et humide (l'île de Kristofsky),
» séparée seulement par deux ponts de la ville de Saint-
» Pétersbourg, a été préservée complètement du choléra
» en 1831 ; et cependant cette île est très-peuplée, et,
» de plus, fréquentée le dimanche par une foule de gens
» du peuple sortis de la ville, qui viennent se gorger de
» boissons enivrantes. Et pourtant, tandis que la mala-
» die régnait à Saint-Pétersbourg, il n'y a pas eu un seul
» cholérique dans les trois villages que l'on voit dans
» l'île de Kristofsky. »

Les médecins russes et M. le duc de Mortemart n'hé-
sitent pas à croire que l'état sanitaire de cette île est
dû spécialement à l'influence de la superbe forêt qui la

couvre, et surtout aux sapins qui y sont nombreux et magnifiques... Serait-il donc vrai que les arbres verts, à fruits conifères, ont une vertu attractive des émanations délétères, soit terrestres, soit animales, de nature à occasionner le choléra-morbus, et peut-être d'autres maladies épidémiques et épizootiques ?

La solution de ce problème ne peut être donnée que par les savants qui s'occupent de la physiologie végétale, d'eudiométrie, etc. On sait bien que les végétaux, surtout les végétaux ligneux, absorbent, en croissant, de l'acide carbonique, ou mieux, le carbone pur qu'il renferme ; mais cette faculté serait-elle plus énergique dans les sapins, les épicéas et autres arbres à feuilles laciniées, que dans les grands arbres forestiers à larges feuilles ? Enfin, tous les arbres verts à feuilles persistantes, et le nombre en est assez grand, autres que les sapins, ont-ils, comme ces derniers, la faculté supérieure de dégager l'air ambiant des miasmes qui le rendent insalubre ? L'examen de ces questions est digne des savants de tous les pays, et peut amener d'heureux résultats pour l'hygiène et pour la santé publique.

On a dit encore que les saisons, les vents, les températures et même les latitudes (*Rapport de M. Double*, etc.), n'influaient en rien sur la propagation du choléra, puisqu'on l'a vu surgir d'Amboine dans le fond de l'Asie, pour arriver par sauts et saccades à Archangel, ville située assez près du pôle arctique ; puis à Varsovie, à Vienne, en Angleterre, vers la fin de l'année dernière, et maintenant à Paris.

Nous ne partageons aucunement cette opinion, car il

est prouvé, d'après les mémoires publiés par la société
Médicale de Calcutta, que le choléra est endémique et
plus meurtrier sur les rivages brûlants et orageux du
Gange, que dans les contrées septentrionales et occidentales de l'Asie et de l'Europe, où la température est modérée et le ciel moins sujet aux détonations électriques
que dans l'Asie méridionale.

Il paraît donc résulter des observations qui précèdent
que les forêts et les pays tempérés sont moins accessibles
au choléra-morbus, et même aux maladies typhoïdes,
que les pays où la température est élevée, humide, et
où la sérénité de l'air est souvent troublée par les orages, etc. Enfin, n'est-il pas encore démontré que les
peuples qui vivent sous ces deux influences (pays de forêts et tempérés) atteignent, en général, une longévité
ailleurs inespérée? On conçoit que ces moyens hygiéniques naturels ne peuvent avoir qu'un effet limité, vu
l'accroissement successif des populations et leur agglomération dans les villes. Ces motifs ont fait proposer un
grand nombre de prophylactiques artificiels contre le
choléra-morbus, surtout depuis son invasion en Europe.
Nous ignorons quel degré de confiance ils peuvent inspirer; mais, ne fût-ce que pour calmer l'imagination
troublée, ils deviennent nécessaires. Nous allons aussi
payer notre tribut éventuel, dans la circonstance dont il
s'agit.

PRÉSERVATIFS DU CHOLÉRA.

Il faut mettre en première ligne, comme préservatifs
du choléra, et même de toutes sortes de maladies pesti-

tentielles , la sobriété en toutes choses , la stricte obser-
vance de son genre de vie ordinaire , s'il est réglé ; une
conscience pure , la sécurité de l'ame ; car qui ne sait
combien le moral troublé influe sur le physique ?

Les vêtements chauds , légers , et surtout la laine propre , portée sur la peau , devront encore faire partie des
précautions à prendre pour se garantir du fléau asiatique.

A ces préservatifs , en quelque sorte naturels , ajoutons
ceux que l'expérience et l'art indiquent.

Le docteur Vingtrinier , médecin des épidémies dans
l'arrondissement de Rouen , regarde le sulfate de quinine , pris chaque jour à petite dose , comme un bon
préservatif du choléra ; mais d'autres médecins ne par-
tagent pas son avis , et regardent ce sel comme étant trop
excitant , surtout s'il fallait en continuer l'usage un certain temps[1] ; mais c'est à l'expérience à constater la vertu
que le sulfate de quinine pourrait avoir de repousser le
fléau asiatique.

Nous proposons , comme préservatif du choléra , *mais
seulement lors de son invasion* , l'alcali volatil pris une
ou deux fois par jour , selon l'exigence des cas , à la dose
de 3 à 6 gouttes , délayées dans une tasse d'eau froide
(environ 6 cuillerées) sucrée avec quelques pastilles
de menthe. En voici les raisons : Ce fluide , très-diffu-
sible , et pris avec les précautions indiquées , serait sans

---

[1] On sait que le choléra asiatique règne souvent plusieurs mois
dans les contrées où il se déclare. Faudrait-il alors prendre tous les
jours du sulfate de quinine? C'est aux médecins praticiens qu'il
appartient de résoudre cette question.

action réelle sur les organes de la digestion ; mais il peut neutraliser l'effet délétère de l'acide carbonique et du gaz hydrogène, qui, l'un et l'autre, nous paraissent vicier l'air dans les pays où se montre le choléra, ou qui se forment peut-être même naturellement chez les sujets atteints de cette maladie. C'est ici une hypothèse, mais elle n'est pas dénuée de fondement ; nous ajouterons, pour appuyer cette assertion, que le docteur Noël arrêta, dans l'Inde, l'effet du choléra sur un corps de cipayes, en administrant à ses soldats de l'ammoniaque liquide, donné plusieurs fois par jour dans une infusion aromatique de menthe ou de mélisse (*Rapport à l'Académie*). Nous-même nous avons éprouvé de bons effets de cette *médication*, quand nous faillîmes être empoisonné par le gaz délétère que nous respirâmes dans un local chaud où il y avait plusieurs cuves en fermentation. Ainsi, notre théorie sur les propriétés de l'ammoniaque, comme préservatif du choléra, a déjà pour elle, en quelque sorte, la sanction de l'expérience.

Un autre médecin, M. Deville, a aussi employé avec succès l'éther sulfurique administré à haute dose aussitôt que le choléra débute, pour en arrêter l'effet pernicieux (*voir* le même rapport).

D'après ce court exposé, tout porte à croire que l'alcali volatil et l'éther, administrés avec discernement, suffiraient aux médecins pour arrêter les progrès du choléra chez ceux qui en ressentent les premières atteintes.

Nous croyons aussi qu'un mélange de parties égales, en poids, de bon éther et d'alcali volatil, et de quelques gouttes d'essence de bergamotte ou de toute autre huile aromatique, absorbées par une quantité suffisante de sel blanc, bien sec, doit faire la base des flacons portatifs odoriférants et désinfectants contre le choléra, et même contre toutes les émanations qui altèrent la pureté de l'air. Ce prophylactique, respiré de temps et temps, est bien préférable à toutes ces amulettes et sachets de senteur, qu'on emploie comme désinfectants, mais dont l'effet est au moins très-douteux.

La grande propreté entretient aussi la santé, et concourt à préserver de l'atteinte des miasmes dangereux. Le meilleur moyen consiste à se rincer la bouche, soir et matin (et plusieurs fois par jour, en temps de peste), avec de l'eau ordinaire, aromatisée légèrement avec du vinaigre anti-septique camphré, ou vinaigre des quatre-voleurs.

Nous ne partageons pas l'avis de ceux qui recommandent de prendre souvent de grands bains dans les temps d'épidémies ; nous croyons même ces bains plus dangereux qu'utiles ; car, après en être sorti, le corps est très-disposé à absorber, par tous les pores, l'air gâté comme le bon air ; cela s'explique de soi-même pour qui connaît l'action prolongée de l'eau chaude sur la peau. Mais nous conseillons de se tenir toujours la peau très-propre, au moyen de simples lotions acidulées seulement avec du vinaigre pur ou aromatisé ; ces lotions se feraient particulièrement le soir, avant de se coucher.

Nous regardons aussi les lotions chlorurées comme présentant des inconvénients graves dans leur emploi. Non-seulement le chlore gazeux gâte les peintures, les meubles, les serrures, etc., mais il possède encore une vertu irritante ; il excite la toux , cause souvent le mal de tête à ceux qui ne sont pas habitués à le respirer. Néanmoins , nous ne rejetons pas ce grand moyen prophylactique , et nous serions même d'avis de l'employer à haute dose dans les lieux où le choléra-morbus , ou toute autre maladie contagieuse , régnerait avec intensité.

Enfin , nous mettons encore le charbon et la cendre de l'âtre au nombre des matières capables d'absorber les émanations ou effluves animalisées qui produisent certaines maladies. Ainsi , dans un local où il existe des malades , il est toujours prudent de mettre çà et là , dans des plats évasés , une couche de 2 à 3 pouces d'épaisseur , d'une poudre grossière , composée de parties égales de braise de boulanger ou de charbon provenant de l'âtre , et de cendre bien sèche. On en favorise encore l'effet désinfectant en la remuant plusieurs fois par jour avec un bâton , et en la chauffant fortement, tous les matins, dans une cheminée , pour en faire vaporiser les miasmes et l'humidité que cette poudre aurait pu absorber dans la journée [1].

L'évaporation , répétée plusieurs fois par jour , d'une cuillerée de fort vinaigre , en l'exposant sur une pelle rougie au feu , est aussi un bon moyen à employer pour assainir les lieux habités et surtout ceux où il y a des malades.

---

[1] On peut également employer cette poudre avec succès pour absorber l'humidité des lieux qui ont été submergés ou qui sont naturellement frais ; mais alors il convient de l'étendre directement sur le sol.

Nous préférerions encore le mélange de charbon et de bonnes cendres, enfermé dans des sacs d'étoffes de laine, au sable ordinaire, à l'argile, etc., tant recommandés pour réchauffer les personnes attaquées du choléra-morbus : 1° parce des expériences pyrotechniques, faites sur ces matières, nous ont prouvé que le charbon et la cendre absorbent plus de calorique que le sable ou l'argile, et qu'ils se distribuent plus également et plus long-temps que les substances terreuses et siliceuses employées isolément ; 2° parce que, comme nous l'avons déjà fait observer, ce mélange charbonneux et cendreux jouit de la propriété d'absorber les émanations ou effluves dangereuses, et qu'il n'a aucun inconvénient dans sa pratique.

Tels sont les moyens, simples et peu dispendieux dans leur application, que nous croyons devoir indiquer comme préservatifs du choléra, des maladies endémiques et contagieuses. Nous ajouterons qu'ils sont faciles d'exécution et à la portée de tout le monde, et qu'ils n'ont pas les inconvénients graves du chlore ni ceux des acides minéraux mis en état d'expansion par la chaleur ; aussi croyons-nous que l'on ne doit avoir recours à ces derniers agents désinfectants que dans des circonstances extraordinaires. D'ailleurs, l'emploi du chlore et des acides forts, tels que les acides nitrique et muriatique, recommandés, par quelques docteurs, contre le choléra, ne peut être exécuté sans danger que par des médecins ou des chimistes assez instruits pour en régulariser les effets ; autrement il serait à craindre que le remède ne fût pire que le mal.

Enfin, nous ne craignons pas de le répéter, tant que

l'on ne connaîtra qu'imparfaitement la nature des émanations aériennes et souterraines qui vicient l'air vital, tout restera éventuel en médecine, dans le traitement du choléra-morbus et autres maladies analogues, dont la cause paraît due également à l'inspiration prolongée d'un air gâté, ou encore à des gaz délétères intestinaux, provenant d'une mauvaise alimentation.

On a dit que les physiciens du dernier siècle avaient arraché la foudre au ciel au moyen de cerfs-volants et de paratonnerres, et qu'ils étaient parvenus à préserver de ses effets destructeurs les hommes, les bâtiments et même les récoltes, en soutirant, à l'aide de machines aériennes, le fluide électrique des nuages orageux, et en le précipitant dans des réservoirs souterrains, humides, etc. Pourquoi, de nos jours, la chimie et la physique, qui s'enorguillissent avec tant d'éclat de leurs superbes découvertes, ne parviendraient-elles pas, comme Franklin, inventeur des paratonnerres, et au moyen d'une large série d'expériences eudiométriques perfectionnées, à reconnaître, dans l'air atmosphérique, les proportions et la nature des gaz ou effluves qui le rendent souvent si délétère? Car tout porte à croire que c'est à l'air vicié que sont dues toutes le pestes passées, présentes et à venir. Sans ces heureux résultats, point d'espoir fondé de prévenir et d'anéantir médicalement les maladies pestilentielles, épidémiques, etc.

Nous aimons à nous persuader que ces recherches sur le choléra-morbus et sur les épidémies ne sont pas tout-à-fait dénuées d'intérêt, et qu'elles peuvent être médi-tées par tous les médecins et par tous les chimistes, d'autant plus surtout que ce fléau asiatique semble vouloir s'étendre d'un pôle à l'autre.

En traitant chimiquement des causes du choléra-morbus, je pourrai paraître téméraire , puisque des savants du premier ordre ont écrit avant moi , sur le même sujet , sans avoir atteint leur but : mais , si mes recherches et mes observations sont vaines , au moins j'aurai droit à l'indulgence et à l'estime de mes concitoyens , puisque je les ai faites avec la seule intention d'être utile à l'humanité.

MÉMOIRE

sur

UN TABAC A PRISER,

PRÉPARÉ AVEC LES FEUILLES DE PHYTOLACCA DECANDRA, L.,

AVEC CELLES DE BETTERAVES

ET AUTRES VÉGÉTAUX INDIGÈNES.

(Extrait du Précis analytique des travaux de l'Académie des Sciences de Rouen.)

Messieurs,

Je suis du petit nombre de ceux qui croient, avec Dambournay, un des anciens fondateurs de l'Académie royale des Sciences de Rouen, que notre sol peut fournir, au moins en grande partie, les ingrédients propres à alimenter nos fabriques, manufactures, etc., sans avoir recours à l'achat des matières étrangères, si souvent onéreuses au pays.

C'est par ce motif principal que j'ai cherché à remplacer l'irritant et souvent dangereux tabac exotique, par des plantes qui croissent presque sans culture par toute l'Europe [1].

---

[1] *Voir*, pour les propriétés malfaisantes du tabac de nicotiane, l'*Encyclopédie*, le *Dictionnaire des sciences médicales*, et une *Thèse* soutenue à la Faculté de médecine de Paris, le 6 août 1815, par M. Arvers, de Rouen.

Vous pouvez vous rappeler que, dans une note supplétive imprimée dans le Recueil de vos travaux, en 1831, à la suite de mon travail sur les propriétés teinturiennes du *phytolacca*, je disais que les belles feuilles de cette plante, vu leur analogie de composition avec celles du *nicotiana tabacum*, étaient aussi de nature à faire du tabac à priser.

Des essais préliminaires que je fis, en 1832, sur ce végétal cueilli à diverses époques de l'année, vinrent confirmer mes prévisions, et j'en dus faire part à l'Académie, pour prendre date de mon travail ; je promis de donner suite à ces essais. Non-seulement je les ai continués, l'année suivante, sur le *solanum magnum*, mais je les ai étendus aux feuilles des différentes variétés de betteraves, et encore à d'autres végétaux indigènes très-connus et la plupart vivaces.

Je viens aujourd'hui, Messieurs, vous rendre compte de ces essais et de leurs résultats.

Mais, avant de les rapporter, je crois devoir répondre, en peu de mots, à ceux qui croient encore à l'impossibilité de faire de bon tabac autrement qu'avec les feuilles de nicotiane, plante originaire, dit-on, des Indes occidentales, mais qu'on est parvenu à acclimater en France comme la phytolaque.

« On aurait cherché en vain, disent les rédacteurs du *Dictionnaire technologique*, à remplacer, de nos jours, le tabac ordinaire sans nicotiane »... Et ils ajoutent : « C'est comme si l'on voulait faire du vin sans raisin, etc. »

Nous allons brièvement répondre à ces assertions,

en prenant des exemples dans les progrès des découvertes utiles dont nous sommes témoins depuis un demi-siècle.

MM. du *Dictionnaire technologique*, et les partisans de leur opinion, auraient-ils pu croire, il y a encore cinquante à soixante ans, qu'un jour viendrait où le sucre, préparé avec la betterave, pourrait suppléer, en Europe, celui qu'on extrait, aux Indes, de l'*arundo saccharifera ?*

Auraient-ils encore pu supposer que la chimie serait parvenue à faire de l'eau de toutes pièces ? que le gaz hydrogène carboné serait coërcé pour servir à l'éclairage? que la fécule de pommes de terre serait *saccharifiée* avec de l'acide sulfurique, et même qu'on pourrait extraire de l'eau-de-vie ou de l'alcool de cette singulière combinaison ? Non, sans doute.

Enfin, si les rédacteurs de l'ouvrage en question, avant d'être si affirmatifs dans l'espèce, avaient prouvé qu'il n'existe pas, sous le ciel européen, de plantes *azotées* et *albuminées* autres que la nicotiane, alors leur assertion aurait eu quelque valeur ; mais il en est autrement, à l'égard du phytolacca, des feuilles de betteraves, de celles de la pomme de terre, etc., etc. (*Voir* l'analyse d'un grand nombre de nos végétaux indigènes, par MM. Vauquelin, Davy, Berzélius, etc. [1])

---

[1] Beaucoup de végétaux indigènes sont, d'après leur analyse par les méthodes nouvelles, azotés ou animalisés ; mais quelques-uns d'entre eux semblent trop vireux pour les proposer comme succédanés des nicotianes, pour en faire du tabac ; de ce nombre sont les jusquiames, les *datura*, les feuilles de pavots, etc.

D'après ce court exposé, j'ai dû croire à la possibilité de faire du tabac analogue à celui de nicotiane avec les plantes que je viens de citer. C'est à l'expérience à décider si ce tabac est aussi irritant et aussi nuisible que le tabac ordinaire pour ceux qui font un usage continuel et souvent immodéré de ce dernier.

Voici donc les moyens que j'ai employés pour atteindre ce but. Ils sont, en grande partie, extraits du *Dictionnaire technologique* et de l'*Encyclopédie* ; mais, avant de les décrire, je dois donner la composition du fluide qui sert, dans les fabriques de tabac, à asperger les nicotianes qu'on y travaille. Cette préparation porte le nom générique de *mouillade*, en Europe, et de *sauce à faire du tabac*, dans les deux Indes.

SAUCE OU MOUILLADE POUR LA PRÉPARATION DU TABAC.

Prenez :

Sel gris ordinaire, 32 grammes, ou 1 once ;
Cassonade brune, 64 grammes, ou 2 onces ;
Muriate de chaux neutre, 4 grammes, ou 1 gros ;
Eau pure, 1 litre.
Le tout bien mêlé et fondu ensemble.

Cette espèce de saumure marque près de 8 degrés au pèse-sels ; et 7, si on remplace la cassonade par de la mélasse. Cette dose est plus que suffisante pour faire 9 à 10 livres de tabac, avec les feuilles de *phytolacca* ou de betterave, par le procédé que nous allons indiquer.

NOTA. La composition de la mouillade varie aussi

selon les pays où se prépare le tabac. Là, on n'y emploie que l'eau de mer pure ; ailleurs, de l'eau ordinaire sucrée, aiguisée de sel de gabelle impur, c'est-à-dire empreint de muriates terreux. Ce dernier fluide marque de 10 jusqu'à 14 degrés. (*Voir*, à cet égard, l'*Encyclopédie des Arts et Métiers.*)

Mais, dans mes opérations, je n'ai employé que la mouillade dont je viens de donner la recette.

J'ai donc opéré, en 1833, comme aux années précédentes, sur des feuilles de phytolacca, pour les convertir en tabac, prises à trois époques de leur croissance, c'est-à-dire vertes, bariolées et rouges, parce qu'elles changent de nature en vieillissant, même sur la plante. J'en dis, je crois, les motifs, en 1831, dans le travail dont j'ai déjà parlé.

Les autres végétaux, soumis aux mêmes essais, pour en faire du tabac, furent récoltés, les uns en été, les autres en automne, en raison de leur espèce, et encore par des motifs d'économie rurale que je dirai ailleurs.

TABAC PRÉPARÉ AVEC LES FEUILLES VERTES DU PHYTOLACCA DECANDRA.

Premier Essai.

Vers la fin du mois de juin, je fis sécher, à l'ombre, un fort paquet de ces feuilles, jusqu'au point de leur faire perdre environ les trois quarts de leur humidité naturelle : ensuite, je les mis en petits tas et pressées, pour les faire ressuer, comme cela se pratique à l'égard de la nicotiane qu'on réduit en tabac. Après quelques jours, il en émanait une odeur assez prononcée de tabac ; alors on les divisa pour les faire éventer. Deux jours après, je les aspergeai légèrement avec la mouillade, et les remis de nouveau en tas et toujours à l'ombre ; bientôt elles s'échauffèrent et fermentèrent ; elles furent loties et divisées de nouveau, puis aspergées une seconde fois avec la mouillade, et conservées, en petits lots, en lieu sec. Deux mois après, ces feuilles étaient converties en tabac, tout-à-fait analogue, pour le goût, le montant et l'odeur, à celui préparé avec les nicotianes.

Le 14 décembre 1832, j'exposai un échantillon de ce tabac aux regards de l'Académie. Je conserve encore cet échantillon en feuilles, et autres provenant de mes expériences sur divers végétaux indigènes.

Deuxième Essai.

J'ai fait celui-ci avec des feuilles de phytolacca bariolées, c'est-à-dire vertes-rougeâtres cueillies vers le 15 août. On les traita, en tout, comme dans l'essai précédent ; j'en obtins également un bon tabac. Je crois pouvoir assurer qu'elles rendent, à poids égal, plus de tabac que les feuilles de la même plante, prises vertes, comme celles employées à l'essai premier.

Troisième Essai.

A la fin d'octobre 1832, j'opérai sur des feuilles de cette plante, rougies sur pied. Elles donnèrent, ayant été manipulées comme pour l'essai premier, un tabac

de bonne odeur , mais moins forte et moins vireuse que
celle obtenue des feuilles vertes et bariolées ; circonstance qui prouve encore , comme je l'ai déjà fait remarquer , que le *phytolacca* change de nature , surtout
ses feuilles , en raison de son état d'accroissement [1].

Ainsi , une herbe vivace de sa nature , se produisant
par boutures de graines , et même par la section longitu-
dinale de sa racine , croissant dans presque toutes espèces
de sols , sans engrais , donnant , chaque année , deux
fortes coupes de feuilles (fin juin et fin septembre , en
Normandie), est le végétal que je propose comme suc-
cédané de la nicotiane , pour en faire du tabac, plante
d'ailleurs très-épuisante des terres arables, et , en outre,
très-dispendieuse à cultiver.

**TABAC PRÉPARÉ AVEC LES FEUILLES DES TROIS VARIÉTÉS
DE BETTERAVES CULTIVÉES DANS NOS JARDINS
OU EN PLEIN CHAMP.**

Ici , Messieurs , j'appellerai encore votre attention sur
cette autre partie de mon travail : je la crois, au
moins , aussi utile que la première... Vous allez en
juger.

L'analyse des feuilles de betterave , faite par les chimistes Raimann , Payen , Berzélius , etc., leur a prouvé

---

[1] Les différentes sortes de tabac, soit en feuilles , soit en
poudre , qu'on trouve dans le commerce , ne proviendraient-elles
pas de nicotianes récoltées aussi dans un état d'accroissement plus
ou moins avancé? Cela nous paraît très-probable.

qu'elles étaient, comme celles de nicotiane, *albumi-neuses* et *azotées*.

Enfin, chacun peut se convaincre, en les brûlant, qu'elles répandent une odeur *animalisée* très-analogue à celle des feuilles de nicotiane et de *phytolacca*, soumises à la même épreuve. Ainsi, d'après leur rapport de composition avec ces deux dernières plantes, j'ai cru aussi pouvoir en faire du tabac à priser. Les essais suivants, par leurs résultats, ont justifié mes espérances à leur égard.

PREMIER ESSAI.

Sur la betterave ordinaire (*béta vulgaris*).

Vers la fin de septembre 1832, c'est-à-dire à l'époque où l'on peut récolter les feuilles des betteraves, quelle qu'en soit l'espèce, sans trop nuire à l'accroissement dernier de leurs racines, j'opérai sur un fort échantillon de ces feuilles, en les traitant comme celles de la phytolaque, *essai premier*. Elles devinrent d'un rouge clair par la dessiccation. J'en obtins, en deux mois, un tabac dont l'odeur et le montant étaient analogues à ceux qu'on remarque au tabac préparé avec la *nicotiane* et le *phytolacca*.

DEUXIÈME ESSAI.

Celui-ci a été fait, en 1833, avec des feuilles de betteraves à racines blanches, veinées de stries rouges, cultivées en plein champ et dans un terrain de médiocre qualité. Cette espèce sert spécialement à faire du sucre : elle est naturellement très-feuillée. Traitées comme à l'essai précédent, j'en obtins un tabac au moins égal en qualité à celui préparé avec la betterave vulgaire.

J'ai aussi converti en tabac les feuilles de poirée (*béta-cycla*) ; mais cet ingrédient est inférieur en qualité à celui que donnent les deux autres variétés de betteraves. J'ignore à quoi attribuer cette différence, car les feuilles de la bette sont aussi de nature azotée et albumineuse ; mais toujours est-il certain qu'on peut ranger cette plante au nombre des végétaux propres à remplacer la nicotiane [1].

Ainsi, il résulte encore de ces autres essais que les feuilles de betteraves peuvent, au besoin, servir de succédanées à la nicotiane, pour la fabrication du tabac. J'ajoute que les betteraves peuvent aussi, comme la phytolaque, donner deux coupes de belles feuilles chaque année, avantage que ne présente pas la *nicotiane cultivée en France*.

TABAC PRÉPARÉ AVEC LES FEUILLES DE POMMES DE TERRE.

Il y a plus de vingt ans que j'avais remarqué que les feuilles pédonculées de la plante providentielle, exposées en tas au grand air, s'échauffaient assez vite, et finis-

[1] Les débitants mêlent au tabac ordinaire divers ingrédients pour lui donner du montant. C'est spécialement le sel ammoniac en petite quantité, et, parfois, quelques grains de chaux en poudre qu'ils emploient à cet usage ; mais je n'ai employé aucun de ces moyens dans la confection du tabac préparé avec le *phytolacca* et les feuilles de betteraves.

saient, en fermentant, par exhaler une odeur très-prononcée de tabac. J'ai fait aussi plusieurs fois la même remarque sur les feuilles du pavot noir et blanc , mais je n'ai pas essayé à les convertir en tabac. Il en a été autrement à l'égard des solanées tuberculeuses : ces plantes, naturellement vireuses , ont certaine analogie de composition , dit Berzélius , avec celle du *nicotiana tabacum.* Ces divers motifs m'ont déterminé à les soumettre aux mêmes essais que la phytolaque et les feuilles de betteraves.

En juillet 1831 , je traitai , à l'instar des deux plantes que je viens de citer, un fort lot de belles feuilles pédonculées , provenant de diverses sortes de pommes de terre cultivées en plein champ ; elles furent également arrosées alternativement, deux fois, avec la mouillade. J'ai répété , en 1832 , cet essai , au mois de septembre , quand la plante était encore bien verte [1]; en six semaines, j'en obtins un tabac d'une odeur, à la vérité, moins piquante que celle du tabac préparé avec la phytolaque et la betterave , mais tout porte à croire qu'en manipulant sur les solanées en grand, comme cela se pratique à l'égard de la nicotiane, elles produiront un errhin très-analogue au tabac ordinaire.

J'ai aussi , mais sans succès réel , essayé de convertir

---

[1] Du 15 au 20 septembre , je crois qu'on peut récolter les feuilles des solanées sans nuire à l'accroissement du tubercule, qu'on laisse encore un mois en terre avant d'en faire la cueillette, car il y grossit, quoique privé de ses tiges. C'es' une des étonnantes facultés des racines dites coulis.

en tabac d'autres plantes vivaces, indigènes, à odeur vireuse, telles que la morelle (*solanum nigrum*), la douce amère, qui croît partout, la jusquiame, la grande scrophulaire et la belladona ; mais ces essais n'ont pas été suivis pour pouvoir affirmer, en définitive, qu'on peut en faire un sternutatoire analogue au tabac de nicotiane, sans en avoir les inconvénients.

COURTES OBSERVATIONS SUR L'ENSEMBLE DE CE TRAVAIL, ET RÉSUMÉ.

Le tabac de nicotiane eut autrefois ses détracteurs et ses panégyristes, et cela devait être ; mais en définitive, il est devenu, presque comme le sucre, ingrédient de première nécessité en Europe, quoique inutiles, l'un et l'autre, à l'existence de l'homme ; au contraire, surtout le tabac ; car, en compensation d'une jouissance passagère qu'il procure aux priseurs, combien n'énerve-t-il pas certaines facultés avant le déclin de la vie, surtout le sens de l'odorat? Combien d'exemples on pourrait citer à l'appui de ces assertions !

Mais on dit : Le tabac est un sternutatoire céphalique agréable ; enfin, c'est un remède dans bien des cas.... On répond :.... Nos pères, qui vivaient aussi vieux que nous, et avec moins d'infirmités, suppléaient à votre tabac par des errhins pris dans leurs végétaux indigènes, qui ne leur occasionnaient ni aberrations, ni vertiges, car on ne connaissait pas la nicotiane chez les Gaulois.

Trouver, dans l'état actuel des choses et sur notre sol, des végétaux moins narcotiques et moins irritants que la nicotiane pour remplacer le tabac ordinaire, était le but que je m'étais proposé dans ce travail ; je crois l'avoir atteint au moyen des belles et larges feuilles de la phytolaque et de la betterave.

Messieurs, je m'attends bien ici à trouver des contradicteurs, car tout ce qui est nouveau en a toujours eu, même les découvertes les plus utiles.... On dira, dans l'intérêt du fisc et des planteurs privilégiés, que mon tabac n'est pas analogue à celui préparé avec la nicotiane ; mais, en supposant la chose vraie, ce qui n'est pas certain, qu'importe au consommateur, s'il peut satisfaire ses habitudes avec une poudre céphalique moins irritante et moins dangereuse au sens de l'odorat que le tabac ordinaire ?

D'ailleurs, le nouveau tabac indigène que je propose, comme succédanée de celui préparé avec la nicotiane, acquerra, n'en doutons pas, étant fabriqué en grand, un degré de perfection que je n'ai pu lui donner dans des essais toujours assez limités, et par des mains peu exercées à ce genre d'industrie [1], car tout se perfectionne par le temps, et plus encore par l'expérience. C'est ainsi que, en 1747, quand Margraff le prussien eut découvert l'existence du sucre dans la betterave, on était loin de s'attendre, alors, à voir, quatre-vingts ans plus tard, l'Europe chargée de raffineries d'un sucre extrait de cette

---

[1] En effet, ces essais, quoique concluants pour le fonds, donneront encore des résultats plus satisfaisants quand ils auront lieu en grand dans les usines où se fabrique le tabac, en Alsace, en Flandre, etc., par des procédés que je n'ai pu mettre en pratique à Rouen, où cette industrie est peu connue.

même racine, et, pourtant, nous sommes témoins de la réussite de ce nouveau genre d'industrie. Je suis convaincu que, tôt ou tard, le même résultat aura lieu en France, à l'égard de la fabrication du tabac avec plusieurs de nos végétaux indigènes, mais spécialement avec les deux plantes qui font l'objet principal de ce mémoire, le *phytolacca decandra* et les feuilles des trois variétés de betteraves dont j'ai parlé.

En résumé, nous croyons qu'il résultera, de cette nouvelle industrie, divers avantages pour l'économie rurale et sociale, dont voici les principaux :

L'emploi, en France, des feuilles de la phytolaque et de betteraves, comme succédanées des nicotianes, pour en faire du tabac, limitera la culture de cette dernière plante, et les terres à blé en seront moins effritées; car, dit Jefferson, ancien président des Etats-Unis, « le » tabac est l'une des plantes qui épuise le plus, en peu » de temps, les sols les plus fertiles, et nuit singulière- » ment à la culture des végétaux alimentaires, etc. »

La culture de la betterave, moins épuisante des terres que le tabac, s'accroîtra dans nos campagnes sans trop nuire à la récolte des céréales, avantage qui n'est pas à dédaigner dans un pays d'une immense population.

Enfin, le *phytolacca decandra*, plante vivace qui croît presque sans frais de culture sur les sols les plus variés, servira encore, dans l'espèce, à ménager les bonnes terres à blé, souvent envahies par la nicotiane.

Tel est, Messieurs, l'ouvrage que j'avais promis à

l'Académie les années précédentes. Trop heureux si, faible imitateur de Dambournay, en m'occupant de végétaux indigènes, j'ai encore pu, sur le déclin de l'âge, lui offrir un travail qui, je crois, n'est pas dénué d'intérêt dans son ensemble !

DES PLANTES

ou

VÉGÉTAUX INDIGÈNES OU EXOTIQUES,

DE NATURE A POUVOIR SUPPLÉER LE TAN ORDINAIRE POUR L'APPRÊT DU CUIR [1].

Messieurs ,

Une lettre adressée à M. *Lebret*, par M. *Danse-Compagnon*, corroyeur à Beauvais, et communiquée à la Société, le 24 avril dernier, va faire le sujet du rapport et de la notice que voici.

On se plaint, à Beauvais, de la rareté du tan extrait de l'écorce du chène, *quercus robur* de nos forêts, pour l'usage des tanneries, et tout porte à croire que cet ingrédient, vu l'énorme quantité qu'on en consomme aujourd'hui, finira par manquer ou deviendra d'un prix si élevé, qu'à peine pourra-t-on en faire usage à l'apprêt du cuir, circonstance qui nuirait singulièrement à une branche d'industrie très-répandue en France.

Il s'agit donc de trouver ici des succédanées au tan de

[1] Extrait du cahier trimestriel publié, en avril 1834, par la société d'Agriculture de Rouen.

chêne pour alimenter nos tanneries indigènes, et cela ne nous paraît pas impossible.

Déja, Messieurs, au temps de la première révolution, on éprouva une disette de tan pour l'apprêt *extemporané* du cuir (méthode de Séguin), et l'on y substitua quelques autres matières de nature astringente, soit indigènes, soit exotiques ; mais les cuirs tannés et travaillés à la hâte manquaient de ce moelleux, de cette souplesse qu'on remarque à ceux préparés par l'ancien procédé et avec le tan pur. Il est inutile d'en déduire ici les causes. Néanmoins, les circonstances commandaient, l'état de guerre générale était là, et l'on en fit usage, faute de mieux.

Enfin, l'emploi du cuir à souliers, pour la sellerie, dans les usines, etc., est triple de ce qu'il était il y a au plus trente ans. Il n'est donc pas étonnant que l'ingrédient le plus indispensable à sa préparation s'épuise ; et peut-être même finira-t-il par manquer en grande partie en France.

D'après ce simple exposé, cherchons dans notre pays, ou dans des matières étrangères à bas prix, quels sont les ingrédients propres à suppléer le tan de chêne dans les tanneries.

Pour mieux atteindre ce but, il faut se rappeler que toutes les décoctions aqueuses végétales, qui sont noircies par la couperose verte, ou précipitées par la colle-forte, peuvent servir au tannage, parce qu'elles renferment le tannin, une des bases principales du cuir imperméable. A cet effet, nous allons indiquer ceux des végétaux indigènes à la France, bons à l'apprêt des cuirs ; nous en ferons deux séries , puis viendront les ingrédients exotiques de nature à remplir le même but , etc.

1° Parmi les végétaux *tannifères* indigènes , on doit mettre en première ligne toutes les parties du chêne , quelle qu'en soit l'espèce , c'est-à-dire son écorce , son bois moulu, ses feuilles et même la capsule de son gland, ou gallon du commerce ;

2° L'écorce du bouleau ordinaire et ses congénères. On sait depuis long-temps que les cuirs de Russie , généralement estimés dans le commerce , sont particulièrement tannés avec l'écorce du grand bouleau boréal , parfois mêlée au tan de chêne et à la noix de galle.

3° L'écorce du marronnier d'Inde , ses feuilles, ses fruits encore verts, avec leur capsule épineuse , sont aussi riches en tannin.

4° Le saule ordinaire, l'aune et leurs analogues, si communs en France, sont aussi propres aux tanneries.

5° L'écorce d'orme et ses nombreux fruits, ordinairement perdus , contiennent les principes tannants en assez grande quantité : j'en ai fait l'essai.

6° Le redoul , ou plante aux tanneurs , connu des botanistes sous le nom de *coriaria myrtifolia* et ses congénères, les *sumacs*, forment encore une série de végétaux très-bons pour alimenter les tanneries pour les corroyeurs , etc.

Le *coriaria* est connu , de toute antiquité, comme étant le végétal le plus convenable, avec les *rhus*, pour suppléer l'écorce de chêne pour l'apprêt du cuir. Il est vivace et très-multiple, croit en France sur toutes sortes de terrains. Nous en recommandons la culture aux champs et dans les taillis, comme une annexe agricole d'un bon rapport [1].

Parmi les végétaux de la seconde série qui recèlent du tannin et de l'acide gallique, mais en moindre quantité que ceux que nous venons de nommer, nous citerons le grenadier, *punica granatum*, écorce, fleurs, et le drupe de son fruit, connu dans le commerce sous le nom d'*écorce de grenade*. Le grenadier est indigène dans les provinces méridionales de la France ; l'écorce de son fruit est à très-bas prix dans le commerce.

Les belles feuilles du *phytolacca decandra*, ou phytolaque, recueillies rouges ou bariolées, vers l'arrière-saison. Cette plante croît partout, se régénère en mettant, au printemps, ses jeunes pousses en terre ; elle est très-vivace et riche en tannin. On en peut faire deux coupes par an.

La rose de Provins, *rosa gallica*, et sa congénère, la rose dite du Bengale, sont *très-tannifères*, surtout la dernière [1].

Il en est de même du myrtille et de l'*uva ursi*, deux

----

[1] Cet arbrisseau donne deux coupes par an dans les départements situés au centre de la France, et fait l'objet d'un commerce lucratif ; on le vend réduit en poudre, à l'instar du sumac. Sa culture peut avoir lieu également dans le nord du royaume. Il croît partout ; on le coupe ordinairement quand il commence à donner sa fleur, etc. Ce végétal et l'airelle sont peut-être les deux arbrisseaux les plus riches en tannin, après le chêne, parmi ceux qui croissent en France.

[1] Le rosier du Bengale est très-multiple de sa nature ; ses feuilles,

petits arbrisseaux communs dans les bois , dont on peut faire deux récoltes par an. Toutes ces plantes sont vivaces et très-multiples.

Leur décoction précipite fortement en noir violet , par la solution aqueuse du proto-sulfate de fer ou vitriol vert.

La colle-forte y occasionne un fort précipité blanchâtre.

Les polygonées , telles que la bistorte, la salicaire, la renouée, ou traînasse , plante qui infeste souvent les fonds arables, et même les tiges de sarrasin ordinairement perdues, contiennent encore une assez bonne quantité de principes tannants.

Le grand plantin et le plantin à feuilles lancéolées , si communs dans toute la France ; le *reseda luteola* , ou fausse gaude , qui croît dans les plus mauvais terrains ; l'*alisma plantago* , qu'on voit dans tous les lieux humides , sont également assez riches en tannin. J'en ai aussi fait l'essai récemment.

Enfin , nous avons reconnu également que les baies de sorbier , *sorbus sativa* , arbre si connu en France et toujours très-chargé de fruits , ainsi que ses feuilles et brindilles , étaient *très-tannifères* [1].

---

ses brindilles , ses fleurs, et même ses fruits , sont plus riches en tannin que le rosier gallique.

[1] En général, tous les fruits amers et acerbes au goût, surtout ceux cueillis avant leur maturité , sont excessivement chargés de tannin et d'acide gallique, et , par conséquent , propres au tannage des peaux pour les corroyeurs , etc.

Nous ne citerons pas ici une foule d'autres plantes indigènes qui recèlent du tannin, mais en général en trop petite quantité pour pouvoir suppléer avec succès l'écorce de chêne et la noix de galle dans l'apprêt du cuir. Néanmoins, quand on veut s'assurer si un végétal est plus ou moins riche en principes tannants, il suffit de le faire bouillir, haché menu, un instant, dans de l'eau ordinaire, et d'ajouter à la décoction une solution aqueuse de vitriol vert ou de colle-forte du commerce ; avec le vitriol, la décoction noircit plus ou moins, en raison du tannin et de l'acide gallique qu'elle recèle.

La colle trouble la décoction, qui laisse déposer, au fond du verre, un précipité blanchâtre, aussi plus ou moins volumineux, en raison de la quantité du principe tannant qu'elle contient.

Ainsi, par ces deux moyens, assez simples dans leur application, l'on pourra toujours juger très-approximativement si tel ou tel végétal est assez pourvu de principes astringents pour servir à l'apprêt du cuir, ou encore, pour les hongroyeurs, corroyeurs, etc.

INGRÉDIENTS EXOTIQUES DE NATURE A SERVIR A L'APPRÊT DU CUIR.

Le premier et le plus riche en matières tannifères est la noix de galle, auquel on peut ajouter le quercitron du commerce.

La deuxième est l'écorce dite *de pain*, qui nous vient de Barbarie, par la voie de Marseille. Cette écorce, d'un prix peu élevé, est très-riche en tannin. Nous en avons fait l'épreuve, il y a près de vingt ans ; elle peut servir, seule ou mêlée au tan de chêne, à l'apprêt du cuir, à faire de l'encre, des couleurs noir fauve, etc.

Peut-être que l'écorce des sapins européens et celle des autres arbres verts pourraient servir au même usage ; mais nous n'en avons pas fait l'essai.

On trouve encore dans le commerce diverses matières assez abondantes en tannin, telles que la gomme de *kino*, le cachou, le simarouba, le bois de Campêche, et même les différentes variétés de quinquina, etc., dont on pourrait tirer parti pour le tannage, soit employées seules, soit mêlées à l'écorce de chêne ou à celle de pin ; mais leur prix, toujours assez élevé, sera probablement un grand obstacle pour permettre d'en faire usage dans l'espèce.

Il résulte donc de ce qui précède :

Qu'il existe en France un assez grand nombre de végétaux, n'appartenant pas au genre chêne, qu'on peut employer seuls ou mêlés au tan ordinaire, pour l'apprêt des cuirs, par les corroyeurs, mégissiers, etc. Ceux de ces végétaux qui nous semblent les plus propres pour atteindre ce but, sont le redoul, l'airelle ou myrtille, les rosiers que nous avons désignés, les feuilles de la phylotaque, le grand plantin, le plantin lacéolé, et probablement leurs congénères ; le grenadier, toute la plante, les baies du sorbier commun, cueillies à moitié de leur maturité, et les autres fruits agrestes qu'on trouve abondamment dans les bois ; enfin l'écorce de pin de Barbarie, surtout depuis que la France possède

Alger et les pays adjacents , où l'arbre qui produit cette écorce croît abondamment [1].

Déjà l'emploi de ces succédanés à l'écorce de chêne a lieu dans certains pays , soit seuls, soit ajoutés au tan ordinaire ; pourquoi cette pratique n'aurait-elle pas lieu à Beauvais et dans tous les lieux où le tan de chêne devient rare , surtout pour le tannage des peaux ?

Je vais terminer cette notice *in partibus* agricole et commerciale par les *Observations suivantes* :

Le tannin , ou principe astringent produit par certains végétaux, combiné à la peau des animaux, a seul la propriété de les tanner et d'en faire ce que tout le monde connaît sous le nom générique de *cuir à soulier*. De nos jours, le cuir est devenu d'un usage si général , soit pour la chaussure , soit à l'armée , dans les usines , etc., que bientôt l'écorce de chêne manquera ou deviendra très-rare en France, pour son apprêt, et déjà cette rareté se fait sentir dans nos tanneries. Par ce puissant motif d'économie sociale et rurale, et dans l'état actuel de la science chimique, ne pourrait-on pas indiquer une méthode simple et peu dispendieuse pour extraire les principes *tannants* des végétaux dont j'ai parlé ailleurs , et

---

[1] Bien d'autres écorces d'arbres indigènes ou exotiques pourraient être rangées dans cette série , telles que celles des *bouleaux* du nord, de certains lichens qui abondent sur les chênes de tous les pays, etc. ; mais nous laissons à d'autres à déterminer celles de ces plantes les plus convenables pour servir au tannage des peaux.

de bien d'autres, leurs analogues, mais qui n'ont pas encore été assez étudiés [1] ?

Cet extrait formerait une nouvelle branche d'industrie pour le tannage des peaux, dans les mégisseries, chez les corroyeurs, employé seul suivant les cas, ou mêlé au tan ordinaire, dont il diminuerait la consommation. (*Voir*, à cet égard, la *Chimie agricole* de Davy, tome Ier, page 106, et la *Chimie de Berzélius*, tome V, page 563, dans lesquelles on trouve des tableaux indiquant très-approximativement la quantité d'extractif et de tannin que recèlent un bon nombre de végétaux indigènes ou exotiques).

Un autre moyen se présente à nos recherches pour subvenir au besoin des tanneries : il consiste à leur procurer du *tannin artificiel.....* Les chimistes (Hatchett, Thénard, Berzélius, etc.) prétendent qu'on peut atteindre ce but en combinant ensemble du charbon de terre, de l'indigo, ou encore des résines avec les acides nitrique ou sulfurique ; mais, jusqu'à ce jour, que je sache, ce prétendu tannin n'a encore figuré qu'en fragments dans les laboratoires de nos savants professeurs. Espérons que cet ingrédient *tannifère* deviendra bientôt un objet de commerce en grand, comme cela a lieu pour le sulfate de quinine, les eaux minérales, les préparations de chrôme, et de tant d'autres produits chimiques

---

[1] Cette étude est facile, pour peu qu'on ait quelques connaissances en chimie ; nous conseillons de faire particulièrement les essais sur des végétaux bien séchés à l'ombre, par des motifs qu'il serait trop long de rapporter ici.

en usage aujourd'hui dans les arts industriels , dans les manufactures.

Ces recherches pour l'extraction des principes tannants de nos végétaux indigènes, ou pour la confection du tannin artificiel , sont tout-à-fait dans les attributions du savant distingué , M. Girardin , chargé , par l'administration , du cours de Chimie technologique à Rouen , cours dont le but principal est le perfectionnement des nombreux établissements industriels et manufacturiers qu'on voit en Normandie. Les apothicaires, vu leur éducation chimico-pharmaceutique , peuvent également entreprendre ces travaux , et en faire une annexe utile et lucrative à leur établissement.

Messieurs , je ne savais trop comment traiter les questions agricoles et commerciales qui m'ont été suggérées par la lettre venue de Beauvais , dont j'ai été chargé de faire l'examen. En définitive, et dans un double but, j'en ai fait une notice en forme de rapport , notice qui , je crois , n'est pas dénuée d'intérêt dans son ensemble, surtout dans un temps où nous devons mettre à contribution toutes les ressources scientifiques pour retirer de nos végétaux indigènes les matières propres à l'alimentation des nombreuses usines qui couvrent le sol de la France.

Espérons donc qu'il s'élèvera, sur notre sol, une nouvelle branche d'industrie pour la fabrication, en grand, du tannin artificiel , et pour l'extraction des principes *tannifères* des végétaux que j'ai signalés, et de tant d'autres non encore étudiés ; qu'enfin, la France pourra

s'affranchir de l'achat d'ingrédients exotiques pour l'apprêt du cuir, achat toujours onéreux au pays.

Tel est, Messieurs, l'ouvrage que j'ai cru devoir
vous présenter, en réponse à la lettre adressée à la Société par M. Danse-Compagnon, corroyeur à Beauvais,
concernant les moyens à prendre pour suppléer, au
besoin, le tan produit par l'écorce de chêne.

EXTRAIT D'UN MÉMOIRE

SUR

DES PROCÉDÉS MÉCANIQUES ET CHIMIQUES

POUR RECONNAITRE LE MÉLANGE DE LA FÉCULE DE POMMES
DE TERRE ET AUTRES INGRÉDIENTS HÉTÉROGÈNES
DANS LA FARINE DE BLÉ [1].

OBSERVATIONS PRÉLIMINAIRES.

Trois motifs ont dû en principe déterminer la falsification ou le mélange de la fécule de pommes de terre dans la farine de blé et même dans la farine de seigle.

Le premier ne peut guère avoir lieu qu'avec l'intention de faire un gain illicite, surtout quand le prix de la fécule est moins élevé que celui de la farine de blé.

Le deuxième peut être employé par le meûnier dans le double but de donner plus de blancheur à la farine,

---

[1] L'auteur de ce mémoire a obtenu une médaille de bronze au dernier concours du prix proposé par la société d'Encouragement, pour un moyen de reconnaître le mélange de la fécule avec la farine de blé.

et de faciliter l'extraction de cette farine, surtout à l'é-
gard des blés gras ou mal récoltés [1].

Enfin, d'autres falsifient la farine de froment, non
seulement au moyen de la fécule, mais encore avec
d'autres matières farineuses blanches, *seigle*, *riz*, *orge*,
haricots, *etc.*

Plusieurs procédés ont été successivement mis en
usage depuis quelques années, pour découvrir la fécule
dans la farine de blé, et un seul suffisait dans des mains
exercées pour atteindre ce but, quand cette fécule n'é-
tait qu'interposée par un simple mélange avec la farine;
car, alors, souvent à l'œil nu, mais mieux à l'aide
d'une bonne loupe, on y discernait assez facilement le
corps étranger, la fécule, à sa forme angulaire, inégale,
et encore par sa propriété de refléter les rayons lumi-
neux, comme le font de petits grains de mica, effet
que ne produisent pas la farine de froment la plus pure
et encore moins celle de seigle, de haricots et autres
farines blanches.

Néanmoins, quand la farine ne recèle qu'environ un
dixième de son poids de fécule, l'essai par les instruments microscopiques peut induire en erreur, d'autant

[1] Dans les années où le blé est mal récolté et où la farine adhère
fortement au cariospe, les meûniers ajoutent parfois à ces blés,
avant de les moudre, quelque peu de riz bien sec ou de fécule. Cette
méthode facilite l'extraction de la farine et en augmente le rendement; cette pratique, tout-à-fait industrielle, n'a rien de
répréhensible, surtout si l'on ajoute au plus 2 kilogrammes de ces
deux ingrédients par 50 kilogrammes de froment.

plus que certaines farines contiennent parfois quelques
atomes de silex qui réfléchissent aussi les rayons solaires [1]. Il est donc essentiel, quand on est chargé
d'examiner la pureté de la farine, de prendre en considération l'introduction fortuite des corps micacés dans
la farine à éprouver.

Le grand nombre d'essais faits par M. *Dubuc*, pour
découvrir la fécule dans la farine, lui ont suggéré l'idée
de faire dessécher au bain-marie les farines soupçonnées. Il a reconnu qu'étant privées de leur eau d'inter-
position, la fécule était rendue plus visible (presque du
double) aux instruments microscopiques : c'est ainsi
que dans de la farine de première qualité, seulement
additionnée d'un dixième de son poids de matière féculente, cette fécule pouvait être reconnue au moyen d'une
forte loupe, après la dessiccation de la farine.

Cette expérience, répétée plusieurs fois devant des
boulangers et des meûniers, bons praticiens, a toujours
réussi d'une manière satisfaisante pour découvrir la
fécule dans les farines. Ainsi, toutes les fois que la farine de blé contiendra de la fécule entière, même pour
un vingtième de son poids, on peut, en faisant préalablement dessécher le mélange par une chaleur qui n'ex-

[1] Cet effet a lieu surtout quand les meules du moulin sont
nouvellement repiquées ; mais avec de l'habitude, et au moyen de
lotions, on sépare assez facilement ces molécules de silex, vu leur
pesanteur spécifique, d'avec la farine et la fécule.

cede pas 40 à 50 degrés centigrades , y signaler la fécule avec une bonne loupe [1].

Mais si la fécule mêlée à la farine a été écrasée sous la meule et blutée , alors les moyens ci-dessus deviennent impuissants pour bien reconnaître la fraude , parce que l'effet spéculaire ou réfrangible de la lumière des grains de fécule est en grande partie détruit par leur empâtement avec la farine qui les recouvre. Il convient, dans ce dernier cas , de mettre en usage d'autres procédés pour atteindre ce but. M. Dubuc en indique deux dont l'expérience et la pratique ont justifié les bons effets ; ces procédés sont faciles d'exécution. Le premier est fondé sur la grande différence qui existe entre la pesanteur spécifique de la farine de blé et celle de la fécule.

Le deuxième, sur ce que la farine de blé pure contient une quantité déterminée de gluten , tandis que la fécule et l'amidon ordinaires ne sont nullement glutineux.

Premier Procédé.

Un vase renfermant 1 kilogramme ou 1,000 grammes de bonne farine de blé un peu tassée à la main contient , à peu de chose près, 1,500 grammes ou 1 kilogramme et demi de fécule ordinaire commerçable.

Ainsi , supposons que la farine soit falsifiée du quart de son poids de fécule , alors le vase d'essai contiendra

---

[1] Par cette dessiccation , la bonne farine des halles perd environ un cinquième de son poids par l'évaporation de l'eau interposée qu'elle recèle.

au moins 36 onces, ou à-peu-près **1,130** grammes de ce mélange *farino-féculent,* aussi un peu tassé à la main.

Donc on peut toujours, en prenant pour base de cette opération la pesanteur spécifique de ces deux matières, déterminer à peu de chose près, au moyen d'un vase bien jaugé, si de la farine est additionnée de fécule, même pour un dixième de son poids.

Deuxième Procédé.

Pour en bien comprendre les résultats, il faut se rappeler que nos meilleures farines françaises ne contiennent guère qu'un cinquième de leur poids de gluten, et que la fécule de la solanée et l'amidon provenant des céréales (avec lequel on peut aussi falsifier la farine) ne décèlent pas un atôme de gluten [1].

EXTRACTION DU GLUTEN.

Prenez 4 onces de bonne farine de blé et 2 onces d'eau tiède, malaxez et coroyez-les bien ensemble pendant huit à dix minutes. Il en résultera un pâton ferme,

---

[1] C'est un fait constant que les farines françaises, telles qu'on les vend dans les halles, c'est-à-dire tirées à blanc, ne recèlent guère que 3 onces de gluten frais par livre de 16 onces. Ainsi, en prenant ce dernier produit pour base, on arrive toujours à découvrir, par l'extraction du gluten, si la farine est additionnée de fécule, d'amidon ou autres matières blanches analogues, telles que la farine de haricots, d'orge et même de seigle, qui ne sont pas sensiblement glutineuses.

moelleux et élastique ; ensuite , exposez-le sous un très-petit filet d'eau tiède , en le pressant en tous sens sous les doigts. Par ce simple procédé , on sépare tout l'amidon et la matière mucoso-sucrée que contient la farine. L'opération est finie quand le fluide qui coule cesse d'être blanc : alors on a le gluten pour résidu. Le poids en sera ici d'environ 6 gros ou de 3 onces , si l'on opère sur une livre de farine pure.

Ainsi , en supposant qu'une farine de blé soit mélangée du quart de son poids avec de la fécule , de l'amidon , etc. , alors 4 onces de ce mélange , au lieu de produire 6 gros (24 grammes) de gluten , n'en donneront que 4 gros et demi , et encore moins, suivant que la fécule dominera dans la farine.

Si l'on prépare un pâton avec 4 onces de farine contenant 1 once de fécule et aussi 2 onces d'eau , alors on obtient une pâte plus liquide , moins cohérente , moins élastique que la précédente , et le boulanger intelligent peut , par ce dernier moyen , apprécier déjà si la farine est pure ou mêlée de fécule.

Il résulte donc de l'emploi de ces deux procédés mécaniques , qu'on peut toujours découvrir si la farine de froment est ou n'est pas additionnée de fécule, d'amidon , de farine d'orge , de haricots et même de fleur de riz.

EMPLOI DES RÉACTIFS CHIMIQUES POUR DÉCOUVRIR LA FÉCULE OU L'AMIDON AJOUTÉS A LA FARINE DE BLÉ [1].

Pour mieux apprécier les effets des réactifs sur la farine et sur les fécules, il faut d'abord établir que la farine de blé est une matière animalisée azotée, tandis qu'au contraire la fécule de pommes de terre et l'amidon qu'on extrait purs de la farine des céréales sont de nature purement végétale ; de cette différence résulte nécessairement un effet varié des réactifs sur l'un ou l'autre produit. Les résultats des expériences suivantes prouveront la vérité de cette assertion.

Trois agents chimiques vont seulement figurer dans ces essais, savoir : les acides nitrique, muriatique et le nitrate de mercure liquide (deuto-nitrate).

Leurs effets respectifs sont basés, à l'égard de la farine et de la fécule,

1° Sur ce que l'acide nitrique a la propriété de colorer en beau jaune orangé la farine de blé pure, tandis qu'il n'altère pas la couleur de la fécule, ni celle de l'amidon ;

2° Sur ce que l'acide muriatique pur (acide hydrochlorique) colore en violet foncé la bonne farine,

---

[1] On a dû négliger, dans ces réactifs, l'iode et ses préparations, vu que ces matières colorent d'un bleu plus ou moins intense toutes les farines des céréales, la fécule, l'amidon ordinaire. Néanmoins, dans des mains très-exercées, l'iode pourrait être utile, attendu que plus la farine contient de fécule, plus aussi elle bleuit par ce réactif.

tandis qu'il dissout la fécule et forme avec elle un fluide légèrement visqueux, mais tout-à-fait incolore et décomposable par les alcalis;

3° Sur ce que le nitrate de mercure colore en rouge foncé la farine, et qu'il n'altère pas la couleur naturelle de la fécule.

EXPÉRIENCES PAR L'ACIDE NITRIQUE A 40 DEGRÉS.

Premier essai. Prenez farine pure et acide nitrique, de chaque 100 grains (50 décigrammes); mélangez-les bien ensemble dans un petit pot de faïence, au moyen d'un tube de verre ou d'une allumette dessoufrée. Le mélange s'échauffera légèrement, et en peu d'heures il passera par toutes les nuances du jaune pour arriver enfin au beau jaune orangé.

Deuxième essai. Faites un pareil mélange avec 100 grains de fécule et 100 grains du même acide.

Ici, point de dégagement de calorique, et la fécule n'est pas altérée dans sa couleur.

Troisième essai. Prenez farine pure 80 grains, fécule 20 grains, acide 100 grains, bien mêlés. Ici la couleur du mélange sera le jaune citron, et non le jaune orangé.

Faites le même essai avec parties égales de farine et de fécule, en tout 100 grains et 100 grains d'acide. Dans cet autre essai, on obtient un jaune pâle dégradé. Ainsi, plus la farine est féculente, moins elle est colorée par le réactif; et moins elle est chargée de fécule, plus elle se rapproche du jaune orangé.

ESSAIS PAR L'ACIDE MURIATIQUE PUR A 21 DEGRÉS.

Prenez farine pure et acide muriatique, de chaque 100 grains, mêlez-les bien ensemble.

D'abord, le mélange devient rouge clair, puis violet, et enfin, après quelques heures, sa couleur est celle du bel indigo. On peut accélérer ses effets en chauffant légèrement le mélange.

Faites pareil essai avec 100 grains d'acide hydrochlorique et 100 grains de fécule pure. Le mélange prend d'abord une consistance pâteuse, puis il se liquéfie ; la fécule est dissoute, mais cette solution est absolument incolore.

ESSAI COMPARATIF.

Prenez farine 75 grains, fécule 25 grains, acide muriatique 100 grains, opérez le mélange.

Ici, on n'obtiendra qu'un violet clair, et plus la farine sera féculente, moins cette couleur sera intense, *et vice versâ*.

Il résulte donc de ces essais que les acides nitrique et muriatique sont d'excellents réactifs, dans des mains exercées, pour découvrir la fécule dans la farine ordinaire.

L'un, l'acide nitrique, colore en beau jaune orangé la farine pure et non la fécule, de manière que, plus la première est féculente, moins elle se colore en jaune.

L'autre, l'acide muriatique, agit d'une manière encore

plus remarquable sur la farine. Ce réactif colore toujours en beau bleu indigo la bonne farine, tandis qu'il dissout la fécule pure sans la colorer. De là, cette conséquence que plus la farine est féculente, moins elle est violacée par l'effet de ce réactif.

On conçoit aisément ces effets variés dans les nuances : la fécule n'étant pas colorée par ces deux acides, plus elle dominera dans la farine, plus aussi sa couleur blanche naturelle affaiblira celle du jaune et du violet ; car ces acides agissent en même temps sur la fécule et sur la farine. Cette théorie s'explique d'elle-même ; elle est aussi applicable au nitrate de mercure.

ESSAIS PAR LE NITRATE DE MERCURE LIQUIDE.

Prenez farine pure et nitrate de mercure, de chaque 100 grains ; mêlez exactement dans un petit pot de faïence, au moyen d'un tube de verre ou de tout autre instrument sur lequel le réactif n'a pas d'action. Bientôt la pâte devient légèrement citrine, puis décline au rouge, et en deux ou trois heures sa couleur est le rouge garance ; cette couleur est permanente [1].

Faites la même opération avec 100 grains de fécule pure et 100 grains de nitrate de mercure liquide.

Ici, aucune liaison entre les deux matières ; point de coloration de la fécule, ni même de l'amidon ordinaire tiré des céréales.

---

[1] En hiver, on peut aussi accélérer le développement de la couleur en chauffant légèrement le mélange.

Opérez maintenant, par synthèse, sur un mélange de 75 grains de farine, 25 grains de fécule et 100 grains de nitrate. Ici, vous n'obtenez qu'une nuance rouge pâle et non garancée; ainsi, plus la farine sera chargée de fécule, et moins aussi elle sera colorée par le réactif nitro-mercuriel.

En résumant ce travail, on y voit spécialement quatre procédés pour découvrir la fécule dans la farine, savoir :

1° Par le moyen des instruments microscopiques, quand la fécule est simplement mêlée et non broyée avec la farine, surtout en faisant préalablement dessécher la farine soupçonnée (sans la roussir) avant de la soumettre à l'effet de la loupe ;

2° Par la pesanteur spécifique qui a lieu entre l'une et l'autre matière : ce moyen simple et mécanique est, sans contredit, le meilleur à employer pour atteindre le but.

3° Par l'extraction du gluten de la farine soupçonnée, en prenant toujours pour base de son produit que 16 onces de bonne farine doivent rendre au moins 3 onces de gluten frais ;

4° En employant l'un des trois réactifs ci-dessus indiqués, mais spécialement le nitrate de mercure liquide [1].

---

[1] Dans des mains exercées aux opérations chimiques, l'un ou l'autre moyen réussira toujours : mais le *nitro-mercuriel* exige moins de soin dans son emploi que les deux premiers ; et les nuances diverses qu'il fait prendre aux mélanges de farine et de fécule sont mieux tranchées encore que par l'emploi des acides purs dont nous avons parlé.

M. *Dubuc* assure qu'en employant l'un ou plusieurs des moyens mécaniques ou chimiques proposés, on pourra toujours signaler la présence de la fécule dans la farine de blé, et très-approximativement le poids qu'elle en contient.

Il termine son mémoire par les observations suivantes : Il est notoire que les farines féculentes absorbent moins d'eau que la farine pure pour être converties en pâte ferme. C'est donc encore un moyen d'épreuve, et les boulangers savent en tirer parti pour reconnaître la bonté des farines ; tout le monde peut le mettre en pratique, surtout à l'égard des farines soupçonnées d'être fraudées par la fécule ou par l'amidon ordinaire.

On reconnaît facilement la présence des farines de haricots, de pois dans la farine de blé, en frottant celle-ci entre les mains, ou, mieux encore, en en délayant une cuillerée dans un peu d'eau bouillante. L'odeur particulière qui émane de ces deux graines légumineuses écrasées signale bientôt l'existence de ces corps étrangers dans la bonne farine de blé.

MÉMOIRE

SUR LA MULTIPLICATION PAR BOUTURE

DES

POMMES DE TERRE

ET AUTRES VÉGÉTAUX UTILES A L'AGRICULTURE, L'HORTICULTURE ET L'INDUSTRIE.

(Extrait des Bulletins de l'Académie Ebroïcienne de 1834.)

§. Ier.

Depuis quelques années, j'ai fait bon nombre d'essais sur la multiplication de la pomme de terre par le moyen de la bouture. Je les ai répétés sur les topinambours, sur le raifort sauvage, la phytolaque, etc. Les résultats que j'ai obtenus ne me paraissent pas sans intérêt pour l'économie rurale et les arts industriels. Ce motif m'a déterminé à les communiquer aux sociétés qui s'occupent de la science la plus utile à nos besoins, l'agriculture.

J'avais remarqué, depuis long-temps, que les petites baies qui croissent en automne, sur la tige de certaines solanées (car toutes n'en donnent pas), renfermaient les rudiments du tubercule souterrain ; j'en dus tirer cette conséquence , que ces baies , que j'appellerai *tubercules aériens* ,.étaient propres à la reproduction de l'espèce , étant mises en terre en temps opportun , c'est-à-dire dans les premiers jours du printemps [1].

Deux années d'expériences ont confirmé pleinement cette induction. J'ai expérimenté, en outre, que des *œilletons foliés* , pris en mai, sur de fortes tiges de la solanée , et mis à 2 pouces de profondeur , dans un sol bien meuble , donnaient des pousses nouvelles ; mais que ces pousses fleurissaient rarement, surtout dans les années sèches et arides, telles que 1833.

Ainsi, il reste hors de doute que les baies ou tubercules aériens et les gros œilletons , pris sur de fortes tiges de solanée , pourraient, au besoin , comme leurs racines , concourir à la reproduction et à la multiplication des pommes de terre. Mais je n'attache qu'une faible importance à ce genre de culture, souvent éventuel , puisqu'on atteint mieux ce but par la méthode que je vais indiquer.

En 1832 et 1833 , j'ai fait des essais au moyen de la bouture , sur 5 à 6 espèces de pommes de terre , la plupart cultivées aux environs de Rouen. Je ne rapporterai que ceux de l'année dernière , pour ne pas donner à ce travail trop d'étendue. Leurs résultats me paraissent plus que suffisants pour mettre chacun à même de les répéter

---

[1] On conserve en hiver ces tubercules aériens dans du sable sec pour les planter en avril.

et de se convaincre de la bonté de ma méthode pour la multiplication de la parmentière par simple bouture [1].

Premier Essai.

Le 16 mai, je plantai six belles pommes de terre de l'espèce ronde jaune. Le 10 mai suivant, les tiges excrues de ces tubercules avaient 6 à 8 pouces de hauteur. J'en repiquai douze des plus belles, coupées à leur base.

Deuxième Essai.

La même opération eut lieu avec des pousses provenant de pommes de terre à épiderme noir, dites *pommes de terre de Zélande.*

Troisième Essai.

Celui-ci fut fait sur l'espèce ronde à épiderme rouge, pelure d'oignon. Cette sorte est très-multiple et d'une excellente qualité pour l'usage culinaire.

Quatrième Essai.

Je repiquai des tiges excrues de pommes de terre longues jaunes et rouges longues, dites *ananas.* Ces deux espèces sont très-tardives et aussi très-multiples. La récolte ne s'en fait guère qu'à la fin d'octobre. C'est spécialement sur leurs tiges que croissent les baies ou tubercules aériens propres à la reproduction de ces mêmes plantes.

---

[1] Ces essais ont eu lieu dans un sol léger, assez bien orienté et composé d'environ parties égales de sable fin jaunâtre, d'argile micacée et de carbonate de chaux.

Cinquième Essai.

Ce dernier fut fait avec des pousses de la solanée hâtive, dite *truffe d'août*, parce qu'on en récolte les tubercules mûrs dans le courant de ce mois. Les racines en sont nombreuses, mais en général moins farineuses et moins nutritives que les espèces tardives, en raison de leur plus grande aquosité. Néanmoins, c'est une bonne culture, surtout dans les années de disette [1].

Toutes les pousses de ces solanées, prises à la hauteur de 6 à 8 pouces, et coupées au niveau du sol, puis repiquées dans un sol bien meuble, et autant que possible par un temps humide, reprennent promptement racine ; la tige en devient très-forte et garnie d'un beau feuillage ; seulement elles fleurissent quelques jours plus tard que celles de la mère plante ; mais le tubercule est également bon à récolter dans le mois d'octobre ou plus tôt, en raison des espèces plus ou moins précoces sur lesquelles on a opéré.

PRODUITS DE CES DIFFÉRENTS ESSAIS.

Le premier donna pour chaque tige ou bouture au moins 12 à 15 tubercules, d'une belle grosseur, dont la récolte eut lieu le 14 octobre ;

Le deuxième seulement 8 à 12 grosses racines et un bon nombre de petites, que je négligeai ;

---

[1] Cette espèce vient mieux dans les terres graveleuses et sableuses que dans les fonds argileux ; dans les premières terres, elle rend un tiers plus de tubercules que dans les terres fortes, et les racines en sont de meilleure qualité.

Le troisième de 12 à 16 gros tubercules et quelques petits que je laissai en terre ;

Le quatrième donna au moins 20 racines par bouture, dont la plupart, d'une belle venue, avaient jusqu'à 8 ou 10 pouces de longueur ;

Le cinquième donna autant de tubercules que le précédent, mais moins gros ; circonstance à noter, vu la précocité de cette sorte de solanée, surtout dans les années où le pain est cher et rare.

Enfin tout porte à croire que, si l'année 1833 avait été moins aride, les petits tubercules dont j'ai parlé (essais deuxième et troisième) auraient acquis la grosseur ordinaire qui leur est propre, ce qui aurait tiercé, comme en 1832, le produit de mes récoltes ; mais, malgré la sécheresse du temps, presque toutes les boutures ont repris, ce qui prouve de plus en plus combien la solanée tubéreuse est vivace de sa nature.

Je dois faire observer ici que, si l'on veut obtenir de belles pousses propres à faire des boutures, il convient de planter de beaux tubercules entiers. Néanmoins, comme je l'ai remarqué, les jeunes tiges, excrues de racines coupées en deux avant leur mise en terre, reprennent également bien, mais les tubercules qu'elles donnent sont en général moins gros. C'est aux agriculteurs à examiner, en définitive, laquelle des deux méthodes est la plus avantageuse à leur intérêt.

Il résulte donc de ces essais que l'on peut multiplier presque indéfiniment la pomme de terre par simple bouture, et qu'un gros tubercule de cette plante, produisant au moins 6 belles tiges, pourra donner, en y comprenant le produit de la racine mère, au moins 150 tubercules dans les années sèches et arides comme 1833, et près de 200 dans les années favorables comme 1832, c'est-à-dire quand l'été est chaud et humide ; avantage immense qu'on chercherait en vain dans la culture de toutes les autres plantes alimentaires que produit le sol de l'Europe ; et, dans ce calcul, je ne comprends pas l'économie de semence, que l'on peut estimer au cinquième au moins, puisqu'une seule pomme de terre en représente 6 lorsqu'on repique ses boutures ou jeunes tiges.

—

§. II.

Je crois devoir entrer dans quelques détails particuliers concernant les précautions à prendre pour bien réussir dans cette culture.

Ici, point de théorie, souvent éventuelle, mais de la pratique et des expériences, seuls moyens certains d'atteindre le but dans les opérations agriculturales et horticoles.

Comme je l'ai déjà fait observer, pour obtenir de bons résultats de la méthode que je propose, soit qu'on l'applique à la solanée tuberculeuse ou aux autres plantes dont j'ai déjà parlé, on doit choisir de jeunes tiges de 6 à 8 pouces d'élévation, et les couper à ras du sol ; plus vieilles, elles sont sujettes à manquer.

Peu de jours après leur mise en terre, elles reprennent racine, et la mère plante continue à végéter et donner de nouvelles pousses, comme si les premières n'en avaient pas été soustraites.

Les jeunes pousses ayant la condition que je viens d'indiquer, seront replantées immédiatement après leur séparation de la plante mère, et enfouies à 4 pouces, au moyen du plantoir ou même du louchet. On éloignera chaque bouture au moins de 15 pouces l'une de l'autre en tous sens, vu qu'elles deviennent très-rameuses. Le butage doit s'en faire avec précaution au moment où les premiers bourgeons à fleur se montrent. Une terre meuble, et non plastique, mêlée de terre de bruyère, si faire se peut, convient bien à cette opération : le butage dirigé avec soin contribue singulièrement à la grosseur comme à la multiplication des tubercules.

Je crois pouvoir attribuer ces effets à la porosité du sol mixte (terre forte et de bruyère mêlées), propriété qui permet aux influences météoriques et atmosphériques de pénétrer jusqu'aux racines et de favoriser leur accroissement. (*Voir*, à cet égard, les ouvrages de Bosc, *Physiologie végétale ;* Thaër, etc.) Il y a plus de vingt ans que M. Pavie, membre de l'Académie royale des sciences de Rouen, et moi, en faisant en commun des essais sur la culture de la truffe d'août (cinquième essai), nous remarquâmes ce singulier effet ; il est tel, que la plante butée avec la terre mixte donnait jusqu'à un tiers de récolte en sus de celle qui était butée de terre ordinaire seule : mais il est très-probable que tout autre sol graveleux, léger, mêlé à de la terre forte, produirait aussi cet effet par les causes que nous venons d'indiquer.

Enfin, le topinambour, *heliantus tuberosus*, L. , qui

donne en abondance une racine nutritive, et de laquelle
on peut tirer du sucre, reprend bien aussi de bouture ;
la culture de ces boutures se fait à l'instar de celles des
solanées tubéreuses.

Le raifort sauvage, plante essentiellement médicale,
et probablement toutes les crucifères, la phytolaque
teinturienne et atramentaire (*voir* le Précis des travaux
de l'Académie de Rouen, année 1831), l'*hypericum
androsemum*, l'*antirrhinum majus*, deux jolies plantes
de jardin, les clématites, le romarin officinal, reprennent aussi par bouture ; il suffit, comme pour les solanées, d'en ficher les jeunes pousses dans un sol meuble,
à 4 pouces de profondeur, vers la fin d'avril ou dans les
premiers jours de mai. Bientôt elles y reprennent racine
et végètent avec force. Cette méthode simple m'a toujours réussi.

§. III.

Je finirai ce travail par les observations suivantes :

On sait, depuis long-temps, même du temps d'Hé-
siode, et plus tard, par Virgile, que la propagation de
certaines espèces d'arbres pouvait avoir lieu par simple
bouture, quoique n'appartenant pas aux arbres à bois
blanc ou mou (bouleau, aune, peuplier, etc., etc.).
J'ai moi-même vu, *il y a plus de cinquante ans*, de
jeunes branches de pommier et de poirier, fichées en
terre dans les premiers jours du printemps, produire sans
greffe, après quelques années de plantation, des sujets
d'une belle venue, et donner des fruits nombreux, dont
on faisait une boisson aussi salubre qu'agréable au goût.

Ces *malus*, à demi-sauvages, sont connus aux champs

sous le nom de pommiers de *brin* ou de *bocquet*, et paraissent en général plus robustes, moins chancreux, et
en outre moins sujets à dégénérer que le pommier greffé.
La culture s'en fait maintenant en grand, dans le département de l'Eure, par divers propriétaires ; mais spécialement par MM. le marquis de Blosseville, Pitard et
Chanoine [1]. Tout porte à croire que cette méthode de
culture des pommiers pourra mettre un terme à la dégé-
nérescence toujours croissante de ces mêmes arbres ;
c'est, du moins, l'opinion de certains pépiniéristes et
agronomes normands.

Cette dernière assertion nous semble d'autant mieux
fondée, qu'il paraît démontré que les *malus* dégénèrent
de greffe en greffe (Van Mons). En serait-il autrement
du règne végétal que du règne animal ? Ne voit-on
pas, en effet, dans ce dernier, l'homme, dont l'espèce
a besoin de croisement ou de cosmobilité, pour ne pas
dégénérer en s'éloignant de son type original ? Cette
question est résolue affirmativement par certains physiologistes et naturalistes.

J'ai vu aussi des hêtres, des frênes et autres arbres à
bois dur, reprendre de bouture ; mais j'ignorais alors
qu'on pouvait appliquer la même méthode à la culture
de certaines plantes annuelles, herbacées, surtout à
celle de la solanée *providentielle* [2] et de tant d'autres
végétaux utiles.

[1] Voir le *Bulletin de l'Académie ébroïcienne*, page 1ʳᵉ du
volume de 1833.

[2] Les propriétés vivaces, multiples et reproductives de la
solanée tubéreuse, sont telles, qu'on pourrait. je crois, lui donner
à juste titre le nom de *polipier végétal*.

Néanmoins, j'avais lu autrefois, dans des ouvrages qui traitent d'agriculture, que le dahlia reprenait de simple bouture, malgré ses nombreuses racines uniformes ; qu'une tige de topinambour pourrait aussi reprendre étant provignée, et donner des tubercules à côté de la mère plante : j'en tirai cette conséquence, que si le dahlia et le tubéreux *helianthus* venaient bien de simple bouture ou par provignement, la même propriété devait s'étendre à une multitude de végétaux ; alors je n'hésitai pas à tenter de reproduire par bouture les plantes dont la liste est rapportée dans ce mémoire. Cette méthode m'a réussi au-delà de mes espérances. En la rendant publique, j'ai cru être utile, pour *une petite part*, aux progrès de la belle science si bien chantée par le cygne de Mantoue, dans ses immortelles *Géorgiques*.

Ce travail, que je crois aussi neuf dans son ensemble, est sans doute incomplet : mais en livrant ce rudiment à la méditation des agriculteurs praticiens et des horti-coles, il pourra recevoir, au moyen d'essais nouveaux, sur un grand nombre de végétaux, des améliorations que ma position urbaine et plus encore un âge avancé ne me permettent pas de lui donner.

Enfin, comme l'ont dit Pline et Buffon, tout se lie, tout s'enchaîne dans la pratique de l'agriculture, et la connaissance d'un seul fait isolé conduit souvent à des résultats importants. Qui sait si ceux que j'ai consignés dans ce mémoire n'auront pas cet heureux résultat ?

OBSERVATIONS GÉORGIQUES

LES TERRAINS LES PLUS CONVENABLES

A LA CULTURE DE LA BETTERAVE

QUELLE QU'EN SOIT L'ESPÈCE,

AVEC L'ANALYSE DE CES SOLS, LEUR FUMURE, ETC., ETC.

(Inséré dans l'Extrait des travaux de la société centrale d'Agriculture du département de la Seine-Inférieure, 59ᵉ cahier, trimestre de janvier 1836, page 38.)

Messieurs,

Le travail que je vais lire à la société a pour but principal d'indiquer aux cultivateurs et aux propriétaires terriens les remarques que je fis, en 1833 et en 1834, sur plus de dix mille arpents de terre, éminemment propres à la culture des bettraves, et de faire connaître les assolements et les fumiers reconnus par l'expérience comme étant les meilleurs à l'amendement des sols destinés particulièrement à la production des betteraves *saccharifères*.

Je dirai aussi quelques mots sur une fabrique de sucre indigène nouvellement établie dans les contrées dont je vais parler, fabrique d'autant plus importante à faire connaître, que tout semble s'y faire par des procédés nouveaux et très-économiques.

Enfin, j'indiquerai la nature géonomique des sols à betteraves et à la culture des plantes fourragères à racine fusiforme, avec des observations sur les meilleures méthodes de les administrer aux bestiaux, comme aliment ordinaire, ou pour leur engraissement.

D'après tout ce qui a été dit et publié depuis quelques années sur l'extraction du sucre de betteraves et sur les vertus alimentaires de toutes les parties de cette plante pour le bétail, il semblerait que la matière est épuisée : mais l'expérience née des temps, à l'égard de cette autre branche d'économie rurale, prouve le contraire. Nous avons donc pensé que ce travail, formulé dans les propositions précédentes, serait encore de quelque utilité, surtout dans un temps où de nombreux capitaux sont ou vont être engagés à établir en France de nouvelles usines pour la fabrication du sucre indigène, etc.

Comme je viens de le dire, aux années 1833 et 1834, je remarquai, vers l'arrière-saison, une culture immense de betteraves (de trois espèces), dans les terrains qui dépendent de la commune de Pantin et des contrées limitrophes, sur la route d'Allemagne. La végétation de ces plantes, malgré l'année sèche et l'aridité apparente du sol, était si belle, que je dus faire d'abord l'examen géonomique de ce sol, afin de découvrir, autant que faire se peut, les causes d'une production si extraordinaire ; je dis extraordinaire, car nos cultures de betteraves dans le pays de Caux, quelle qu'en soit l'espèce, sont bien inférieures, pour la force de végétation, à celle de Pantin.

C'est un fonds assez léger, silico-calcaire, peu argileux (j'en donnerai l'analyse), généralement bien orienté, très-perméable à l'humidité, aux influences atmosphériques et météoriques reconnues si nécessaires à l'accroissement des plantes à racines fusiformes, napiformes et tuberculeuses. Sa profondeur arable est souvent de plus d'un mètre, ce qui le rend très-favorable à la culture de ces plantes.

C'est donc dans un terrain qui paraît de prime-abord d'une assez médiocre qualité, où l'on cultive avec le plus grand succès non seulement le végétal saccharifère, mais aussi les gros navets, les carottes et autres racines analogues, dites fourragères.

Dans ces contrées, on fait grand cas des feuilles de betteraves pour la nourriture des bestiaux de ferme, surtout pour ceux de la race bovine : on les coupe à ras du collet de la racine, vers la fin de septembre ou dans le commencement du mois d'octobre, époque où leur végétation cesse, sans que cette soustraction paraisse nuire au dernier accroissement de la racine, qui peut rester en terre et y grossir à-peu-près jusqu'à la fin d'octobre. Les physiologistes attribuent cet effet aux nombreuses radicules ou chevelu dont la betterave est latéralement garnie, et qui tirent les sucs de la terre jusqu'à son dernier accroissement naturel.

Les nourrisseurs, en grand nombre, aux environs de la capitale, mêlent les feuilles de betteraves hachées avec du foin ou autres végétaux fourragers, secs et aussi hachés, avant de les donner aux bestiaux. Ils en agissent de même pour la betterave disette et autres racines pivotantes et tuberculeuses, naturellement très-aqueuses, puisqu'il est prouvé qu'elles contiennent souvent plus des quatre cinquièmes de leur poids d'humidité en sortant de la terre.

Nous croyons donc, avec d'anciens cultivateurs, qu'on ne peut trop propager cette bonne méthode d'administrer les racines aqueuses, comme nourriture, aux animaux domestiques ; l'expérience, d'ailleurs, est là pour en démontrer l'utilité.

C'est ainsi, par exemple, que la pomme de terre, donnée seule, crûe ou cuite à la vapeur, dévoie souvent les bestiaux, et fait donner aux vaches un lait séreux et peu butireux, tandis qu'étant mêlée avec de la paille de van ou autres fourrages herbeux hachés, elle devient un excellent aliment.

On sait encore que les cochons graissent mal étant seulement nourris du tubercule solané, tandis qu'ils deviennent monstrueux si l'on ajoute à la pomme de terre cuite et écrasée de la farine de sarrasin ou de fèves de marais, de la paille de van et un peu de sel. C'est avec cette sorte de pâtée et les débris de laiteries et d'amidonneries, qu'on engraisse en Irlande ces porcs *géants* dont les journaux qui traitent de l'économie rurale ont tant parlé.

Enfin la carotte elle-même, quoique moins aqueuse que la solanée et la betterave champêtre, a aussi besoin d'un correctif herbeux ou farineux ; car, donnée seule aux animaux, elle les échauffe au point de leur occasionner souvent des hématuries qui ne sont pas toujours sans danger. Je pourrais citer d'autres exemples

pour prouver la nécessité d'allier les racines dites sarclées (betteraves, turneps, carottes, etc.) à d'autres fourrages , pour atteindre le but d'économie rurale qu'on
s'en propose aux champs; mais je les crois inutiles : je
passe donc à d'autres considérations géorgiques.

FUMURE DES TERRES BETTERAVIFÈRES.

A Pantin et dans les contrées limitrophes de cette
commune , on y fume les terres , surtout celles destinées à la culture de la plante à sucre et des racines
fusiformes , particulièrement avec le fumier long ou
non fermenté. Cette fumure doit avoir lieu au moins six
mois avant le semis des betteraves ; ce semis se fait à la
volée ou en ligne (on préfère le semis en ligne pour la
betterave à sucre), puis on en espace les jeunes plants ,
de manière à laisser dix-huit pouces de vide en tous
sens entre chaque plante. Ainsi disposée , chaque
racine donne , vers l'arrière-saison , des touffes énormes
de longues et larges feuilles , qui servent , comme nous
l'avons déjà dit , à la nourriture du bétail. Mais, pour
obtenir cette belle végétation, on croit , dans les contrées dont nous avons parlé, que la terre ne doit être
chargée de betteraves que tous les trois à quatre ans ;
c'est là une opinion controversée , mais, physiologique-
ment parlant, elle n'est pas sans fondement ; au reste,
c'est à l'expérience qu'il faut encore en appeler ; d'ailleurs, cela peut dépendre de la nature des terres sur
lesquelles on opère.

A Pantin et dans les pays limitrophes de cette vaste
commune , on préfère semer la betterave saccharifère ,

ou celle dite de Silésie jaune et blanche, sur des terres reposées. Cette plante y devient plus belle et sa racine plus sucrée qu'étant excrue sur des sols fatigués par des récoltes perpétuelles. Cette observation va faire bondir nos anti-jachéristes, qui prétendent réparer tout au moyen de nombreuses fumures ; mais le fait que j'avance n'en est pas moins certain, et grand nombre d'anciens fermiers appuieraient mon assertion, au besoin [1].

Les maraîchers et les cultivateurs qui emploient les fumiers *boue* provenant des rues et des marchés de Paris, quoique ces fumiers soient bons pour la culture des racines sarclées, rejettent néanmoins ces sortes d'amendement pour la culture de la betterave saccharifère. On a reconnu qu'ils donnaient à la plante une odeur particulière, et qu'en outre elle absorbe des sels déliquescents qui nuisent à la qualité et à l'extraction du sucre que produit ce végétal..... Ces exemples prouvent de plus en plus combien les fumiers, vu leur différente nature, influent sur les produits de la terre.

---

[1] D'anciens cultivateurs conviennent que les fumures multipliées font donner beaucoup d'herbes à la terre, mais peu de grain. Il faut surtout, pour les récoltes des céréales, du repos aux sols, afin qu'ils puissent absorber les émanations atmosphériques jugées par les naturalistes nécessaires pour atteindre ce but, effet qui ne peut s'opérer qu'imparfaitement quand la terre est voilée par des récoltes sans fin, et, surtout, par des plantes à feuilles larges et nombreuses, commes les betteraves, les solanées, etc.

ETABLISSEMENT D'UNE FABRIQUE DE SUCRE DE BETTERAVES
A PANTIN.

Les nombreux avantages que présentent les sols en question pour la culture et l'accroissement de la betterave à sucre, et vu encore leur proximité de Paris, n'ont pas échappé aux spéculateurs; aussi une vaste usine pour la fabrication du sucre indigène a-t-elle été établie en 1834 à Pantin, proche le canal de l'Ourcq ; cette usine est maintenant en pleine activité.

Voici le peu de détails que je puis communiquer à la société, concernant cet établissement ; en dire plus serait indiscret.

D'abord, tout s'y meut par la vapeur ; on y exploite chaque jour de douze à quinze mille kilogrammes de betteraves, qui rendent dix-sept à dix-huit cents livres marc (16 onces à la livre) de cassonade brune dite de première *mise :* j'en expose un échantillon à vos regards. Chaque livre se vend, pour les raffineries de Paris, 12 à 13 sous ; l'écoulement s'en fait très-facilement. Ces sucres bruts y sont travaillés avec des cassonnades exotiques bien grenues, pour en faire du sucre en pain, ou même du candi. Néanmoins on peut faire du sucre en pain avec la cassonnade indigène seule [1].

Le travail de la raffinerie de Pantin commence vers le 20 septembre ; on y emploie la betterave avec ses

---

[1] On prétend que le sucre brut de betterave se travaille mieux étant mêlé avec la cassonade exotique, et qu'il donne en outre un sucre en pain moins spongieux qu'étant manipulé seul.

adicules ; cette usine est construite sur un système nouveau, et qui paraît bien préférable à l'ancien. On n'y fait aucun usage des râpes anciennes, ni de sacs de crin, claies, etc., pour l'extraction du moût ou suc de betterave. Le poids commun de ces racines est de 3 à 6 kilogrammes ; elle paraissent également sucrées, quel qu'en soit le poids. Le propriétaire fournit lui-même la graine aux cultivateurs (j'en expose un échantillon aux regards de la société), afin de n'être pas trompé dans les achats et dans les produits saccharins de la racine de betterave. Enfin, les résidus de la fabrique se vendent aux nourrisseurs depuis 1 franc jusqu'à 1 franc 50 cent. les 50 kilogrammes, en raison de leur qualité [1]. On les donne aux bestiaux comme fourrages, en les mêlant aussi avec des plantes herbacées sèches et hachées ; autrement, ces résidus sont sujets à dévoyer les animaux, et même à faire donner aux vaches un lait trop séreux et parfois odorant.

Ici, Messieurs, se terminent les renseignements que j'ai pu avoir sur l'intéressante fabrique de sucre indigène établie à Pantin par M. Bek, fabrique qui nous semble réunir toutes les conditions qui doivent la faire prospérer.

Je passe à l'analyse du sol que je crois le plus convenable à la culture de la betterave saccharifère.

---

[1] Plus la betterave réduite en pulpe est privée de son moût par la pression, moins les résidus qui en proviennent sont nourrissants. Cela explique la différence dans leur prix vénal.

ANALYSE DE LA TERRE DE PANTIN ET DES ENVIRONS DE CETTE COMMUNE.

Les résultats de l'analyse assez minutieuse que j'en ai faite, m'ont prouvé que 100 parties en poids de ces terrains, pris dans l'état pulvérulent, étaient à très-peu près composées :

1° De sable fin un peu micacé. 45
2° De carbonate de chaux . . . 40
3° D'alumine ou argile jaunâtre 10
4° De gravois et fer oxidé . . . 5

100

non compris un assez grand nombre de petits cailloux diversement colorés, qui sont inhérents à ces sols.

C'est donc l'amalgame de ces quatre à cinq éléments, empreints dans l'état agraire d'environ un quart de leur poids d'humidité, qui fournit le fonds le plus convenable à la culture de la betterave, quelle qu'en soit l'espèce. Je dois ajouter que ce terrain a beaucoup d'analogie dans sa composition avec celui de la Silésie et de notre Flandre, où la plante saccharifère prospère le mieux ; j'ai vu deux années de suite ces cultures dans les vastes plaines de Pantin, et bien au-delà, sur la route d'Allemagne, et j'avoue n'avoir jamais rien remarqué de comparable pour les beaux produits en betteraves, dans nos terres normandes : cela tient sans doute à la différence qui existe dans la composition géonomique des sols, et surtout à la nature trop argileuse de ces terres.

Messieurs, il résulte de ces diverses observations et de l'analyse du sol de Pantin :

1° Que les terres bien orientées, mais peu argileuses, où le carbonate calcaire et le sable fin dominent, sont les plus propres à la culture de la betterave à sucre ;

2° Que les fumiers longs provenant des bergeries et des écuries l'emportent sur le fumier noir (fumier pourri ou très-anciennement gardé), pour l'amendement des terres à betteraves : cela semble s'expliquer de soi-même ;

3° Que les sols reposés et fumés à propos donnent des récoltes plus multiples en racines fourragères et des betteraves plus riches en sucre que les terres fatiguées par des cultures perpétuelles : nous croyons en avoir donné les motifs dans le courant de cet ouvrage ;

4° Enfin, nous sommes de l'avis de Chaptal, ancien fabricant de sucre indigène, de l'anglais Davy (chimie agricole), et du naturaliste Bosc, que les terres fraîches, mal orientées, où l'argile domine, comme en Normandie, sont peu propres à la culture de la betterave saccharifère [1]. Mais la betterave champêtre ou disette, *beta altissima*, réussit bien dans ces sortes de sols, et, comme elle est très-mucilagineuse, on l'emploie spé-

---

[1] En général, en Normandie, l'argile domine dans les sols arables : si l'on ajoute à ce défaut la fraîcheur naturelle à cette vaste contrée, on en conclura nécessairement que la terre y est peu propre à la culture de la betterave saccharifère. Je soumets ces observations aux grands propriétaires, qui seraient dans l'intention d'établir des usines pour l'extraction du sucre indigène.

cialement à la nourriture des bestiaux, de préférence à la première.

Nous terminerons ce mémoire par les observations suivantes, comme en étant en quelque sorte le complément :

Les questions géorgiques qui en font la base prouvent de nouveau qu'il faut bien connaître la nature géonomique des sols avant de les destiner à telle ou telle espèce de culture.

Par exemple, les fonds légers très-perméables à l'air et absorbant les émanations atmosphériques, tels que ceux de Pantin, sont très-propres à la culture de la betterave à sucre, tandis que ce même végétal réussit en général assez mal dans nos sols à blé où l'argile domine. (Voir à cet égard la *Chimie appliquée à l'agriculture*, par Chaptal, etc.)

C'est encore ainsi qu'il est prouvé de nos jours que la garance, *rubia tinctorium*, ne prospère bien et ne devient éminemment tinctoriale qu'autant qu'elle est cultivée dans un sol peu substantiel, où le carbonate calcaire domine.

On peut en dire autant du safran, *crocus sativus*, plante dont les stygmates sont employés en médecine, et dont on pourrait faire aussi usage en teinture, si le prix n'en était pas si élevé ; car c'est encore dans un sol spécial où ce crocus veut être cultivé, pour que ses stygmates acquièrent toutes les qualités que doit avoir l'ingrédient connu, dans le commerce, sous le nom de safran.

Enfin, le blé ordinaire, *triticum hybernum*, a aussi ses anomalies agraires ; car on sait, en général, que le froment excru dans des sols très-orientés, et où un sable fin domine, donne une farine plus riche en gluten, et par conséquent plus nutritive que le même blé cultivé dans un fonds où l'argile dépasse la moitié de la masse du fonds arable.

On n'en finirait pas s'il fallait rapporter toutes les anomalies des sols relativement à leur action diverse sur les végétaux qui font la base de nos récoltes ; mais le peu d'exemples que nous citons justifient de plus en plus la nécessité de bien connaître la composition des terres, afin de ne leur confier que les plantes dont l'accroissement est le mieux assorti à leur nature, et c'est bien ici le cas de rappeler le vieil adage du cygne de Mantoue :

Nec vero terræ ferre omnes omnia possunt. (*Géorgiques.*)

Tout sol enfin n'est pas propre à toute plante.

En effet, c'est ainsi qu'une fabrique de sucre indigène pourra prospérer dans telle contrée, parce que la terre conviendra à la culture de la betterave à sucre, tandis qu'elle échouera ailleurs où le sol ne sera pas convenable à l'accroissement de cette plante.

Ici se termine un ouvrage qui, je le crois du moins, n'est pas dénué d'intérêt pour l'agriculture, pour l'économie rurale, et qui pourra, en outre, être consulté par ceux qui auraient le désir de faire en Normandie de nouveaux établissements pour y fabriquer du sucre de betteraves , etc. Je désire que la société en porte le même jugement.

Rouen , le 27 février 1836.

NOTES SUPPLÉTIVES A CE TRAVAIL.

Les trois derniers mois de l'année et le mois de janvier sont les plus favorables à l'exploitation et à la fabrication du sucre indigène ; plus tard il se produit , dans la racine saccharifère , un mouvement fermentatif qui change la nature de cette racine , et le rendement du sucre en diminue à mesure que la saison avance ; souvent même , dit Chaptal , la racine altérée ne donne plus que du sirop , et il est impossible d'en obtenir du sucre cristallisé. Quand les tas de betteraves fermentent , il en émane une odeur azotée très-analogue à celle qu'on remarque dans les pommes de pilage trop avancées en maturité.

Le moment d'effeuiller les betteraves dans nos contrées septentrionales est , comme nous l'avons indiqué , la fin de septembre ou le commencement d'octobre ; alors les feuilles commencent à jaunir à leur base, et ne sont plus utiles au dernier accroissement de la racine-mère ; si l'on attendait à les couper lors de l'arrachement de la racine , alors elles seraient moins nutritives... L'expérience justifie ces deux premières assertions.

On a aussi annoncé à satiété , même M. Mathieu de Dombasle , que la culture de la betterave et celle des racines sarclées n'épuisaient pas les sols ; au contraire , dit-on , c'est un amendement qui rend les terres plus fertiles.

Nous sommes loin , avec M. Charles Dupin , député , et tant d'autres , de partager cette opinion. C'est encore là une erreur grave dont on reviendra plus tard.

Enfin ce qu'on appelle pulpe provenant des fabriques de sucre indigène , et que je nomme *résidu* , n'est autre chose que du ligneux mêlé , en effet, d'un peu de parenchyme pulpeux ; cette matière doit être à-peu-près inerte , considérée comme engrais des terres , et nous croyons que le meilleur moyen d'en tirer parti est de la faire servir à l'alimentation du bétail, mais toujours mêlée avec des fourrages secs.

J'ai pensé que ces notes présenteraient quelque intérêt , surtout aux fabricants de sucre indigène en Normandie ; ce motif m'a déterminé à les ajouter aux observations qui précèdent.

NOTICE

HISTORIQUE ET GÉOGNOSIQUE

SUR

QUATRE PUITS ARTÉSIENS

TENTÉS SANS SUCCÈS A ROUEN,

AUX ANNÉES 1833 ET 1834,

AVEC UNE NOTE PARTICULIÈRE

SUR UN PUITS AFFLUENT.

(Extrait du Précis analytique des travaux de l'Académie royale des Sciences de Rouen, année 1836.)

Messieurs,

Pour mieux apprécier les motifs qui déterminèrent le forage de ces puits, veuillez vous rappeler qu'on trouva, en 1833, de l'eau jaillissante, à moins de deux cents pieds sous terre, dans un puits foré par M. Flachat, proche l'église de Saint-Sever, et dont l'éloignement de la rive gauche de la Seine est au plus de 500 mètres.

Ce succès encouragea divers propriétaires et chefs de grandes usines à tenter, sur le même plateau et sur un périmètre assez circonscrit, des puits artésiens à eau

jaillissante pour l'usage de leurs établissements particuliers.

Le premier de ces puits a eu lieu par M. White, dans
sa vaste tannerie, située à l'ouest, et à environ 200
mètres de celui dont je viens de parler.

Le deuxième fut entrepris par M. Leroy, filateur, rue
d'Elbeuf, au sud, et éloigné, au plus, de 600 mètres
aussi de l'église Saint-Sever.

Le troisième fut creusé par MM. Dubuc et Beaudouin, entre trois grandes filatures situées à l'ouest, et
à environ 700 mètres de celui foré proche l'église. Dans
ces différents sondages, M. Flachat et son contre-
maître employèrent particulièrement la gouge, la tarière
ou sonde, et le trépan.

Le quatrième, également entrepris par M. Flachat,
fut tenté, à Déville-lès-Rouen, dans un vaste terrain
cultivé appartenant à M. Angran, et situé sur la rive
droite de la Seine, à environ 1,000 mètres au nord de
ce fleuve.

Je vais d'abord entretenir l'Académie du puits dont
le forage a été fait chez M. White. Dans cette narration,
je négligerai les petits détails, qui ne sont guère qu'accessoires au but principal que je me propose d'atteindre
dans ce travail.

Ce puits fut commencé le 5 avril 1834, et continué
sans interruption, et parfois jour et nuit, jusqu'au
1er novembre 1835. J'ai suivi particulièrement ces travaux, et voici mes observations et mes remarques à leur
égard.

L'ouverture du tube fut d'abord de 7 pouces et demi de diamètre ; arrivés à 100 pieds dans le sol, les sondeurs réduisirent cette ouverture à 5 pouces et demi, et ils firent une faute, car, plus tard, on fut obligé de l'élargir de nouveau, pour faciliter le mouvement circulaire de la sonde et des autres instruments servant au forage.

La géologie de ces premiers 100 pieds présenta d'abord 8 mètres d'un mélange de sable rougeâtre ferrugineux, légèrement argileux, mêlé de gravois et de petits silex diversement colorés. Cette couche fut suivie d'une autre couche composée de marne argileuse et d'un peu de terre végétale brunâtre; ce sol, d'environ 10 mètres d'épaisseur, se laissait traverser aisément par la tarière.

Mais bientôt les foreurs donnèrent sur une roche d'une dureté granitique, peu calcaire, et souvent entrecoupée par de gros cailloux : ce *stratum* avait à-peu-près 15 mètres d'épaisseur, et, pour le traverser, on dut fair agir simultanément le trépan, la gouge et la tarière.

De 100 pieds jusqu'à 200 pieds, le terrain présenta diverses couches faciles à traverser. La sonde ramenait des marnes noirâtres, parfois jaunâtres, mais toujours ferrugineuses, et mêlées çà et là de coquillages de diverses nuances; ailleurs, c'était une argile siliceuse, pâteuse, avec de petits cailloux et gravois. A ces *strata* d'un travail assez facile, succéda une autre roche de grès ferrugineux sableux [1], d'environ 5 mètres d'épais-

---

[1] Cette roche, vu sa dureté, sa composition géognosique et ses

seur, et d'une dureté désespérante : les foreurs, malgré leur zèle et la bonté des trépans, ne faisaient guère que trois pouces d'ouverture par jour. Enfin, le 6 août, après quatre mois d'un travail soutenu, le puits n'avait encore que 216 pieds de profondeur, et aucun signe d'eau affluente ou jaillissante n'avait lieu.

M. White se découragea et voulut suspendre les travaux, vu que son puits était déjà à près de 50 pieds au-dessous de la nappe d'eau qui jaillit de celui qui est proche l'église Saint-Sever. Il se fondait encore sur ce que beaucoup de fontaines artésiennes avaient trompé l'espérance de ceux qui les avaient entreprises, etc.

Mais sur l'observation faite à M. White qu'on pourrait trouver de l'eau jaillissante sous la roche où l'on était, il se détermina à faire de nouveaux sacrifices pour la traverser.

Enfin, à 228 pieds, on trouva une couche de quelques mètres d'épaisseur, d'une marne tendre, mêlée de sable micacé, mais facile d'extraction. Puis les foreurs donnèrent sur une roche encore plus dure que la première ; elle se composait, sur 100 parties en poids :

De silex ferrugineux noirâtre. . . .	80	
Carbonate de chaux.	12	100
Oxide de fer	8	

Le forage en était tellement laborieux, qu'on fut trois mois à la percer. Enfin sous ce stratum on trouva un sol incohérent : c'était un mélange de sable noirâtre,

autres propriétés, paraît être le quartz granitique des anciens naturalistes. (Voir *Buffon*, *Fourcroy*, etc.)

argileux, ferrugineux, animalisé, d'une odeur assez
fétide ; son peu de dureté, malgré la profondeur du
puits, permettait aux sondeurs l'emploi de la tarière
seule et de faire jusqu'à un mètre d'ouvrage par jour.

Le 7 janvier 1835, on arriva à 322 pieds dans le sol ;
mais la géologie du terrain changea de nature : la sonde
ramenait, sans grand effort, une argile blanche, plastique, souvent aréneuse. Cette couche pouvait avoir
2 mètres d'épaisseur. Puis on donna de nouveau sur une
roche non moins dure que les premières. Après des travaux très-laborieux, le puits avait, le 18 mars, 376
pieds de profondeur ; alors on traversa un sol silico-
marneux facile à forer, sol dont l'épaisseur fut estimée
être d'environ 8 mètres ; mais la fatale roche reparut de
nouveau.

Néanmoins, et malgré des obstacles presque toujours
renaissants et des accidents arrivés à l'équipage des sondeurs, M. Dupont, héritier de M. White (M. White
était décédé le 7 mai 1835), fit continuer le forage de ce
puits jusqu'à la profondeur de 466 pieds, ou environ
156 mètres.

Enfin la roche, dont rien n'indiquait l'épaisseur, devint tellement rebelle aux outils les mieux acérés, que
M. Dupont se détermina, le 1er novembre 1835, à faire
cesser les travaux. Ils ont duré dix-neuf mois et parfois
our et nuit, et coûté au moins 18,000 fr., en y comprenant le louage et la réparation des instruments de
forage. Le puits fut donc tubé pour éviter les éboule-
ents qui pourraient l'obstruer, et son orifice scellé

d'une forte pierre ; peut-être le forage en sera-t-il repris plus tard.

Si le puits de M. White avait été foré sur le grand plateau arable et boisé qui couronne, à l'est et au nord, la ville de Rouen, sa profondeur serait de près de 1,000 pieds, car ce plateau a environ 500 pieds d'élévation au-dessus du niveau de la Seine.

Deux autres motifs déterminèrent encore les héritiers de M. White à mettre un terme à ces travaux : le premier résultait naturellement de la profondeur où était arrivé le puits, qui se trouva être de plus du double de celui à eau jaillissante foré à Saint-Sever ; le deuxième, jugé le plus spécieux, venait encore de ce que sa profondeur dépassait de plusieurs mètres la nappe d'eau qui alimente si copieusement les deux fontaines artésiennes creusées dans la ville d'Elbeuf (voir, à cet égard, la Statistique géologique du département de la Seine-Inférieure, par M. Passy) ; circonstances qui rendaient peu probable la réussite du puits entrepris par M. White, continué par ses héritiers, et sur lequel tant d'espérances étaient fondées en principe.

Pour moi, je vis à regret arrêter le sondage de ce puits à 466 pieds, non-seulement dans l'espoir d'en voir jaillir l'eau, car ici rien ne prouve, en définitive, qu'on n'eût pas atteint ce but en le creusant plus avant [1],

---

[1] En effet, de la non-réussite de MM. White et Leroy, on n'en peut conclure, *à priori*, que d'autres puits tentés sur le même sol, mais un peu éloignés des premiers, ne donneraient pas d'eau jaillissante, même en les forant seulement jusqu'à 200 pieds.

mais encore dans l'attente de rencontrer, dans le sous-
sol, de la houille ou du gypse (plâtre), si utiles, l'un
et l'autre, à la prospérité de notre industrieuse province ;
car, d'après les naturalistes, « c'est spécialement sous
» des *strata* de la nature géologique de ceux traversés
» en forant les puits de MM. White et Leroy, que l'on
» trouve des mines de charbon de terre. »

A cette occasion, j'ai lu quelque part qu'on avait
tenté autrefois un sondage dans la vaste plaine aréneuse
qui sépare Rouen de la ville d'Elbeuf ; mais ce sondage,
dit-on, ne dépassa pas 300 pieds, et ne produisit ni
houille ni plâtre ; peut-être en eût-il été autrement, si
la perforation des terrains avait eu lieu jusqu'à 300
mètres et plus, car la houille appartient aux terrains
secondaires. Je soumets ces réflexions à l'administration
et aux propriétaires de cette contrée.

PUITS ARTÉSIEN TENTÉ PAR M. LEROY.

Cette fontaine artésienne devait, en cas de réussite,
contribuer à l'alimentation d'une grande et forte pompe
à feu, servant de moteur à la filature de M. Leroy.

La nature des différents *strata* géologiques, et autres
terrains que traversa M. Leroy pour arriver à environ
450 pieds dans le sol, a en général une grande simi-
litude géognosique avec ceux rencontrés chez M. White ;
aussi les travaux en furent-ils également très-laborieux
et bien dispendieux. Enfin, les foreurs, après avoir traver-

La fontaine artésienne creusée avec succès proche l'église Saint-
Sever, est, en quelque sorte, la preuve de notre assertion.

sé, comme chez ce dernier, une roche de nature quart-
seuse calcaire, aussi très-dure, et sous laquelle ils avaient
l'espoir de trouver de l'eau jaillissante, donnèrent dans
une glaise sableuse, pâteuse, qui leur parut sans fonds
appréciable. Alors M. Leroy, n'apercevant aucune trace
d'eau, et se trouvant, vu la profondeur de son puits,
comme M. White, à plus de 260 pieds en contre-bas
du niveau de la nappe d'eau qui jaillit de celui de Saint-
Sever, se détermina à faire cesser les travaux pour le
creusement d'un puits dont il avait conçu aussi tant
d'espérances avant de l'entreprendre. Ce fut donc à
450 pieds de profondeur qu'il fut abandonné.

PUITS ARTÉSIEN CHEZ MM. DUBUC ET BAUDOUIN.

Ces messieurs, par un système combiné de 4 à 5 fontaines artésiennes, espéraient pouvoir réunir une masse
d'eau suffisante, en se servant d'une roue à godet, pour
avoir un moteur de la force de 10 à 12 chevaux. Ce calcul
fut fait sur la quantité d'eau que fournissait, chaque
jour, le puits de Saint-Sever; on fit d'abord un puits
d'essai, pour ne mettre rien à l'aventure.

Après trois mois d'un travail soutenu, on parvint à
250 pieds dans le sol.

Voici quelle était la géologie de ce sol :

1° Une couche, d'environ 25 pieds, d'un sable rocailleux, assez facile à traverser ;

2° Des terrains silico-calcaires, parfois argileux, mais
toujours ferrugineux, et souvent mêlés de gros cailloux
qui rendaient le forage pénible ;

3° Les foreurs, arrivés environ à 230 pieds, donnèrent sur une roche ou banc de grès d'une dureté telle, que, malgré les outils les mieux acérés, ils faisaient à peine 2 pouces d'ouverture chaque jour.

Bientôt il fut presqu'impossible d'en continuer le forage. Tous les instruments étaient usés ou émoussés ; une forte tarière cassa, et son extrémité resta engagée dans la roche ; on l'en retira à grands frais, et après des efforts inouis. Enfin, MM. Dubuc et Beaudouin, considérant alors que la profondeur du puits (257 pieds) dépassait, en contre-bas, de beaucoup la nappe d'eau qui jaillit de celui foré à Saint-Sever, et sur laquelle ils avaient fondé leur établissement hydraulique, et par d'autres motifs qu'il est inutile de rapporter ici, se déterminèrent à faire cesser leurs travaux.

QUATRIÈME PUITS ARTÉSIEN TENTÉ PAR M. ANGRAN, SUR LA RIVE DROITE DE LA SEINE.

Ce puits fut ouvert à environ 100 mètres en contrebas, ou sur le versant d'une côte située à l'est de la propriété de M. Angran, et à-peu-près à 20 mètres au-dessus de la vaste prairie de Déville. Ce puits fut abandonné à la profondeur de 160 pieds.

Voici la géologie des terrains traversés pour arriver à cette profondeur, avec les motifs qui firent abandonner ce puits :

D'abord, 2 pieds environ de terre végétale, puis un banc de calcaire siliceux ferrugineux de 3 mètres d'épaisseur. A ces deux couches succéda un amas de gros cailloux diversement colorés, et de sable brun ; cet amas de silex pouvait avoir 5 mètres de profondeur ; il reposait sur un sable verdâtre, sans cohésion, de peu d'épaisseur. Après ces informes *strata*, on arriva à un banc d'argile glaiseuse, noirâtre, mêlée de sulfure de fer, et répandant une légère odeur de pétrole. Tout ce terrain était facile à traverser, vu sa grande humidité et le peu de cohésion qu'il présentait dans son ensemble. Enfin, les foreurs donnèrent sur une roche de la nature de celle que j'ai analysée en traitant du puits de M. White.

On la traversa péniblement, en employant alternativement le trépan et la tarière. D'autres accidents de terrain arrivèrent encore ; mais le dernier, et qui mit un terme aux travaux, fut une couche de sable coulant, sec et si ténu, qu'il devint impossible d'y faire agir la sonde avec succès, malgré quelques moyens tentés pour y réussir ; et comme rien, d'ailleurs, n'indiquait quelle était l'épaisseur de cette sablière, et les frais qu'elle occasionnerait pour être traversée, M. Angran arrêta le forage de ce puits, quoiqu'arrivé à 160 pieds de profondeur.

J'ai fait l'analyse de l'eau provenant de l'égoût de la terre glaiseuse, noirâtre, dont je viens de parler ; voici d'abord ses propriétés physiques :

Couleur assez diaphane, pesanteur spécifique presque égale à celle de l'eau de rivière clarifiée, odeur faible d'œufs couvis, goût déclinant à l'amer âcre ; elle bout facilement.

Traité par les réactifs et par l'évaporation, j'ai trouvé, à très-peu près, dans 1.000 grammes de ce fluide :

1º Matière grasse, âcre au goût, inflammable, 2 gr. ;

2º Carbonate de fer. 1   1/2 ;

3º Sulfate calcaire. . . . . . . , ... »   1/2 ;

4º Albumine et silice , dans un état de divi-

     sion extrême. 1   ————

                               Total : 5 grains.

Plus, une faible quantité d'acide carbonique interposé.

On obtient la matière grasse en réduisant l'eau, par une chaleur de 50 à 60 degrés (Réaumur), des 7/8ᵉˢ de son volume. On laisse refroidir : le corps gras bitumineux surnage le résidu aqueux, et le carbonate de fer se dépose au fond du vase, etc.

J'ai fait aussi l'examen de l'eau qui sourd dans une cour située au sud-ouest et en contre-bas du terrain de M. Angran. Cette eau est également ferrugineuse, sa surface irisée ; enfin, elle a beaucoup d'analogie avec celle dont je viens de parler.

On peut donc regarder ce fluide comme *sui generis* dans le département de la Seine-Inférieure. (Voir, à cet égard, la *Géologie* de M. Passy.) Enfin, on ne fait aucun usage médical, du moins que je sache, de cette eau ferrugino-bitumineuse : j'en ignore la cause.

NOTE SUR LE PUITS AFFLUENT PERCÉ A ENVIRON SIX CENTS MÈTRES AU SUD DES FONTAINES ARTÉSIENNES TENTÉES PAR MM. WHITE ET LEROY.

Vers l'arrière-saison, en 1834, où l'eau manquait, par suite d'une longue sécheresse, M. White fit creuser un puits ordinaire dans une de ses propriétés, afin d'y trouver de l'eau pour l'usage de ses locataires, etc.

Ce puits fut donc percé, sans trop d'obstacles, jusqu'à la profondeur d'environ 30 mètres : alors, l'eau afflua si vivement, que les foreurs eurent à peine le temps de s'en préserver, et elle monta au-delà de 3 mètres dans le pertuis. Cette eau se tient presque toujours au même niveau, malgré les nombreuses prises qu'on en fait chaque jour ; enfin, ce puits est devenu une sorte de providence pour les habitants du quartier où il est situé.

Les terrains traversés pour arriver à l'eau affluente étaient :

1° 10 mètres de sable rougeâtre, un peu argileux ;

2° De la marne tendre, mêlée de silex de diverses couleurs et grosseurs.

Ce fut de dessous cette marne que jaillit l'eau affluente. A la demande de M. White, j'analysai ce fluide, et je reconnus, avec la plus grande satisfaction, que 1,000 grammes, ou 1 litre, recèlent à peine 1 décigramme (2 grains) de corps hétérogènes inertes, plutôt tenus en suspension qu'en dissolution : d'où il résulte que l'eau de ce puits est plus pure que celle des fontaines de Rouen, et même que l'eau clarifiée venant de la Seine [1] ; et ici, Messieurs, il faut encore noter que ce nouveau puits de M. White est presque voisin de ceux qui existent à Saint-Sever, dont l'eau est, en général, crue, sélétineuse, décomposant le savon, etc.

[1] L'eau des fontaines de Rouen, et qui sert aux usages de la vie, contient, d'après l'analyse que j'en fis en 1826, près de 2 décigrammes de corps hétérogènes par litre ; celle de Seine, épurée, de 2 à 3 grains aussi, par 1,000 grammes.

Explique qui pourra ces anomalies hydrostatiques, souterraines ; moi, je m'en tiens à annoncer des faits d'autant plus intéressants à faire connaître , qu'ils pourront servir aux propriétaires des contrées qui forment le grand plateau aréneux situé sur la rive gauche de la Seine , entre Rouen et Elbeuf , surtout s'ils voulaient y établir des fontaines jaillissantes, des canaux d'irrigation , etc.

En résumant les diverses observations consignées dans l'ensemble de ce mémoire , on y voit :

1° Que trois puits artésiens ont été entrepris en vain , en 1834 et 1835 , quoique forés à plus de 200 pieds , en contre-bas , et non loin du puits artésien , à eau jaillissante , situé sur le même niveau , proche l'église Saint-Sever ;

2° Qu'un quatrième puits artésien a été foré également , sans succès , sur la rive droite de la Seine , en contre-bas d'une montagne très-élevée et bien boisée, circonstance qui, d'après les géologues, devait en assurer la réussite ;

3° Qu'un puits ordinaire , creusé à quelques centaines de mètres des trois premiers , a donné , à une profondeur médiocre , une eau abondante , et surtout d'une excellente qualité pour l'usage de la vie.

Nous croyons qu'on peut encore s'appuyer de ces observations et de leurs résultats pour établir , contrairement à l'opinion émise par certains géologistes , « que » la réussite de puits à eau jaillissante , dans toute espèce » de sol , n'est rien moins que prouvée , et expose à de

» grands mécomptes ceux qui en font le forage par *imi-*
» *tation.* » MM. White, Leroy, Dubuc et Angran, en
fournissent, à leur grand préjudice, des exemples à
Rouen.

Enfin, le célèbre Arago (*Annuaire de* 1835, p. 247)
partage aussi cette opinion ; il en est de même des savants
rassemblés en congrès, l'année dernière, à Douai....
Voici leur avis à cet égard (séance du 9 septembre) :

« Qu'avec les connaissances géologiques actuelles, il
» n'existe pas encore *a priori* de caractères certains et
» apparents qui permettent d'assurer l'existence d'eaux
» jaillissantes dans tel ou tel terrain, etc. »

Espérons que la science viendra lever ces doutes, en
indiquant les lieux et les sites où les fontaines jaillissantes
pourront être établies avec certitude de succès, et sans
exposer à des dépenses éventuelles ceux qui les entre-
prendront.

J'ai cru, Messieurs, que ce travail n'était pas dénué
d'intérêt pour la ville de Rouen, et, en général, pour
les pays où l'on voudra établir des puits artésiens : ces
motifs m'ont déterminé à vous l'offrir. J'aurais pu lui
donner plus d'extension, car le sujet est vaste et riche à
traiter : mais, d'une part, j'ai craint d'abuser de vos
moments ; de l'autre, d'entrer dans un terrain que mes
connaissances ne me permettent pas d'explorer convenablement.

NOTICE OENOLOGIQUE

SUR

LA FERMENTATION ET LA CLARIFICATION

DU CIDRE,

EXTRAITE

D'OUVRAGES PUBLIÉS PAR M. DUBUC PÈRE,

CHIMISTE A ROUEN [1].

(Extrait du *Journal de Rouen* du 7 Janvier 1837.)

Quand le moût ou suc de pommes ou de poires ne bout pas, ou mieux ne fermente pas naturellement, il est dans l'usage, chez les fermiers et brasseurs, d'exciter cette fermentation par des moyens artificiels, dont voici les principaux :

Le premier de ces moyens et le plus usité consiste à mettre, par *muid*, jusqu'à deux pains de craie, *carbonate de chaux*, chauffés au rouge, et ensuite délayés dans un seau du fluide sur lequel on opère; puis on ajoute le tout à la totalité du cidre, et l'on agite fortement en tous sens, pendant dix minutes, avec un gros bâton qu'on introduit dans la futaille par la bonde.

Le deuxième procédé a lieu en ajoutant à ce même cidre, et aussi par muid, environ 1 livre *marc* ou

---

[1] On éprouve en 1836, comme en 1818 et autres années, des contrariétés et des anomalies singulières dans les fermentations du moût de pommes pour le convertir en cidre de bonne qualité et commerçable. On pourra exciter cette fermentation en employant les différents procédés que nous allons indiquer.

28

16 onces de cendre de bois de pommier bien chaude et préalablement tamisée, pour en séparer les corps hétérogènes ; du reste, on opère comme il vient d'être indiqué.

Un troisième moyen, encore assez pratiqué, consiste à ajouter, par muid, environ 8 onces de chaux vive, écrasée grossièrement ; on met cette poudre dans le cidre doux, et on agite le tout fortement.

Dans tous les cas, les futailles ne doivent être bondonnées que légèrement pendant la fermentation des cidres et poirés.

Telles sont les principales méthodes employées, de temps immémorial, en Normandie, pour déterminer le mouvement fermentatif du moût que rendent les fruits à pepins du genre *malus* et *pyrus*, surtout dans les années où il ne fermente ou ne bout pas naturellement. Mais les procédés qu'on vient d'indiquer n'ont pas toujours un effet constant, et communiquent d'ailleurs très-souvent aux boissons la propriété désagréable de noircir, étant exposées à l'air ; ils agissent, en outre, sur la partie colorante et nutritive des cidres en les maigrissant, etc. Ces effets ont lieu par des attractions chimiques qu'il serait trop long de rapporter ici ; mais en les signalant, c'est inviter les brasseurs de cidre à recourir aux procédés suivants, dont l'expérience a constaté l'efficacité, puisqu'ils n'altèrent en rien ni les propriétés alimentaires, ni le goût de cette boisson.

Premier Procédé.

Au cidre qui fermente mal ou qui conserve, après quinze ou vingt jours de son premier mouvement, un

goût trop sucré, une saveur douceâtre (mucoso-sucrée)
et une couleur plus ou moins louche, on ajoutera, par
muid (environ 2 hectolitres 1/2), depuis 8 onces jusqu'à
12 onces de tartre rouge pulvérisé. On délaie le tartre
dans un seau de ce même cidre bien chaud, puis on
verse le mélange dans la futaille, on agite le tout au
moins pendant huit à dix minutes, et l'on bondonne
légèrement.

Deuxième Procédé.

Si l'on opère sur du moût ou suc de pommes qui n'ait
encore donné aucun signe de fermentation un ou deux
mois après sa mise en futaille, on y ajoutera, par muid,
12 onces de tartre rouge, aussi pulvérisé, et 4 onces de
bon levain de bière, l'un et l'autre préalablement délayés dans un seau du même cidre à moitié chaud, et
on agira, du reste, comme il a été ci-dessus indiqué.

Troisième Procédé.

Il consiste à mêler au cidre ou poiré, non ou mal fermenté depuis un seau jusqu'à deux seaux de bonne lie
de cidre à moitié chaude ; on agite fortement le tout, et
on bondonne légèrement.

On peut être certain que, si la température du cellier
ou de la cave où sont déposées ces boissons est seulement
entre 7 à 10 degrés, *échelle de Réaumur*, bientôt la fermentation s'établira dans ces fluides, parcourra toutes
ses périodes dans l'espace de quinze à vingt jours, et que
le résultat produira du cidre de bon goût et bien clarifié, quelque tems après ces opérations.

Ici, nous devons faire remarquer que la fermentation
dans les fluides mucoso-sucrés s'opère plus ou moins
vite, en raison de la température. Par une chaleur de

10 à 12 degrés, elle s'achève environ en quinze jours ; par une température inférieure, elle peut se prolonger jusqu'à un mois, mais elle a toujours lieu. Quand elle est terminée, on bondonne hermétiquement les futailles.

L'innocuité de ces substances (tartre et levain) est bien connue ; leurs prix sont modérés, leur emploi facile, ce qui permet à tout le monde d'en faire usage. A ces considérations nous en ajouterons une autre non moins importante, c'est que l'addition de ces ingrédients dans les sucs de pommes et de poires, et même au moût de raisin, tout en concourant puissamment à leur fermentation pour les transformer en boissons potables, n'altère ni le goût, ni la couleur naturelle de ces fluides, même étant exposés à l'air, qualités précieuses qui doivent les faire préférer, à tous égards, à la craie, à la chaux et autres matières analogues, qui sont en assez grand nombre.

Nous ferons observer qu'il existe, dans le commerce, deux espèces de tartre brut, le *rouge* et le *blanc*. L'expérience a démontré que le rouge réussit mieux que le blanc pour exciter la fermentation et la clarification des cidres et poirés ; c'est donc au premier qu'il faut accorder la préférence dans cette opération.

Les personnes qui désireraient avoir de plus amples renseignements sur les opérations à faire aux cidres pour les rendre potables, pourront s'adresser à MM. Dubuc père et fils, pharmaciens à Rouen ; ils s'empresseront de les leur procurer, sans rétribution aucune.

FIN.

TABLE

DES MATIÈRES.

www.ingramcontent.com/pod-product-compliance
Lightning Source LLC
LaVergne TN
LVHW011218170726
843501LV00002B/279